Kundenindividuelle Massenproduktion zur Bewältigung überkapazitätsbedingter Unternehmenskrisen

Wertschöpfungsmanagement

Herausgegeben von Hans-Dietrich Haasis

Band 4

PETER LANG

Frankfurt am Main · Berlin · Bern · Bruxelles · New York · Oxford · Wien

Hendrik Wildebrand

Kundenindividuelle Massenproduktion zur Bewältigung überkapazitätsbedingter Unternehmenskrisen

PETER LANG
Internationaler Verlag der Wissenschaften

Bibliografische Information der Deutschen Nationalbibliothek
Die Deutsche Nationalbibliothek verzeichnet diese Publikation
in der Deutschen Nationalbibliografie; detaillierte bibliografische
Daten sind im Internet über <http://www.d-nb.de> abrufbar.

Zugl.: Bremen, Univ., Diss., 2007

Gedruckt mit Unterstützung des
Förderungs- und Beihilfefonds Wissenschaft der VG Wort.

Layout:
www.kumpernatz-bromann.de

D 46
ISSN 1863-169X
ISBN 978-3-631-57284-9

www.peterlang.de

Danksagung

Die vorliegende Arbeit entstand während meiner Tätigkeit als wissenschaftlicher Mitarbeiter am Lehrstuhl für Allgemeine Betriebswirtschaftslehre, Produktionswirtschaft und Industriebetriebslehre der Universität Bremen.

Meinem Doktorvater, Herrn Prof. Dr. Hans-Dietrich Haasis, danke ich für die Möglichkeit zur Promotion, für das mir entgegengebrachte Vertrauen sowie für die fachlich-konstruktive Betreuung im Rahmen der Erstellung dieser Arbeit. Er hat mich während meiner Zeit als wissenschaftlicher Mitarbeiter nicht nur intensiv gefördert, sondern gleichzeitig eine Atmosphäre zum selbständigen Arbeiten geschaffen.

Herrn Prof. Dr. Guido Siestrup danke ich sehr für die wertvollen Anregungen und für die freundliche Übernahme der Begutachtung dieser Arbeit. Für die freundliche Unterstützung, das Interesse an meiner Arbeit und die Mitwirkung am Prüfungsausschuss bedanke ich mich herzlich bei Herrn Prof. Dr.-Ing. Herbert Kopfer und Herrn Prof. Dr.-Ing. Klaus-Dieter Thoben.

Der VG Wort danke ich an dieser Stelle herzlich für die Förderung der Veröffentlichung dieser Arbeit.

Herrn Dipl.-Kfm. Marco Plöger danke ich für die sehr gute Zusammenarbeit am Lehrstuhl. Insbesondere danke ich Herrn Dr. Sebastian Gabriel für seine wertvollen Anregungen und für die Bereitschaft zur Diskussion fachlicher Fragestellungen.

Ebenso bin ich meiner Schwägerin Yasemin zu großem Dank verpflichtet, die mit gewohnter Sorgfalt graphische Arbeiten übernommen hat. Meinem Bruder Carsten danke ich für die interessanten fachlichen und fachübergreifenden Diskussionen, die zum Werden dieser Arbeit beigetragen haben.

Ein ganz besonderer Dank gilt meiner Ehefrau Kerstin, die mit viel Geduld, persönlichem Verzicht und unermüdlicher Unterstützung für eine optimale Atmosphäre sorgte und so wesentlich zum Gelingen dieser Arbeit beitrug. Ihr und unserer kleinen Tochter Luise danke ich auch für die Erkenntnis, dass es neben dem Arbeiten auch noch andere wesentliche Dinge im Leben gibt, die erst innere Zufriedenheit schaffen.

Abschließend möchte ich mich bei meinen Eltern bedanken, die mich immer uneingeschränkt auf meinem Weg unterstützt und so den Grundstein für das Erreichte gelegt haben. Ihnen widme ich diese Arbeit.

Bremen, im Juli 2008 *Hendrik Wildebrand*

Inhaltsverzeichnis

Abbildungsverzeichnis

Tabellenverzeichnis

Abkürzungs- und Symbolverzeichnis

Abkürzungen

Abb.	Abbildung
aktual.	aktualisiert
allg.	allgemein
APS	Advanced Planning and Sheduling (Planungslogik der dritten Generation computergestützter PPS-Systeme)
Aufl.	Auflage
BDE	Betriebsdatenerfassung
BMBF	Bundesministerium für Bildung, Forschung und Technologie
BMWi	Bundesministerium für Wirtschaft und Technologie
BOA	belastungsorientierte Auftragsfreigabe (Teilplanungsverfahren der PPS)
Bsp.	Beispiel
bspw.	Beispielsweise
bzgl.	bezüglich
bzw.	beziehungsweise
ca.	zirka
CAD	Computer Aided Design (computergestützte Entwicklung; Modul des CIM-Konzepts)
CAM	Computer Aided Manufacturing (computergestützte Fertigung; Modul des CIM-Konzepts)
CAP	Computer Aided Planning (computergestützte Arbeitsplanerstellung /Fertigungsprogrammierung; Modul des CIM-Konzepts)
CAPP	Computer Aided Process Planning
CAQ	Computer Aided Quality
CIM	Computer Integrated Manufacturing (computerintegrierte Fertigung)
CNC	Computerized Numerical Controlled (computergestützte Steuerung von Fertigungssystemen)
ConWIP	Constant Work in Process (Abwandlung des Kanban-Verfahrens zur PPS)
d.h.	das heißt

DIN	Deutsches Institut für Normung e.V.
Diss.	Dissertation
ECR	Efficient Consumer Response
EDV	Elektronische Datenverarbeitung
EMSR-Technik	Elektro-, Mess-, Steuerungs- und Regelungs-Technik
ERP	Enterprise Resource Planning (betriebswirtschaftliche Standardanwendungssoftware)
erw.	erweitert
et al.	et alii (und andere)
etc.	et cetera (und so weiter)
EU	Europäische Union
f.	folgende
F&E	Forschung und Entwicklung
ff.	fortfolgende
FMEA	Failure Mode and Effect Analysis
ggf.	gegebenenfalls
GmbH	Gesellschaft mit beschränkter Haftung
Habil.-Schr.	Habilitationsschrift
Hrsg.	Herausgeber
HTML	Hypertext Markup Language (Seitenbeschreibungssprache)
HTTP	Hypertext Transfer Protocol (Übertragungsstandard für Dokumente im WWW)
I+K	Information und Kommunikation
IfM	Institut für Mittelstandsforschung
inkl.	inklusive
ISL	Institut für Seeverkehrswirtschaft und Logistik
ISO	International Organization for Standardization
IT	Information Technology
Jg.	Jahrgang
Jit	Just-in-time
Kap.	Kapitel
KMU	kleine und mittlere Unternehmen
Mio.	Million

MRP (I)	Material Resource Planning (Planungslogik der ersten Generation computergestützter PPS-Systeme)
MRP (II)	Manufacturing Requirements Planning (sukzessive hierarchische Planungslogik der zweiten Generation computergestützter PPS-Systeme)
N.N.	nomen nescio (Name nicht bekannt)
NC	Numerical Control
neubearb.	Neubearbeitet
Nr.	Nummer
o.ä.	oder ähnliche
o.g.	oben genannte
OPT	Optimized Production Technology (Teilplanungsverfahren der PPS)
OR	Operations Research
PDM	Product Data Management (Produktdatenmanagement, Erstellung und Verwaltung von Produktdaten über den gesamten Produktlebenszyklus)
PPS	Produktionsplanung und -steuerung
PPS-System	Produktionsplanungs- und – steuerungs-System
RT	Retrograde Terminierung
S.	Seite
s.	siehe
s.o.	siehe oben
s.u.	siehe unten
SAP	Systeme, Anwendungen, Produkte
SC	Supply Chain
SCM	Supply Chain Management
sog.	so genannte
Tab.	Tabelle
u.a.	unter anderem
überarb.	überarbeitet
Univ.	Universität
VDA	Verband der Automobilindustrie

VDI	Verein Deutscher Ingenieure e.V.
VDMA	Verband Deutscher Maschinen- und Anlagenbau
Verl.	Verlag
vgl.	vergleiche
vs.	versus (gegen)
WiSt	Wirtschaftswissenschaftliches Studium
WWW	World Wide Web (Internet-Dienst)
z.B.	zum Beispiel
ZfB	Zeitschrift für Betriebswirtschaft
z.T.	zum Teil

Lateinische Symbole

A	Kapazitätsauslastungsgrad
d	Intensität (Produktionsgeschwindigkeit)
K	Kapazität
q	Kapazitätsquerschnitt
Q	tatsächliche Produktion
Qp	potentielle Produktion
t	Zeit (allg.)

Griechische Symbole

µdjT	Intensitätsfaktor
µtjT	Laufzeitfaktor

Hochgestellte Indizes

max	maximal
min	minimal
norm	normal
opt	optimal

Tiefgestellte Indizes

d	Intensität
j	Index (Produktionssystem)
p	potentiell
t	Laufzeit
T	Periode (Zeit)

1. Einleitung

1.1 Motivation

Der Wirtschaftszweig des deutschen Maschinen- und Anlagenbaus stellt als Lieferant komplexer Erzeugnisse für alle Branchen der Wirtschaft sowie als Bezieher technologisch anspruchsvoller Vorlieferungen das Zentrum der industriellen Leistungsfähigkeit der Bundesrepublik Deutschland dar.[1]

In den Jahren zwischen 1999 und 2003 existierten in der Bundesrepublik Deutschland durchschnittlich 5.896 Maschinen- und Anlagenbauunternehmen, von denen über 90% als kleine und mittlere Unternehmen (KMU) einzuordnen sind.[2] In demselben Zeitraum meldeten im Durchschnitt jährlich 470 und damit 8% der deutschen Maschinen- und Anlagenbauunternehmen Insolvenz an[3], wobei eine Unternehmensinsolvenz die letzte Phase einer zuvor nicht bewältigten Unternehmenskrise, also einer strategischen Krise, einer Erfolgs- und/oder Liquiditätskrise, darstellt.[4]

Nach einer Studie von Hauschildt lassen sich 21% der Unternehmensinsolvenzen bei KMU direkt auf eine mangelnde innerbetriebliche Kapazitätsauslastung und somit auf Überkapazitäten zurückführen.[5] Diese Krisenursache stellte im Jahr 2003 für mindestens 103 KMU des deutschen Maschinen- und Anlagenbaus den Grund zur Einleitung eines gerichtlich angeordneten Insolvenzverfahrens dar.[6]

Begründet durch die aktuell hohe Anzahl überkapazitätsbedingter KMU-Insolvenzen im deutschen Maschinen- und Anlagenbau, resultieren daraus neben individuellen und mikroökonomischen Bedrohungen somit auch zusätzlich insbesondere erhebliche volkswirtschaftliche Einbußen, was sich etwa in hohen Arbeitslosenzahlen und in der Schwächung des Wirtschaftswachstums niederschlägt. Deshalb müssen konkrete Krisenbewältigungsstrategien formuliert, entwickelt und mit dem Ziel in die betriebswirtschaftlichen Systeme implementiert werden, überkapazitätsbedingte Unternehmenskrisen nachhaltig zu bewältigen.

Entgegen der Aufgabe- oder Konsolidierungsstrategie, die mit dem partiellen Abbau betrieblicher Ressourcen verbunden sind[7], eignet sich insbesondere die innovative und hoch aktuelle Wettbewerbsstrategie „Mass Customization“ in-

---

1 Vgl. www.bmwa.bund.de/Navigation/Wirtschaft/Branchenfokus/Industrie/maschinen-und-anlagenbau.html, Zugriff am 22.11.2005.

2 Vgl. Kapitel 2.1.

3 Vgl. Kapitel 2.3.1.

4 Vgl. Müller, R. (1982), S. 25 ff.

5 Vgl. Hauschildt, J. (2000), S.13.

6 Vgl. Kapitel 2.3.1.

7 Vgl. u.a. Gless, S.-E. (1995), S. 70 ff.

nerhalb von KMU-Produktionsnetzwerken als Diversifikationsstrategie des Krisenmanagements[8] für die Maschinen- und Anlagenbaubranche, um bestehende Überkapazitäten durch veränderte Verwendung beizubehalten und somit eine überkapazitätsbedingte Unternehmenskrise langfristig zu bewältigen. Hierdurch können bestehende innerbetriebliche Kapazitätsüberhänge wertschöpfend genutzt und damit ein krisenbedingter Abbau personeller und maschineller Ressourcen eines Unternehmens bzw. einzelner Geschäftsbereiche verhindert, die Betriebsbereitschaft aufrecht erhalten sowie der Wissensverlust aufgrund nicht notwendiger Entlassungen qualifizierter Mitarbeiter vermieden werden.[9]

1.2 Zielsetzung der Arbeit

Vor dem Hintergrund der aufgezeigten aktuellen thematischen Relevanz überkapazitätsbedingter Unternehmenskrisen im deutschen Maschinen- und Anlagenbau besteht das Ziel dieser Arbeit zunächst im Nachweis, dass eine kundenindividuelle Massenproduktion in Produktionsnetzwerken als Diversifikationsstrategie des Krisenmanagements geeignet ist, um überkapazitätsbedingte Unternehmenskrisen bei KMU der deutschen Maschinen- und Anlagenbaubranche nachhaltig zu bewältigen. Die Ergebnisse dieser Untersuchungen werden zu einer entsprechenden Strategieformulierung verdichtet.

Auf der Grundlage der Strategieformulierung besteht zum anderen das Ziel einer Strategieentwicklung im Sinne eines inner- und zwischenbetrieblichen integrierten Produktentwicklungs- und Produktionsplanungs- und -steuerungs-Konzeptes zur wertschöpfenden Nutzung innerbetrieblicher Überkapazitäten. Im Ergebnis wird hier für KMU der Maschinen- und Anlagenbaubranche ein handlungsleitendes Prozessmodell konzeptualisiert, das strategiegeleitete Maßnahmen beinhaltet. Dieses handlungsleitende Prozessmodell ermöglicht es den KMU entsprechend ihrer jeweiligen Kompetenz und ihres möglichen Leistungsspektrums als Akteure mit jeweils intern vorhandenen Überkapazitäten an der Entwicklung und Herstellung kundenindividueller Massenprodukte innerhalb von KMU-Produktionsnetzwerken mitzuwirken, sodass insgesamt eine wertschöpfende Umlenkung unternehmensinterner Kapazitätsüberhänge realisiert und somit die überkapazitätsbedingte Unternehmenskrise nachhaltig bewältigt werden kann.

Die Relevanz und das Potenzial der formulierten Krisenbewältigungsstrategie sowie die Anwendbarkeit der konzeptualisierten Strategieentwicklung werden anhand eines praktischen Anwendungsbeispiels abschließend überprüft.

---

8 Zu den Potenzialen der Diversifikationsstrategie als Krisenbewältigungsstrategie vgl. u.a. Müller, R. (1986), S. 96; Engberding, A. (1998), S. 100.

9 Vgl. Kapitel 2.8.

1.3 Aufbau der Arbeit

Die Arbeit untergliedert sich in fünf Kapitel. Den Aufbau stellt Abb. 1 dar.

Abb. 1: Aufbau der Arbeit

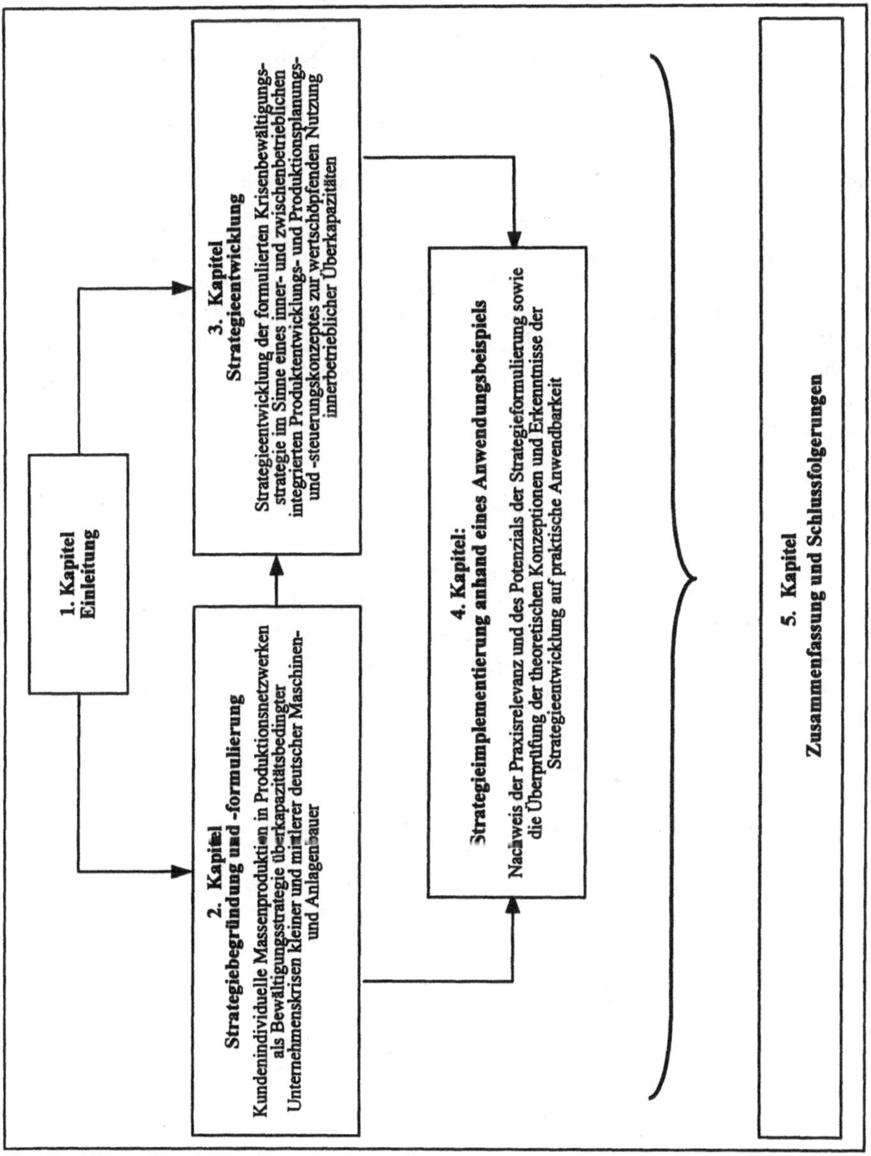

(Quelle: Eigene Darstellung)

Im ersten Kapitel werden die Motivation skizziert und darauf aufbauend die Zielsetzung definiert sowie anschließend der methodische Lösungsweg vorgestellt.

In Kapitel 2 werden nach Abgrenzung des Begriffs KMU und der Analyse des Wirtschaftszweigs sowie der Branchenstruktur des deutschen Maschinen- und Anlagenbaus zunächst die Thematik Unternehmenskrisen und hier insbesondere die unterschiedlichen Krisenphasen als auch die bedeutenden Krisenursachen bei kleinen und mittleren Unternehmen behandelt.

Betriebliche Überkapazitäten als eine wesentliche nachgewiesene Ursache für Unternehmenskrisen kleiner und mittlerer Unternehmen sind im Anschluss hinsichtlich ihrer Relevanz als Krisenursache bei KMU des deutschen Maschinen- und Anlagenbaus zu untersuchen.

Nach einer begründeten Auswahl der geeignetsten Krisenbewältigungsstrategie der Makroebene als Grundlage der Strategieformulierung zur Bewältigung überkapazitätsbedingter Unternehmenskrisen wird im nächsten Schritt nachgewiesen, dass eine kundenindividuelle Massenproduktion in Produktionsnetzwerken als Diversifikationsstrategie des Krisenmanagements geeignet ist, um überkapazitätsbedingte Unternehmenskrisen bei KMU der deutschen Maschinen- und Anlagenbaubranche nachhaltig zu bewältigen.

Basierend auf den erarbeiteten Ergebnissen, die in einem Zwischenfazit zusammengefasst werden, erfolgt abschließend die Formulierung der Krisenbewältigungsstrategie.

Das dritte Kapitel hat zum Ziel, die in Kapitel 2 formulierte Strategie zur Bewältigung überkapazitätsbedingter Unternehmenskrisen kleiner und mittlerer Maschinen- und Anlagenbauer im Sinne eines inner- und zwischenbetrieblichen, integrierten Produktentwicklungs- und Produktionsplanungs- und -steuerungs-Konzeptes zur wertschöpfenden Nutzung innerbetrieblicher Überkapazitäten zu entwickeln.

Nach Darstellung des modularen Baukastensystems als die leistungsfähigste Konzeption einer Mass Customization sowie der Analyse der Organisationstypen der Produktion und ihres Beitrags zur kundenindividuellen Massenproduktion erfolgt zunächst, ausgehend von der Skizzierung einer potenziellen Struktur eines KMU-Produktionsnetzwerkes zur Entwicklung und Herstellung kundenindividueller Massenprodukte einschließlich der es beinhaltenden Akteure, die Konfiguration einer vertikal linearen Supply Chain-Referenzstruktur als Untersuchungsgegenstand. Hierdurch wird die Komplexität bei den nachfolgenden Ausführungen und Konzeptionen reduziert und Redundanz vermieden.

Da insbesondere die Konfiguration und Koordination innerbetrieblicher Überkapazitäten einen wesentlichen Bestandteil dieser Arbeit darstellen, müssen die Kapazität von Produktionssystemen analysiert sowie mögliche inner- und zwischenbetriebliche Kapazitätsanpassungsmaßnahmen im Fall einer Divergenz zwischen Kapazitätsangebot und -nachfrage untersucht und die Forschungslücke bzgl. der kurzfristigen zwischenbetrieblichen Kapazitätsanpassung herausgearbeitet werden.

Unter besonderer Berücksichtigung der Restriktionen der Strategieformulierung hinsichtlich der ausschließlich zur Verfügung stehenden Überkapazitäten zur Herstellung der Komponenten eines kundenindividuellen Massenprodukts erfolgt im Anschluss die Konzeption des Produktentwicklungsprozesses kundenindividueller Massenprodukte nach der Strategie der „integrierten Produktentwicklung" im Sinne eines Concurrent Engineering aus innerbetrieblicher Perspektive. Die erarbeiteten Ergebnisse dienen im nächsten Schritt der Konzeption des innerbetrieblichen Auftragsabwicklungsprozesses zur Herstellung des Eigenfertigungsanteils kundenindividueller Massenprodukte auf der Basis von Überkapazitäten.

Aus dem inflexiblen und dynamisch schwankenden innerbetrieblichen Überkapazitätsangebot resultieren permanente und temporäre Kapazitätsengpässe bei der Herstellung von Komponenten kundenindividueller Massenprodukte, was die Gewährleistung einer kurzfristigen zwischenbetrieblichen Kapazitätsanpassung begründet. Zur Schließung der vorab herausgearbeiteten Forschungslücke erfolgt deshalb zu diesem Zweck die Konzeption einer alternierenden Fremdvergabe, die insbesondere Aspekte der Auswahl kundenneutraler und -spezifischer Fertigungsprozessfolgen/-ausschnitte und Arbeitsschritte, deren Implementierung beim kooperierenden Unternehmen im Rahmen der Produktionsprozessentwicklung sowie die zwischenbetriebliche Produktionsplanung und -steuerung einschließlich der Materialflusssteuerung beinhaltet.

Durch einen Transfer der in Kapitel 3 erarbeiteten Ergebnisse auf die vorab konfigurierte Supply Chain-Referenzstruktur werden zum einen die Planungsaufgaben und -ergebnisse der innerbetrieblichen, integrierten Produktentwicklung sowie die der konzeptualisierten alternierenden Fremdvergabe auf die Akteure der verschiedenen Wertschöpfungsstufen innerhalb der Supply Chain-Referenzstruktur übertragen. Im nächsten Schritt erfolgt die Erarbeitung der Planungsaufgaben und -ergebnisse der integrierten Produktentwicklung zwischen vor- und nachgelagerten Wertschöpfungsstufen im Sinne eines zwischenbetrieblichen Concurrent Engineerings.

Abschließend wird der zwischenbetriebliche Auftragsabwicklungsprozess einer kundenindividuellen Massenproduktion auf der Basis von Überkapazitäten nach dem Prinzip modularer Baukastensysteme zwischen den Akteuren der Supply Chain-Referenzstruktur einschließlich der alternierenden Fremdvergabe, die auf den jeweiligen Wertschöpfungsstufen stattfinden muss, konzeptualisiert.

Die wesentlichen Ergebnisse der Strategieentwicklung werden in einem Zwischenfazit zusammengefasst.

Kapitel vier umfasst die Implementierung der in Kapitel 2 formulierten und in Kapitel 3 konzeptionell entwickelten Strategie anhand eines Anwendungsbeispiels, das auf den Projektergebnissen des Verfassers dieser Arbeit basiert. Hierdurch wird der Nachweis der Praxisrelevanz und des Potenzials der bearbeiteten Thematik sowie gleichermaßen die Überprüfung der theoretischen Konzeptionen und Erkenntnisse der Strategieentwicklung auf praktische Anwendbarkeit ermöglicht.

Auch hier erfolgt eine Zusammenfassung der wesentlichen Ergebnisse dieses Kapitels in einem Zwischenfazit.

Die Ergebnisse der Arbeit werden *im fünften Kapitel* abschließend zusammengefasst und relevante Ansätze als Ausgangspunkt für weiterführende Forschungsarbeiten formuliert.

2. Strategieformulierung

Ziel dieses Kapitels ist der Nachweis, dass eine kundenindividuelle Massenproduktion in Produktionsnetzwerken als Diversifikationsstrategie des Krisenmanagements geeignet ist, um überkapazitätsbedingte Unternehmenskrisen bei KMU der deutschen Maschinen- und Anlagenbaubranche nachhaltig zu bewältigen, wobei die Ergebnisse dieser Untersuchungen zu einer entsprechenden Strategieformulierung abschließend verdichtet werden.

In Kapitel 3 wird die formulierte Strategie entwickelt und in Kapitel 4 anhand eines Praxisbeispiels implementiert und auf Relevanz und Anwendbarkeit überprüft.

Hierzu ist zunächst eine Abgrenzung des Begriffes KMU vorzunehmen und der Wirtschaftszweig sowie die Branchenstruktur des deutschen Maschinen- und Anlagenbaus zu analysieren. Neben einer allgemeinen Darstellung dieser Branche besteht hier insbesondere das Ziel, die qualitative und quantitative volkswirtschaftliche Bedeutung kleiner und mittlerer Unternehmen dieses Wirtschaftszweigs herauszuarbeiten.

Der nachfolgende Abschnitt widmet sich der Thematik Unternehmenskrisen. Hier wird im ersten Schritt eine interdisziplinäre Abgrenzung dieses Begriffes vorgenommen und dieser definiert. Nach Darstellung der verschiedenen Phasen einer Unternehmenskrise erfolgt eine quantitativ basierte Untersuchung der wesentlichen Krisenursachen bei kleinen und mittleren Unternehmen.

Betriebliche Überkapazitäten als eine wesentliche nachgewiesene Ursache für Unternehmenskrisen kleiner und mittlerer Unternehmen werden anschließend hinsichtlich ihrer Relevanz als Krisenursache bei KMU des deutschen Maschinen- und Anlagenbaus qualitativ und quantitativ untersucht und ein Zusammenhang zwischen dem vorliegenden Kapazitätsauslastungsgrad bei KMU dieser Branche und einer potenziell damit verbundenen überkapazitätsbedingten Unternehmenskrise hergeleitet.

Zur Vermeidung bzw. Bewältigung von Unternehmenskrisen lassen sich verschiedene Krisenbewältigungsstrategien des Krisenmanagements identifizieren. Im Zusammenhang mit der gewählten Themenstellung dieser Arbeit müssen deshalb der Nutzwert relevanter Krisenbewältigungsstrategien zur Vermeidung bzw. Bewältigung überkapazitätsbedingter Unternehmenskrisen geprüft und die geeignetste als Grundlage der Strategieformulierung ausgewählt werden.

Im Anschluss erfolgt der Nachweis, dass eine Mass Customization als Diversifikationsstrategie des Krisenmanagements KMU des Maschinen- und Anlagenbaus eine strategische Option zur Bewältigung überkapazitätsbedingter Unternehmenskrisen bietet.

Aufgrund der erforderlichen Optimalkombination an Produktionsfaktoren für eine kundenindividuelle Massenproduktion sowie aufgrund des inflexiblen und dynamisch schwankenden, betriebsinternen Überkapazitätsangebots bietet ausschließlich das Kooperieren kleiner und mittlerer Unternehmen des Maschinen- und Anlagenbaus zu Produktionsnetzwerken die Möglichkeit, eine kundenindividuelle Massenproduktion auf der Basis von Überkapazitäten realisieren zu können, indem die KMU-spezifischen quantitativen Überkapazitäten in ihrer qualitativen Ausprägung zusammengeschaltet werden, um die notwendigen Entwicklungs-, Beschaffungs-, Produktions-, Vertriebs- und Servicekapazitäten sicherzustellen. Zu diesem Zweck werden KMU-Produktionsnetzwerke als Voraussetzung zur Realisierung der Diversifikationsstrategie Mass Customization als Krisenbewältigungsstrategie überkapazitätsbedingter Unternehmenskrisen kleiner und mittlerer Maschinen- und Anlagenbauer wissenschaftlich eingeordnet und die Akteure innerhalb von Produktionsnetzwerken dargestellt.

Auf der Grundlage der vorangegangenen Forschungsergebnisse, die im Rahmen eines Zwischenfazits zusammengefasst werden, wird die Strategie zur Bewältigung überkapazitätsbedingter Unternehmenskrisen kleiner und mittlerer Unternehmen des deutschen Maschinen- und Anlagenbaus abschließend formuliert.

2.1 Kleine und mittlere Unternehmen (KMU) des deutschen Maschinen- und Anlagenbaus

2.1.1 Definitorische Abgrenzung des Begriffes kleine und mittlere Unternehmen (KMU)

Es existiert derzeit keine allgemein wissenschaftlich anerkannte Definition des Begriffes kleine und mittlere Unternehmen (KMU).[1] Der deutschsprachigen Literatur konnten zu diesem Begriff bereits 1978 mehr als 200 Definitionsversuche entnommen werden[2], die in aller Regel quantitative und auch qualitative Kriterien zur Betriebsgrößenbestimmung beinhalten[3]. Allein durch eine quantitative Bewertung, wie etwa Beschäftigungszahl oder Jahresumsatz, ist ein Betrieb[4]

---

1 Vgl. u.a. Mugler, J. (1998), S. 19; Bauer, A. (2001), S. 21; Knopp, E. (2004), S. 11; www.ifm.uni-mannheim.de/unter/faq/kmu_definition.htm, Zugriff am 9.11.2005.

2 Vgl. Bauer, A. (2001), S. 26.

3 Vgl. Legenhausen, C. (1998), S. 17 f.

4 In der wissenschaftlichen Literatur wird oft zwischen dem Betrieb als technisch-wirtschaftliche Einheit und der Unternehmung oder dem Unternehmen als finanziell-rechtliche Einheit unterschieden. Dies ist speziell vor dem Hintergrund größerer Wirtschaftseinheiten notwendig, die in mehrere Betriebe an verschiedenen Orten untergliedert sind (Betriebsstätten), aber gleichzeitig aus rechtlichem Betrachtungswinkel als ein Unternehmen gelten. Da im Rahmen dieser Arbeit die technisch-wirtschaftliche und die finanziell-rechtliche Einheit der betrachteten kleinen und mittleren Unternehmen als kongruent betrachtet werden, werden die Begriffe Betrieb, Unternehmung und Unternehmen nach-

zwischen KMU auf der einen und Großunternehmen auf der anderen Seite nicht allgemein abgrenzbar. Dieses lässt sich u.a. darauf zurückführen, dass KMU in allen Branchen vertreten sind, innerhalb dieser heterogenen Branchen jedoch unterschiedliche Unternehmensgrößenklassen, eingeteilt etwa nach Anzahl der Beschäftigten, als typisch bzw. charakteristisch gelten.[5] Das quantitative Größenklassenkriterium Umsatz könne ebenso wenig eine Einteilung der Unternehmensgröße begründen, da etwa im Handel höhere Umsätze als in vorgelagerten Wertschöpfungsstufen gefahren werden können[6], ohne dass der Gewinn entsprechend höher ausfällt. Deshalb seien etwa nach Mugler[7] mehrdimensionale Ansätze zur Betriebsgrößenbestimmung vonnöten. Diese müssten einerseits quantitativ eindeutige Kriterien und deren Kombination und auch qualitative Kriterien, die überhaupt erst einen Einblick in das Wesen eines Betriebes geben könnten, miteinander verknüpfen. Entscheidend für definitorische Abgrenzungen zwischen KMU und Großunternehmen sei vor allem der beabsichtigte Zweck[8], worin auch der Grund für die zahlreichen Definitionsversuche liegt.

Auf quantitative Kriterien und deren mehrdimensionale Verknüpfung[9] zur KMU-Abgrenzung wird u.a. zur statistischen Strukturierung der Wirtschaft eines Landes, zur Geltung von Rechtsvorschriften (z.B. im Arbeitsrecht, Steuerrecht, Handelsrecht) oder etwa im Zusammenhang mit Förderungen[10] zurückgegriffen. Qualitative Abgrenzungskriterien[11] dienen u.a. dem Management, um speziell auf das KMU abgestimmte Führungsinstrumente implementieren zu können[12], oder sind zur wissenschaftlichen Auseinandersetzung mit der Thematik KMU von zentraler Bedeutung[13].

Unter anderem können Unternehmensstruktur, Eigenschaften und Stil der Unternehmensleitung, Überschneidung von Kapitalbesitz und Geschäftsführung, Ausprägung der Organisations- und Rechtsform, Eigenschaften der Betriebsabläufe oder der Unternehmenskultur qualitative Merkmale darstellen.[14] Beispielhaft sei an dieser Stelle erwähnt, dass bei kleinen und mittleren Unternehmen gerade die enge Verbindung von Unternehmen und Inhaber/in, die sich in der

---

folgend synonym verwendet, falls nicht auf eine entsprechende Unterscheidung hingewiesen wird. Vgl. hierzu Pfohl, H.-C. (1997), S. 2; Legenhausen, C. (1998), S. 16.

5 Vgl. Legenhausen, C. (1998), S. 17 f.; Bauer, A. (2001), S. 29 f.

6 Vgl. Bauer, A. (2001) S. 29.

7 Vgl. Mugler, J. (1998) S. 19 f.

8 Vgl. Pfohl, H.-C. (1997), S. 5 f.

9 Vgl. Gruber, M. (2000), S. 17 f.

10 Unter anderem weist das 6. Forschungsrahmenprogramm der EU als Förderkriterium quantitative Größen aus, um KMU von Großunternehmen abzugrenzen. Vgl. hierzu www.irc-deutschland.de, Zugriff am 9.11.2005.

11 Zur detailliert dargestellten qualitativen Abgrenzung von KMU vgl. u.a. Pfohl, H.-C. (1997), S. 19 ff.; Legenhausen, C. (1998), S. 17 f.; Mugler, J. (1998), S. 19 ff.

12 Vgl. Mugler, J. (1998), S. 19 f.

13 Vgl. www.ifm-bonn.org, Zugriff am 14.11.2005.

14 Vgl. Bauer, A. (2001), S. 26.

- Einheit von Eigentum, Leitung, Haftung und Risiko, d.h. der Einheit von wirtschaftlicher Existenz des Unternehmens und seiner Leitung, und
- in der verantwortlichen Mitwirkung der Leitung in allen unternehmenspolitisch relevanten Entscheidungen

idealtypisch widerspiegelt, ein wichtiges qualitatives Kriterium zur definitorischen Abgrenzung gegenüber Großunternehmen darstellt.[15]

Trotz der allgemein anerkannten Bedeutung qualitativer Kriterien zur Ermöglichung eines KMU-spezifischen Verständnisses werden letztlich aufgrund der einfacheren und eindeutig operationalisierbaren Abgrenzung zu Großunternehmen sowie der statistischen Verfügbarkeit[16] die quantitativen Merkmale „Umsatz in Euro pro Jahr“ und „Zahl der Beschäftigten“ in den meisten Fällen genutzt[17], wobei dieses Verfahren im Übrigen weltweit üblich ist[18].

Die Ansätze des Instituts für Mittelstandsforschung Bonn (IfM)[19] werden im Zusammenhang mit der allgemeinen Größenklassierung deutscher Unternehmen von zahlreichen Autoren zitiert und als bedeutsam eingestuft[20], da es zur Berechnung der KMU an den wichtigsten gesamtwirtschaftlichen Aggregaten die rein quantitativen Merkmale der allgemeinen Größenklassierung um die Unterscheidung in sieben verschiedene Wirtschaftsbereiche erweitert hatte.[21] Ein Ausschnitt aus dieser Klassierung ist in Tab. 1 dargestellt. Damit konnte auch die o.g. Problematik hinsichtlich des Vergleichs heterogener Branchen nach den Kriterien Beschäftigungszahl oder Umsatz merklich reduziert werden.

Wie Tab. 1 zu entnehmen ist, unterscheiden sich die Klassenabgrenzungen zwischen den Wirtschaftsbereichen Industrie und Einzelhandel signifikant. Zählen etwa in der Industrie Unternehmen mit bis zu 499 Mitarbeitern oder einem Jahresumsatz bis zu 25 Millionen DM zu den mittleren Unternehmen, liegen die Grenzen zum Großunternehmen im Einzelhandel bei 99 Mitarbeitern oder einem Jahresumsatz von bis zu 10 Millionen DM. Eine Aussage darüber, in welcher Größenklasse ein

15 Vgl. www.ifm-bonn.org, Zugriff am 14.11.2005.

16 Vgl. Legenhausen, C. (1998), S. 19.

17 Vgl. u.a. Knopp, E. (2004), S. 9; www.ifm-bonn.org, Zugriff am 11.11.2005.

18 Vgl. www.ifm-bonn.org, Zugriff am 14.11.2005.

19 Das Institut für Mittelstandsforschung Bonn (IfM) wurde von der Bundesrepublik Deutschland und dem Land Nordrhein-Westfalen als Stiftung des privaten Rechts gegründet. Das IfM Bonn hat die Aufgabe, Lage, Entwicklung und Probleme des Mittelstandes zu erforschen und die Forschungsergebnisse der Öffentlichkeit zugänglich zu machen. Insbesondere verfolgt das IfM Bonn das Ziel, die Datenbasis über die mittelständische Wirtschaft zu verbessern und zu erweitern, um darauf aufbauend das Ziel-, Maßnahmen- und Trägersystem der unternehmensgrößenbezogenen Wirtschaftspolitik durchleuchten und nötigenfalls Verbesserungsvorschläge erarbeiten zu können. Vgl. hierzu www.ifm-bonn.org, 15.11.2005.

20 Vgl. Daschmann, H.-A. (1994), S. 51 f.; Bauer, A. (2001), S. 28 f.

21 Die entsprechende vollständige Tabelle ist etwa Daschmann, H.-A. (1994), S. 52 und Bauer, A. (2001), S. 29 zu entnehmen.

Unternehmen etwa der Industriebranche einzuordnen ist, wenn in ihm mehr als 499 Mitarbeiter tätig sind, der Umsatz jedoch nur bis 25 Millionen DM beträgt, wird aus dieser Definition, die in dieser u.ä. Formen auch von anderen Autoren angeführt werden[22], nicht ersichtlich, da die Kriterien nicht durch ein „UND" sondern durch ein „ODER" miteinander verknüpft sind[23]. In derartigen Sonderfällen müssen bei Bedarf qualitative Kriterien zur Unterscheidung herangezogen werden.

Tab. 1: Ausschnitt aus der branchenbezogenen Festlegung von Klassengrenzen hinsichtlich der Größenmerkmale „Anzahl der Beschäftigten" und „Umsatz" des Instituts für Mittelstandsforschung (IfM)

Wirtschaftsbereich und Größenklasse	**Größenklasseneinteilung nach Beschäftigten**	**Größenklasseneinteilung nach Jahresumsatz in [Mio. DM]**
	Industrie	
Klein	bis 49	bis 2
Mittel	50 bis 499	2 bis 25
Groß	500 und mehr	25 und mehr
	Einzelhandel	
Klein	bis 2	bis 0,5
Mittel	3 bis 99	0,5 bis 10
Groß	100 und mehr	10 und mehr

(Quelle: Daschmann, H.-A., (1994), S. 52; Bauer, A., (2001), S. 29)

Als Konsequenz der Einführung des Euro und der Umstellung der amtlichen Statistik auf Euro-Werte[24], wurde vom IfM Bonn die KMU-Definition zum einen entsprechend angepasst und auf der anderen Seite die wirtschaftsbereichsbezogene Definition[25] aufgegeben[26], da die üblichen quantitativen Statistiken auf eine derartige Abgrenzung verzichten.

---

22 Vgl. Daschmann, H.-A. (1994), S. 52; Bauer, A. (2001), S. 28 ff.; Knopp, E. (2004), S. 9.

23 Quelle: Gesprächsnotiz vom 16.11.2005 mit Frau Günterberg, Mitarbeiterin am Institut für Mittelstandsforschung Bonn: Danach wird die Größeneinteilung zwischen klein, mittel, groß entweder durch die Beschäftigtenanzahl oder dem Jahresumsatz vorgenommen. Größeneinteilungen, die beide Kriterien miteinander in Beziehung setzen, gebe es bis zum heutigen Zeitpunkt nicht oder zumindest werden derartige Vorgehensweisen durch die amtlichen Statistiken nicht berücksichtigt. Da das IfM Bonn Statistiken, etwa des Statistischen Bundesamtes, nutzt bzw. für dieses Amt Statistiken aufbereitet, richtet sich das Institut nach deren Vorgehensweise. Für amtliche Statistiken werden für gewöhnlich zwei Tabellen geführt, nämlich einmal die Beschäftigungsanzahl in Verbindung mit der dazugehörigen Anzahl der Unternehmen und auf der anderen Seite die Höhe der Umsätze, ebenfalls in Verbindung mit der dazugehörigen Anzahl der Unternehmen. Vgl. hierzu VDMA (2005), S. 74.

24 Vgl. hierzu www.destatis.de/d_home.htm, Zugriff am 14.11.2005 (Offizielle Homepage des Statistischen Bundesamtes Deutschland).

25 Die wirtschaftsbereichsbezogene Definition wurde gegenüber der in Tabelle 1 dargestellten Version durch das IfM Bonn mindestens einmal aktualisiert. Die letzte Fassung stellte jedoch nur noch Wirtschaftsbereich und Größenklasse dem Abgrenzungskriterium Jah-

Tab. 2 zeigt die aktuelle quantitative KMU-Definition des IfM Bonn.[27] Da im Rahmen dieser Arbeit vor allem Maschinen- und Anlagenbauer der Bundesrepublik Deutschland im Mittelpunkt der Betrachtung stehen und das IfM Bonn insbesondere innerhalb der Bundesrepublik Deutschland breite Akzeptanz erfährt, wird nachfolgend auf diese KMU-Definition zurückgegriffen.

Tab. 2: Aktuelle KMU-Definition des IFM Bonn

Größeneinteilung	**Größeneinteilung nach Beschäftigung**	**Größeneinteilung nach Jahresumsatz in [Mio. Euro]**
Klein	bis 9	bis unter 1
Mittel	10 bis 499	1 bis 50
Groß	500 und mehr	50 und mehr

(Quelle: IfM Bonn, www.ifm-bonn.org/dienste/daten.htm, Abruf am 14.11.2005)

Danach beschäftigt ein kleines Unternehmen bis 9 Mitarbeiter oder hat einen Jahresumsatz von bis zu einer Million Euro. In einem mittleren Unternehmen arbeiten 10 bis 499 Personen oder es wird ein Jahresumsatz von einer bis zu fünfzig Millionen Euro gefahren. Ab 500 und mehr Mitarbeiter oder einem Jahresumsatz ab fünfzig Millionen definiert das IfM Großunternehmen.

Bezogen auf die Bundesrepublik Deutschland, existieren nach dieser Definition ca. 3,3 Millionen KMU, die insgesamt 99,7% der umsatzsteuerpflichtigen Unternehmen darstellen. Kleine und mittlere Unternehmen beschäftigen 70,2% aller Arbeitnehmer, bilden 81,9% der Lehrlinge aus und tragen mit 48,8% zur Bruttowertschöpfung aller Unternehmen bei.[28]

Im Zusammenhang mit Förderprogrammen für kleine und mittlere Unternehmen sowohl auf nationaler als auch auf europäischer Ebene muss betont werden, dass zahlreiche unternehmensgrößenspezifische Festlegungen existieren[29], die von der des IfM Bonn erheblich abweichen. Die verschiedenen Abgrenzungen richten sich zunehmend, zumindest hinsichtlich der Zahl der Mitarbeiter, nach der Empfehlung der Europäischen Kommission zur Definition von Kleinst-, Klein-

resumsatz gegenüber. Somit fiel das Abgrenzungskriterium „Beschäftigte" weg. Vgl. www.ifm-bonn.org/dienste/daten.htm, Zugriff am 14.11.2005.

26 Vgl. www.ifm-bonn.org/, Zugriff am 14.11.2005 (Offizielle Homepage des Instituts für Mittelstandsforschung Bonn).

27 Die aktuelle quantitative KMU-Definition des IfM Bonn wurde zum 01.01.2002 offiziell verabschiedet. Vgl. www.ifm-bonn.org/dienste/definition.htm, Zugriff am 15.11.2005.

28 Vgl. www.ifm-bonn.org/dienste/definition.htm, Zugriff am 14.11.2005. Die hier dargestellten statistischen Angaben basieren auf der Basis der spezifischen KMU-Definition des IfM Bonn. Statistiken anderer Anbieter können von dieser deshalb abweichen.

29 Zu den verschiedenen Förderprogrammen und den unternehmensspezifischen Festlegungen vgl. etwa www.bmwi.de, Zugriff 14.11.2205 (Offizielle Homepage des Bundesministeriums für Wirtschaft und Technologie).

und Mittelunternehmen vom 1.1.2005[30], die hier als definitorische Obergrenze die Zahl von 249 Beschäftigten für Mittelstandsunternehmen[31] angibt.[32]

Etwa durch Abspaltungen, Übernahmen, den Kauf oder Verkauf von Unternehmen und Unternehmenseinheiten resultieren Unternehmenskonstellationen, die in der amtlichen Statistik aufgrund ihrer Größenordnung als KMU bezeichnet werden können. Ob sich diese KMU weisungsungebunden am Markt verhalten oder als nicht identifizierbarer Teil eines Konzerns unter einheitlicher Leitung stehen, geht aus derartigen Statistiken nicht hervor.[33] Insbesondere dieser Grad der Verflechtung kleiner und mittlerer Unternehmen mit weiteren externen Anteilseignern wird von der EU zusätzlich beachtet. Deshalb darf nach einer Empfehlung der Europäischen Kommission, die ebenfalls von verschiedenen nationalen und europäischen KMU-Förderprogrammen übernommen wurde, ein KMU nicht zu 25% oder mehr im Besitz von einem oder mehreren Unternehmen stehen, welche die definierten europäischen Kriterien für kleine und mittlere Unternehmen nicht erfüllen.[34]

Zusammenfassend kann festgestellt werden, dass zur Begriffsdefinition kleiner und mittlerer Unternehmen und damit zu ihrer Abgrenzung gegenüber Großunternehmen sowohl quantitative als auch qualitative Merkmalskriterien und deren Kombination herangezogen werden. Die Wahl eindimensionaler oder mehrdimensionaler, verknüpfter Abgrenzungskriterien wird vor allem durch den beabsichtigten Zweck determiniert, worin auch der Grund für die Vielzahl verschiedener Definitionen liegt und somit derzeit keine allgemein wissenschaftlich anerkannte existiert. Trotz des Wissens über die Bedeutung qualitativer Kriterien wird in den meisten Fällen aufgrund der einfacheren und eindeutig operationalisierbaren Abgrenzung sowie der statistischen Verfügbarkeit auf die quantitativen Merkmale „Umsatz in Euro pro Jahr" und „Zahl der Beschäftigten" zurückgegriffen. So hat die Europäische Kommission diesbezüglich eine entsprechende quantitative Definition zu Größenklassengrenzen als Empfehlung verabschiedet, die von zahlreichen KMU-Förderprogrammen auf Europa- und Bundesebene zunehmend in wesentlichen Teilen übernommen wird und die somit bereits als quantitative Leitdefinition bezeichnet werden kann.

Jedoch gerade in Bezug auf Statistiken zu kleinen und mittleren Unternehmen innerhalb der Bundesrepublik Deutschland erfährt das Institut für Mittelstandsforschung Bonn (IfM) breite Akzeptanz, sodass es auch hinsichtlich der gewähl-

---

30 Zur definitorischen Abgrenzung kleiner und mittlerer Unternehmen durch die Europäische Kommission vgl. www.ifm-bonn.org/dienste/definition.htm, Zugriff am 14.11.2005.

31 Der Begriff kleine und mittlere Unternehmen (KMU) wird in der Literatur oft mit dem Begriff Mittelstandsunternehmen bzw. mittelständische Unternehmen synonym verwendet. Vgl. Mugler, J. (1998), S. 23.

32 Vgl. www.ifm-bonn.org/dienste/definition.htm, Zugriff am 14.11.2005.

33 Vgl. www.ifm-bonn.org, Zugriff am 14.11.2005.

34 Vgl. Lucà, H. M. (2004), S. 19.

ten Thematik dieser Arbeit, bei der deutsche Maschinen- und Anlagenbauer im Mittelpunkt der Betrachtung stehen, als vernünftig erscheint, auf die KMU-Definition des IfM Bonn zurückzugreifen.

Letztlich muss an dieser Stelle abschließend betont werden, dass sich trotz der Annäherung der quantitativen KMU-Definition des IfM an die empfohlene Definition der Europäischen Kommission signifikante Unterschiede innerhalb beider Abgrenzungskriterien ergeben.

2.1.2 Der Maschinen- und Anlagenbau in der Bundesrepublik Deutschland

Der Wirtschaftszweig des Maschinen- und Anlagenbaus[35] stellt als Lieferant komplexer Erzeugnisse für alle Branchen der Wirtschaft sowie als Bezieher technologisch anspruchsvoller Vorlieferungen das Zentrum der industriellen Leistungsfähigkeit der Bundesrepublik Deutschland dar[36] und trug im Jahr 2000 mit 3% zum Bruttosozialprodukt der BRD bei.[37] Ausgehend von grundlegenden technischen Elementen, werden in dieser Branche neben autarken Maschinen auch technische Anlagen von interdisziplinärer[38] Komplexität entwickelt, hergestellt und instandgehalten.[39]

Um den Maschinen- und Anlagenbau analysieren und etwa hinsichtlich sowohl seiner als auch der Leistungsfähigkeit gegenüber anderen Wirtschaftszweigen darstellen zu können, werden vom Statistischen Bundesamt der Bundesrepublik Deutschland Abteilungen geführt, in denen das Produktspektrum jeder einzelnen Branche klassifiziert ist.[40] Danach bildet die Abteilung 29 die Klasse „Maschinen-

---

35 Die Branche des Maschinen- und Anlagenbaus wird in verschiedenen Quellen entweder als Maschinenbau oder als Maschinen- und Anlagenbau bezeichnet. Auch das Verwenden beider Begriffe in einer Quelle, etwa im Statistischen Handbuch für den Maschinenbau (herausgegeben vom VDMA e.V.), kann beobachtet werden. In Statistiken wird der Maschinen- und Anlagenbau immer gemeinsam als eine Sparte des verarbeitenden Gewerbes geführt. Vgl. etwa Statistisches Bundesamt Fachserie 4/Reihe 4.2.1 (2003) Produzierendes Gewerbe (www.destatis.de/d_home.htm, Zugriff am 14.11.2005).

36 Vgl. Branchenskizze über den deutschen Maschinen- und Anlagenbau durch das BMWi (www.bmwa.bund.de/ Navigation/ Wirtschaft/ Branchenfokus/ Industrie/ maschinen-und-anlagenbau.html, Zugriff am 22.11.2005).

37 Vgl. Schröder, J. (2003), S. 24.

38 Voraussetzung zur Herstellung komplexer Maschinen und Anlagen sind etwa nach nach Beitz, W./Grote, K.-H. (2005) folgende Teilgebiete des Maschinenbaus: Mathematik, Mechanik, Festigkeitslehre, Thermodynamik, Werkstofftechnik, Konstruktionstechnik, mechanische Konstruktionselemente, fluidische Antriebe, elektrische Konstruktionskomponenten, Komponenten des thermischen Apparatebaus, Energietechnik, Klimatechnik, Verfahrenstechnik, Maschinendynamik, Kolbenmaschinen, Kraftfahrzeugtechnik, Strömungsmaschinen, Fertigungsverfahren, Fertigungsmittel, *Fördertechnik*, Elektrotechnik, Mess- und Regelungstechnik sowie elektrische Datenverarbeitung.

39 Vgl. www.groups.uni-paderborn.de/fsmb/aktivitaeten_taetigkeiten, Zugriff am 22.11.2005.

40 In der amtlichen Statistik des Statistischen Bundesamtes wird der Wirtschaftszweig des Maschinenbaus als Abteilung 29 mit seinem spezifischen Produktspektrum geführt. Eben-

bau", für die verschiedene Statistiken erstellt werden. Auf deren Basis führt insbesondere der Verband deutscher Maschinen- und Anlagenbau e.V. (VDMA) detaillierte Analysen für den deutschen Maschinen- und Anlagenbau durch[41].[42] Auf diese Statistiken wird zur quantitativen Analyse der Branche nachfolgend hauptsächlich zurückgegriffen.

Tab. 3 stellt die wirtschaftlich bedeutensten Wirtschaftszweige des verarbeitenden Gewerbes hinsichtlich Jahresumsatz, Anzahl der Beschäftigten und Anzahl der jeweiligen Unternehmen gegenüber.

Tab. 3: Umsatz, Anzahl der Beschäftigten und Anzahl der Unternehmen in den bedeutendsten Wirtschaftszweigen des verarbeitenden Gewerbes der Bundesrepublik Deutschland

Branche	**Umsatz in Mrd. € (2004)**	**Anteil in%**	**Beschäftigte in Tsd. Jahresdurchschnitt (2004)**	**Anteil in%**	**Anzahl (2003)**
Verarbeitendes Gewerbe	1.211,0	100	5.792	100	39.320
Maschinenbau	142,7	11,8	868	15,0	5.948
Elektrotechnik	153,8	12,7	792	13,7	3.692
Straßenfahrzeugbau	227,7	18,8	773	13,4	985
Ernährungsgewerbe	117,6	9,7	498	8,6	5.161
Chemische Industrie	114,9	9,5	428	7,4	1.379

(Quelle: VDMA (2005), S. 16 f.)[43]

Mit 868 Tsd. Beschäftigten stellt der Maschinen- und Anlagenbau in Deutschland den größten Arbeitgeber innerhalb des verarbeitenden Gewerbes dar und steht hinsichtlich der Anzahl existierender Unternehmen mit 5.948 noch vor dem Ernährungsgewerbe ebenfalls an erster Stelle. Der Umsatz der Branche betrug im Jahr 2004 142,7 Mrd. € mit einem Umsatz-Anteil von 11,8% des gesamten Wirtschaftsbereiches und erreichte hinter der Straßenfahrzeugbau- und Elektrotechnik- Branche den dritten Rang.

---

falls werden alle weiteren Branchen als Abteilungen mit ihrem jeweiligen Produktspektrum aufgeführt. Vgl. www.destatis.de/download/d/klassif/wz03.pdf, Zugriff am 23.11.2005.

41 Der VDMA kürzt in seinen Statistiken zum einen in den meisten Fällen die Abteilung 29 um die Produkte Waffen und Haushaltsgeräte und zum anderen werden Teile der benachbarten Abteilungen 28 sowie 31-35 der amtlichen Statistik integriert, sodass es zu Abweichungen zwischen den Statistiken des VDMA und des Statistischen Bundesamtes kommen kann. Vgl. VDMA (2005), S. 11. Abteilung 28 steht für „Herstellung von Metallerzeugnissen", Abteilung 31 für „Herstellung von Geräten zur Elektrizitätserzeugung, -verteilung u.Ä.", Abteilung 32 für „Rundfunk- und Nachrichtentechnik", Abteilung 33 für „Medizin-, Mess-, Steuer- und Regelungstechnik, Optik, Herstellung von Uhren", Abteilung 34 für „Herstellung von Kraftwagen und Kraftwagenteilen" und Abteilung 35 für „Sonstiger Fahrzeugbau".

42 Vgl. VDMA (2005).

43 Vgl auch www.bmwi.de/Navigation/Wirtschaft/Branchenfokus/Industrie/maschinen-und -anlagenbau.html, Zugriff am 24.11.2005.

Grundsätzlich sind sämtliche nationalen und internationalen Wirtschaftsbranchen Kunde des deutschen Maschinen- und Anlagenbaus[44], wobei die mit dem höchsten Anteil innerhalb der BRD in Tab. 4 dargestellt sind. Danach ist der Maschinenbau selbst mit 22,8% am gesamten Anteil der inländischen Verwendung noch vor dem Straßenfahrzeugbau mit 10,5% der wichtigste Kunde.

Tab. 4: Kundenstruktur des deutschen Maschinenbaus im Jahr 2000

Kundenstruktur des deutschen Maschinenbaus im Jahr 2000	**Anteil an der gesamten inländischen Verwendung von Maschinen in %**
Maschinenbau	22,7
Straßenfahrzeugbau	10,5
Privater und staatlicher Konsum	6,0
Chemie, Mineralölverarbeitung	5,5
Elektrotechnik	4,8
Herst. von Metallerzeugnissen	4,8
Handel	4,8
Land-, Forstwirtschaft, Fischerei	4,4
Baugewerbe	4,3
Ernährungsgewerbe und Tabakverarbeitung	3,9

(Quelle: VDMA (2005), S. 81)

2.1.3 Die Struktur des Maschinen- und Anlagenbaus in der Bundesrepublik Deutschland

Die Mitglieder des Verbands deutscher Maschinen- und Anlagenbau e.V. lassen sich nach VDMA-eigenen Umfragen etwa im Verhältnis 6:3:1 in (überwiegende) Einzelfertiger, (überwiegende) Serienfertiger und nicht produzierende Unternehmen einteilen. Dazu muss angemerkt werden, dass diese Angaben zum einen auf der Selbsteinschätzung der Unternehmen beruhen und zum anderen die Gruppe der VDMA-Mitgliedsunternehmen nicht deckungsgleich mit dem Maschinenbau laut amtlicher Statistik ist. In letzterer werden die nicht produzierenden Unternehmen grundsätzlich dem Dienstleistungssektor zugeordnet, auch wenn sie ausschließlich Dienstleistungen (z.B. im Bereich der Forschung und Konstruktion) für den Maschinenbau erbringen.[45] Zumindest lässt sich hieraus ableiten, dass im Maschinenbau ein hoher Diversifikationsgrad der Produktpalette sowie der Unternehmenspositionierungen existiert und damit weniger Massenprodukte als eher Serienprodukte bis hin zu hochspezialisierten Sonderprodukten entwickelt und hergestellt werden. Es sind auf der einen Seite Konzerne mit hoher Wertschöpfung und breiter Produktpalette sowie auf der anderen Nischenanbieter, die auf einzelne

---

44 Vgl. VDMA (2005), S. 81.
45 Gesprächsnotiz mit Frau Dr. Krebs, Mitarbeiterin des VDMA, am 16.11.2005.

Marktsegmente konzentriert sind.[46] Bei mehr als zwei Drittel der Maschinenbauunternehmen liegt das Gründungsjahr bereits vor 1978.[47]

In Tab. 5 und 6 ist die Größenklassengliederung der deutschen Unternehmen und Betriebe des Maschinenbaus nach der Zahl der Beschäftigten dargestellt. Hier wird zwischen Betrieb als technisch-wirtschaftlicher Einheit (vgl. Tab. 6) und dem Unternehmen als finanziell-rechtlicher Einheit (vgl. Tab. 5) unterschieden, sodass damit eine höhere Anzahl Betriebe als Unternehmen existieren. Zum anderen werden in Tab. 6 auch die Betriebe mit weniger als 20 Beschäftigten einbezogen. Damit sind beide Tabellen miteinander nur schwer vergleichbar, jedoch ist ein gemeinsamer Trend zu erkennen. Danach nimmt die Unternehmens- bzw. Betriebsanzahl mit Zunahme der Anzahl der Beschäftigten in beiden Fällen überproportional ab.

Tab. 5: Größenklassengliederung der Unternehmen im deutschen Maschinenbau

Unternehmensgrößenklassen nach Zahl der Beschäftigten	**Anzahl Unternehmen (September 2003)**
20 bis 49	2.448
50 bis 99	1.503
100 bis 249	1.134
250 bis 499	426
500 bis 999	162
1.000 und mehr	109
Summe	**5.782**

(Quelle: VDMA (2005), S. 74)

Tab. 6: Größenklassengliederung der Betriebe im deutschen Maschinenbau

Betriebsgrößenklasse nach Zahl der Beschäftigten	**Anzahl Betriebe (Stand September 2003)**
1 bis 49	3.126
50 bis 99	1.677
100 bis 249	1.282
250 bis 499	480
500 bis 999	176
1.000 und mehr	107
Summe	**6.848**

(Quelle: VDMA (2005), S. 74)

Nach der in dieser Arbeit zugrunde gelegten quantitativen Definition für kleine und mittlere Unternehmen des IFM Bonn lassen sich in der Maschinenbau-

46 Vgl. Schröder, J. (2003), S. 26.

47 Vgl. www.kfw.de/DE/Service/OnlineBibl48/Volkswirts64/KfW_VW-Beitrag_Nr_005.pdf, Zugriff am 30.11.2005.

Branche der BRD nach Tab. 5 und 6 etwa 95% der Unternehmen und etwa 96% der Betriebe als kleine und mittlere einordnen.[48]

Stellt man, wie aus Tab. 7 zu entnehmen, die Umsatzgrößenklassen der Anzahl der jeweils dazugehörigen Unternehmen gegenüber und nutzt hier ebenfalls die quantitative KMU- Charakterisierung dieser Arbeit, die eine Unterscheidungsgrenze zwischen KMU und Großunternehmen bei 50 Mio. Euro definiert, sind etwa 90,6% der Unternehmen als kleine und mittlere abgrenzbar.

Tab. 7: Umsatzgrößenklassen und dazugehörige Anzahl der Unternehmen

Betriebe mit bis ... unter ... Mio. € Umsatz	**Anzahl der Unternehmen**	**Betriebe in %**
unter 2	616	10,36
2 bis 5	1.759	29,57
5 bis 10	1.277	21,48
10 bis 20	950	15,98
20 bis 50	787	13,23
50 und mehr	557	9,36
Summe	**5.946**	**100**

(Quelle: Statistisches Bundesamt (2003))[49]

Beide quantitativen KMU-Definitionsmerkmale weisen damit für die deutsche Maschinenbau-Branche gleichermaßen einen überproportionalen KMU-Anteil von über 90% aus. Diese kleinen und mittleren Unternehmen sind zu einem großen Anteil in Familienbesitz.[50]

Basierend auf der Größenklassengliederung in Tab. 6 stellt Tab. 8 die prozentuale Anzahl der Betriebe und der Beschäftigten sowie den jeweiligen prozentualen Umsatz am Gesamtumsatz der Branche in den jeweiligen Betriebsgrößenklassen dar.

Obwohl nur 4,2% der Betriebe mehr als 500 und mehr Mitarbeiter beschäftigen, ergibt dies einen Mitarbeiter-Anteil von 35,1%, der in der BRD Großbetrieben zugeordnet werden kann. Zum anderen erwirtschaften die Großbetriebe 43,2% des gesamten Branchen-Umsatzes, sodass letztlich der Anteil der KMU hinsichtlich beider Größen trotz der über 20 mal höheren Anzahl deutlich unterproportional ausfällt.

48 Zur definitorischen Abgrenzung kleiner und mittlerer Unternehmen vgl. Kapitel 2.1.

49 Vgl. Statistisches Bundesamt Fachserie 4/Reihe 4.2.1, Tabelle 1.1.3 (2003) Produzierendes Gewerbe: Beschäftigte, Umsatz und Investitionen der Unternehmen und Betriebe des Verarbeitenden Gewerbes sowie des Bergbaus und der Gewinnung von Steinen und Erden (www.destatis.de/d_home.htm, Zugriff am 14.11.2005).

50 Vgl. Gausemeier, J./Ebbesmeyer, P./Kallmeyer, F. (2001), S. 105.

Tab. 8: Beschäftigten- und Umsatzanteil in den Betriebsgrößenklassen des Maschinen- und Anlagenbaus in der BRD [Angaben im September 2003]

Beschäftigte	Betriebe in %	Beschäftigte in %	Umsatz in %
1 bis 49	45,6	10,5	7,4
50 bis 99	24,5	13,1	10,0
100 bis 249	18,7	22,6	19,9
250 bis 499	7,0	18,7	19,5
500 bis 999	2,6	13,4	15,8
1.000 und mehr	1,6	21,7	27,4

(Quelle:VDMA (2005), S. 75)

2.2 Unternehmenskrisen

2.2.1 Interdisziplinäre Abgrenzung und Definition des Begriffes Unternehmenskrise

Der aus dem Altgriechischen stammende Begriff Krise („krisis“ = Wendepunkt, Entscheidung) bedeutete ursprünglich jeglichen Bruch einer bis zu einem bestimmten Zeitpunkt kontinuierlichen Entwicklung und im engeren Sinne eine Entscheidungssituation, die den Wendpunkt bzw. Höhepunkt einer gefährlichen Entwicklung markiert, und kennzeichnete zugleich eine Situation mit extremer Ambivalenz der Entwicklungsmöglichkeiten.[51] In zahlreichen Wissenschaftsdisziplinen, wie etwa Medizin, Psychologie, Rechtswissenschaften, Theologie, Geschichte und Philosophie wird der Krisen-Begriff unterschiedlich interpretiert und somit das Begriffsverständnis in den einzelnen Disziplinen jeweils speziell verankert.[52] Diese Tatsache lässt damit keine eindeutige Begriffsbestimmung zu.[53] Die Ökonomie, die deshalb ebenfalls ein spezifisches Verständnis für den Begriff Krise entwickelte, nutzt ihn in der Volkswirtschaft[54] und auch, aufbauend auf der volkswirtschaftlichen Krisentheorie, in der Betriebswirtschaft[55]. Aus volkswirtschaftlicher Sichtweise wird die Krise als Phase des konjunkturellen Abschwungs bzw. als Wendepunkt eines mehr oder weniger regelmäßig verlaufenden Konjunkturzyklus verstanden[56] sowie zunehmend auch auf die strukturelle und regionale Ebene übertragen.[57] Die Betriebswirtschaftslehre bezieht den Krisenbegriff aufgrund ihrer mikroökonomischen Betrachtung auf selbstständig wirtschaftende Unternehmen[58]

51 Vgl. Krystek, U. (1987), S. 3; David, S. (2001), S. 21.
52 Vgl. Hülsmann, M. (2005), S. 35.
53 Vgl. Horst, M. v. d. (2000), S. 7 f.
54 Vgl. David, S. (2001), S. 22.
55 Vgl. Hülsmann, M. (2005), S. 39 f.
56 Vgl. Krystek, U. (1987) S. 4.
57 Vgl. Eickhoff, N. (1976), S. 7 ff.; Engberding, A (1998), S. 22 ff.
58 Vgl. Clasen, J. P. (1992), S. 68.

und bezeichnet die Krise innerhalb eines Unternehmens als Unternehmenskrise.[59] Zahlreiche Autoren versuchen, den Begriff Unternehmenskrise inhaltlich zu bestimmen[60], wonach einige diese als für ein Unternehmen bedrohliches, statisches Ergebnis eines einmaligen Ereignisses ansehen[61]. Hingegen betrachtet Krystek (1987, S. 6 f.) in Anlehnung an Müller (1982, S. 19) Unternehmenskrisen als eigenständigen, dynamischen Prozess, der nachhaltig negativ auf ein Unternehmen einwirkt und damit Unternehmensziele messbar gefährden kann.[62] Dem Verständnis, dass die Unternehmenskrise als dynamisch eigenständiger Prozess betrachtet werden muss, schließen sich seit Müller (1982) zahlreiche Autoren an und kennzeichnen eine Unternehmenskrise durch folgende Elemente:[63]

- Eine nachhaltige und damit nicht nur absehbar vorübergehende ungeplante/ ungewollte *Existenzgefährdung* für die gesamte Unternehmung, die den potenziellen Existenzverlust mit einschließt.
- Die *Ambivalenz des Ausgangs* der Unternehmenskrise, da sowohl der Existenzverlust als auch die erfolgreiche Krisenbewältigung möglich sind.
- Die *Gefährdung dominanter Ziele*[64] durch die Unternehmenskrise, wodurch diese für das Unternehmen überhaupt erst mess- und fühlbar wird.
- Den *Prozesscharakter*, d.h. die zeitliche Begrenzung der existenzgefährdenden Krise.
- Die *Steuerungsproblematik* der Unternehmenskrise, da hier hohe Anforderungen an die Führungsqualität bei gleichzeitiger Ambivalenz des Erfolgs gestellt werden.
- Der *Zeit- und Entscheidungsdruck*[65], der in Abhängigkeit vom jeweiligen Stadium der Unternehmenskrise unterschiedlich hoch ist, sich aber im zeitlichen Verlauf des Krisenprozesses verstärkt.

Da sich die derzeitig beachteten Definitionen des Begriffes Unternehmenskrise stark an die von Krystek anlehnen und im weiteren Verlauf dieser Arbeit nicht

---

59 Vgl. Bergauer, A. (2003), S. 4.

60 Vgl. u.a. Müller-Merbach, H. (1977), S. 420; Becker, H. (1978), S. 672; Müller, R. (1982), S. 19 ff.; Krystek, U. (1987), S. 4; Hülsmann, M. (2005), S. 39 f.

61 Vgl. Krummenacher, A. (1981), S. 8.

62 Vgl. Hülsmann, M. (2005), S. 39.

63 Vgl. Krystek, U. (1987), S. 6; David, S. (2001), S. 22 f.; Hülsmann, M. (2005), S. 39 ff.

64 Nach Hülsmann dienen dominante Ziele als operationalisierter Referenzmaßstab für den Erfolg eines Systems sowohl bei der Zweckerreichung wie bei der Bestandssicherung. Danach weise die Abweichung zwischen realisierten Zielbeiträgen und definierten Zielhöhenpräferenzen auf die Existenz einer Krise hin. Vgl. Hülsmann, M. (2005), S. 41.

65 Etwa Weber und Krummenacher haben den Zeit- und Entscheidungsdruck als ein weiteres begriffliches Element von Unternehmenskrisen eingeführt. Dieses wurde von Krystek entsprechend übernommen und damit die Begriffselemente der Unternehmenskrise von Müller, R. um dieses Element erweitert. Vgl. Weber, Ph. (1980), S. 15; Krummenmacher, A. (1981), S. 7.

die Unternehmenskrisen-Forschung im Mittelpunkt der Betrachtung steht, gilt nachfolgend die Definition nach Krystek:

> „Unternehmenskrisen sind ungeplante und ungewollte Prozesse von begrenzter Dauer und Beeinflußbarkeit sowie mit ambivalentem Ausgang. Sie sind in der Lage, den Fortbestand der gesamten Unternehmung substantiell und nachhaltig zu gefährden oder sogar unmöglich zu machen. Dies geschieht durch die Beeinträchtigung bestimmter Ziele (dominanter Ziele), deren Gefährdung oder gar Nichterreichung gleichbedeutend ist mit einer nachhaltigen Existenzgefährdung oder Existenzvernichtung der Unternehmung als selbstständig und aktiv am Wirtschaftsprozess teilnehmender Einheit mit ihren bis dahin gültigen Zweck- und Zielsetzungen."[66]

2.2.2 Phasen der Unternehmenskrise als Ansatzpunkt zur Krisenbewältigung

Um Ansatzpunkte zur Vermeidung und insbesondere zur Bewältigung von Unternehmenskrisen entwickeln zu können, muss diese als Prozess-Phänomen mit unterschiedlichen Phasen aufgefasst und dargestellt werden. Hierzu sind zahlreiche Phasenmodelle unterschiedlicher Gestaltung entwickelt worden.[67] Diese unterscheiden sich primär im Hinblick auf die Annahme eines strukturierbaren bzw. unstrukturierbaren Prozesses der Krise und sekundär hinsichtlich der Kennzeichen, welche in den betreffenden Modellen der Phasenabgrenzung dienen.[68] Die nachfolgend nicht weiter betrachteten Modelle, die, wie etwa die von Pohl[69] oder Argenti[70], auf der Annahme eines nicht strukturierbaren Krisenverlaufs basieren und damit die Krisenphasen als voneinander nicht abgegrenzt bzw. abgrenzbar definieren, lassen es nicht zu, den Entwicklungspunkt eines sich in der Krise befindenden Unternehmens zu erkennen und, davon ausgehend, phasengerechte Ansatzpunkte zur Krisenvermeidung und -bewältigung zu identifizieren.[71] Als Vertreter der strukturierten Krisenmodelle erfährt gerade das Phasenmodell von Müller[72] in der betriebswirtschaftlichen Literatur breite Akzeptanz[73], das in Abb. 2 gezeigt wird.

Er teilt sein Modell in die vier Krisenarten strategische Krise, Erfolgskrise, Liquiditätskrise sowie Insolvenz/Liquidation ein und stellt diese als zeitlich aufeinanderfolgende Phasen, die mit fortschreitender Zeitachse zunehmend offensichtlich werden, dar.

---

66 Vgl. Krystek (1987), S. 6 f.
67 Vgl. Krystek (1987), S. 21.
68 Vgl. David, S. (2001), S. 38 f.
69 Vgl. Pohl, H. (1977), S. 76 f.
70 Vgl. Argenti, J. (1976), S. 121 ff.
71 Vgl. Löhneysen, G. v. (1982), S. 90.
72 Vgl. Müller, R. (1986), S. 55 f.
73 Vgl. Horst, M. v. d. (2000), S. 14.

Dabei definiert er eine strategische Krise als eine Gefährdung des Aufbaus oder der Verfügbarkeit der Erfolgspotenziale eines Unternehmens, die aus strategischer Sicht die Voraussetzung der Wettbewerbsfähigkeit sind. Diese Potenziale basieren auf Personal-, Know-how, System- und Finanzressourcen, wobei die Diskrepanz zwischen benötigten und verfügbaren Ressourcen das Anzeichen für eine strategische Krise andeutet.

Charakteristisch für die Erfolgskrise ist die gravierende Gefährdung spezifischer Erfolgsziele, wie etwa Gewinn-, Rentabilitäts- und/oder Umsatzziele, die zur mittel- bzw. langfristigen Handlungs- und Überlebensfähigkeit vonnöten sind.

Abb. 2: Krisenverläufe

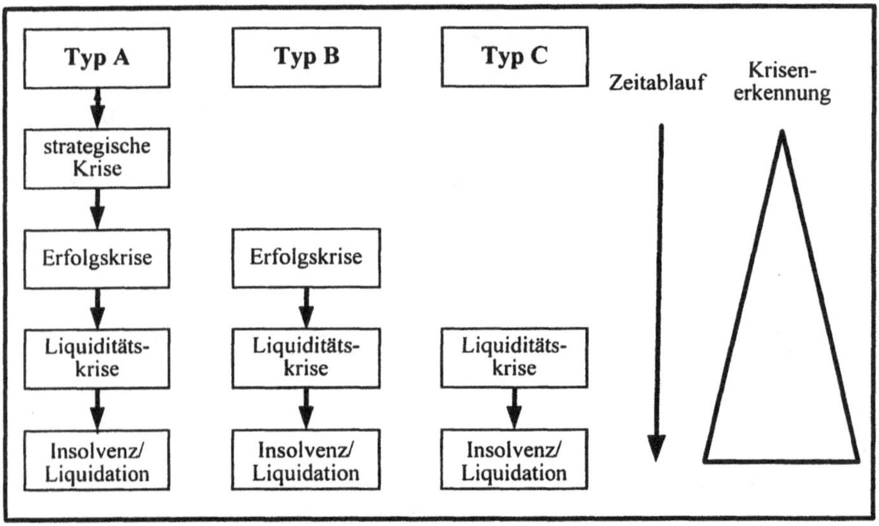

(Quelle: In Anlehnung an Müller, R. (1986), S. 56)

Die Gefahr der Illiquidität und/ oder Überschuldung wird als Liquiditätskrise bezeichnet. Die Insolvenz bzw. Liquidation ist durch die Nichterreichung spezifischer Gläubigerziele gekennzeichnet.[74]

Zusätzlich ordnet Müller in seinem Modell den Krisenarten strategische, operative oder liquiditätische Gegenmaßnahmen des Krisenmanagements, das sich mit der Vermeidung und Bewältigung von Unternehmenskrisen auseinandersetzt, zu.[75] Somit entwickelt er gleichzeitig ein Merkmalsschema, das die Spanne der zur Verfügung stehenden Zeit zur Einleitung von Maßnahmen einer Krisenvermeidung bzw. Krisenbewältigung im Sinne des Eingreifens von wirksamen

74 Vgl. Krystek, U. (1987), S. 26 f.

75 Vgl. Kapitel 2.4.1; Knopp, E. (2004), S. 56.

Gegenmaßnahmen innerhalb der einzelnen Krisenphasen aufzeigt.[76] Die Krisenverläufe der Typen A, B, C beschreiben den Entwicklungsprozess einer Unternehmenskrise, falls diese in den jeweiligen Phasen nicht bewältigt werden kann. Im Gegensatz zu Typ A, bei dem, ausgehend von einer strategischen Krise, alle Krisenphasen durchlaufen werden, zeigen die Typen B und C, dass eine strategische Krise nicht eine grundlegende Voraussetzung für eine nachfolgende Erfolgs- oder Liquiditätskrise darstellen muss. Diese können auch unabhängig vom zeitlichen Vorgänger entstehen, wobei Typ A in der Realität am häufigsten, gefolgt von B und C, auftritt[77]. Nach von der Horst[78] erklärt diese Sichtweise für viele real beobachtbare Unternehmenskrisen den inhaltlichen und kausalen Zusammenhang, was etwa nach Ansicht von Knopp[79] auch dazu geführt hat, dass die Ansatzpunkte des heutigen Krisenmanagements auf diese Krisenarten aufbauen.

Von der Horst[80] erweitert das Modell von Müller, indem er die Krisenphasen voneinander zeitlich entknüpft und spricht von der interdependenten Krisenentwicklung. Dieses begründet er unter anderem damit, dass etwa durch eine extern verursachte Liquiditätskrise im Unternehmen eine aggressive Wachstumsstrategie, die hohe finanzielle Ressourcen benötigt, nicht weiter verfolgt werden kann, sodass sich daraus zusätzlich eine nach Müller eigentlich zeitlich vorgelagerte strategische Krise entwickelt. Er stellt fest, dass die strategische Krise, die Erfolgskrise und die Liquiditätskrise zeitlich unabhängig voneinander entstehen und sich entwickeln sowie sich gegenseitig beeinflussen als auch verursachen können. Damit deckt er ein deutlich breiteres Spektrum möglicher Reihenfolgen der Entwicklung einer Unternehmenskrise ab, weshalb nachfolgend der Erweiterung des Modells von Müller durch v. der Horst gefolgt wird.

2.2.3 Betriebswirtschaftlich orientierte Krisenursachenforschung

Die Erforschung von Ursachen für Unternehmenskrisen wird in der Betriebswirtschaft schon fast 70 Jahre im Rahmen der Krisenursachenforschung betrieben. Dieser Forschungsbereich versucht, in einem betriebswirtschaftlich orientierten Sinne spezifische Ursachen-Wirkungskomplexe zur Erklärung des Entstehens von Unternehmenskrisen in allgemein gültiger Form zu ermitteln und darzustellen.[81] Die Ursachenforschung liefert somit wesentliche Hinweise für eine Früherkennung und ist für die Krisenvermeidung und -bewältigung von zentraler Bedeutung.[82] Im

76 Vgl. Krystek, U. (1987), S. 26.
77 Vgl. Horst, M. v. d. (2000), S. 15.
78 Vgl. Horst, M. v. d. (2000), S. 15.
79 Vgl. Knopp, E. (2004), S. 49.
80 Vgl. Horst, M. v. d. (2000), S. 15 ff.
81 Vgl. Krystek, U. (1987), S. 33; Bergauer, A. (2001), S. 46 f.; Knopp, E. (2004), S. 50.
82 Vgl. Krystek, U. (1987), S. 33.

Rahmen der Krisenursachenforschung werden die qualitative und quantitative Forschungsrichtung grob unterschieden.

Bei der quantitativen werden formale Daten, wie etwa Branchenzugehörigkeit, Unternehmensgröße und -alter sowie Rechtsstruktur bzgl. statistischer Häufungen bei Insolvenzfällen untersucht, wobei diese Richtung etwa nach Ansicht von Krystek[83] in erster Linie Kreditgebern dient, die daraus hauptsächlich das Risiko einer Kreditvergabe bewerten können.

Die qualitative Krisenursachenforschung versucht, durch Interviews, Befragungen von Konkursverwaltern, Konkursrichtern, Unternehmern oder etwa Unternehmensberatern, aber auch durch die Auswertung von Berichten über individuelle Krisenverläufe generell gültige Hinweise auf Krisenursachen abzuleiten.[84] Trotz der Schwächen der qualitativen Erforschung der Ursache-Wirkungszusammenhänge, die etwa in unterschiedlichen Kriterien zur Beurteilung von Krisenursachen oder in einer fraglichen Objektivität der von der Krise oft persönlich betroffenen Experten begründet liegen, wird diesem Ansatz gegenüber der rein an formalen Daten orientierten quantitativen Forschungsrichtung eine höhere Aussagefähigkeit zugesprochen.[85] Eine Vielzahl qualitativer Ursachenkataloge für Unternehmenskrisen ist in der betriebswirtschaftlichen Literatur entwickelt worden, was eine allgemeingültige Ableitung von Aussagen zu Krisenursachen fast unmöglich erscheinen lässt.[86] Von zahlreichen Autoren bestätigt[87], lassen sich trotz alledem nach Untersuchungen von Krystek[88] folgende übereinstimmende komplexitätsbedingte Tendenzen in Bezug auf Krisenursachen festmachen:

- Multikausalität: In der Realität lässt sich eine Unternehmenskrise nicht nur auf eine, sondern vielmehr auf das Zusammenwirken einer Vielzahl krisenverursachender Faktoren zurückführen
- Mehrstufigkeit: Unternehmenskrisen stellen sich als mehrstufige Ursache-Wirkungs-Konstellationen dar, in denen die als Ursache erkannten Ereignisse einer vorgelagerten Krisenursachen-Ebene zu Wirkungen einer nachgelagerten Ebene werden
- Multilokalität: Unternehmenskrisen werden in der Regel hauptsächlich auf den endogenen (innerbetrieblichen bzw. unternehmensinternen Bereich) aber auch auf den exogenen (zwischenbetrieblichen Bereich und Unternehmensumwelt) Entstehungsort zurückgeführt. In der Regel beeinflussen und verstärken sich endogene und exogene Faktoren in ihren Auswirkungen gegenseitig.

---

83 Vgl. Krystek, U. (1987), S. 41 f.

84 Vgl. Krystek, U. (1987), S. 33; Bergauer, A. (2001), S. 46 f.; Knopp, E. (2004), S. 50.

85 Vgl. Bergauer, A. (2001), S. 47.

86 Zu verschiedenen Ursachenkatalogen vgl. etwa Weber, P. (1980), S. 28; Hauschildt, J. (1983), S. 144; Töpfer, A. (1986), 159 ff.; Brühl, V./Göpfert, B. (2004), S. 6.

87 Vgl. etwa Horst, M. v. d. (2000), S. 20 f.; Bergauer, A. (2003), S. 18.

88 Vgl. Krystek, U, (1987), S. 67 ff.

Die potenzielle Multikausalität und auch denkbare mehrstufige Ursache-Wirkungszusammenhänge der Krisenursachen lassen sich jedoch in aller Regel aus Krisenursachekatalogen ebenfalls nicht ableiten, da prinzipiell, vom individuellen Fall abhängig, jede Ursache mit einer anderen verknüpft bzw. als Folge eines oder mehrerer Ursachefaktoren determinieren werden kann.[89]

2.2.4 Krisenursachen bei kleinen und mittleren Unternehmen

In einer Studie von Hauschildt[90], bei der 142 kleine und mittlere Kreditnehmer, die 1988 Insolvenz anmeldeten, untersucht wurden, konnten, wie aus Abb. 3 zu entnehmen ist, zum einen relevante spezifische KMU-Krisenursachen und zum anderen der jeweils prozentuale Anteil der spezifischen Krisenursache an den Unternehmenskrisen empirisch nachgewiesen werden.

Hauschildt unterscheidet hier nicht zwischen endogenen und exogenen, sondern zwischen strukturellen, operativen, strategischen und verschärfenden Faktoren, die zu schweren Unternehmenskrisen bei kleinen und mittleren Unternehmen geführt haben.

Entsprechend der Themenstellung dieser Arbeit ist für die nachfolgenden Ausführungen bzgl. der Formulierung und Entwicklung einer geeigneten Strategie zur Bewältigung überkapazitätsbedingter Unternehmenskrisen ausschließlich die mangelnde Kapazitätsauslastung als Krisenursachefaktor, aus dem, wie aus Abb. 3 hervorgeht, etwa 21% der Insolvenzen kleiner und mittlerer Unternehmen direkt resultieren, relevant.

Untersuchungen dahingehend, welchen Einfluss die mangelnde Kapazitätsauslastung als Krisenfaktor im multifunktionalen sowie im mehrstufig vor- und nachgelagerten Kontext ausübt, existieren derzeit nicht. Diese könnten zumindest auf qualitativer Ebene darüber Aufschluss geben, wie dieser Krisenfaktor indirekt induziert wird und in welchem Ausmaß er vor allem Unternehmenskrisen indirekt begünstigt. Damit könnten nachweislich mehr als 21% der KMU-Insolvenzfälle direkt und indirekt auf betriebliche Überkapazitäten zurückgeführt werden, weshalb diesem Ursachefaktor hinsichtlich seiner Vermeidung und Bewältigung mehr Aufmerksamkeit als bisher zukommen müsste.

89 Vgl. Schulten, Marc F. (1995), S. 48.

90 Vgl. Hauschildt, J. (2000), S. 13 f.

Abb. 3: Krisenursachen mittelständischer Kreditnehmer (n = 142)

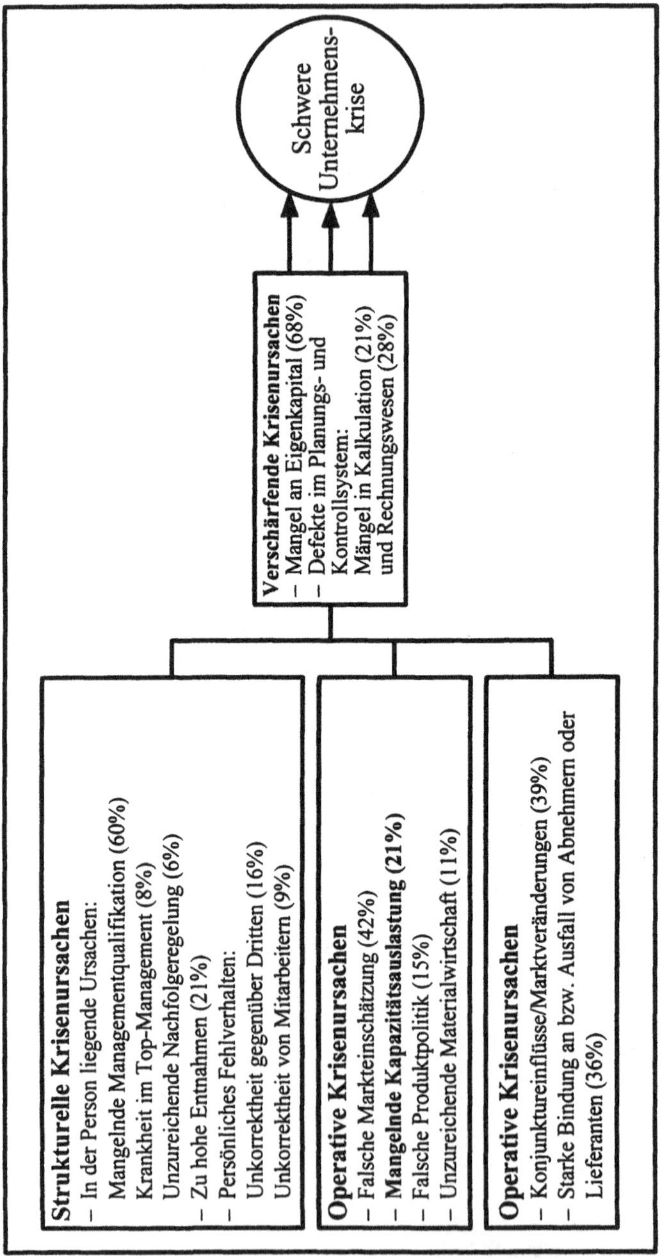

(Quelle: Hauschildt, J. (2000), S. 13)

2.3 Betriebliche Überkapazitäten als Krisenursache kleiner und mittlerer Unternehmen des deutschen Maschinen- und Anlagenbaus

Die in Kapitel 2.2.4 dargestellte Studie von Hauschildt bezieht sich nicht ausschließlich auf kleine und mittlere Unternehmen des Maschinen- und Anlagenbaus, sondern stellt eine Statistik dar, welche die Krisenursachen von 142 KMU unterschiedlicher Branchen beinhaltet.

Auch nach intensiven Recherchen im Rahmen dieser Arbeit konnten keine Statistiken bzgl. der spezifischen Krisenursachen und insbesondere hinsichtlich des prozentualen Anteils einer mangelnden Kapazitätsauslastung als Krisenursache kleiner und mittlerer Maschinen- und Anlagenbauer identifiziert werden. Somit kann der von Hauschildt statistisch mit 21% belegte Durchschnittswert des Krisenursachefaktors „mangelnde Kapazitätsauslastung“ als Grund für Unternehmenskrisen kleiner und mittlerer Unternehmen mehrerer Branchen hier nur als nicht nachgewiesener Schätzwert auf die Maschinen- und Anlagenbaubranche übertragen werden.

Um die besondere Relevanz des hier betrachteten Krisenursachefaktors für KMU des Maschinen- und Anlagenbaus nachzuweisen, wird nachfolgend zusätzlich eine Untersuchung dahingehend durchgeführt, in welchem Maße betriebliche Überkapazitäten im Maschinen- und Anlagenbau der BRD vorhanden sind und inwiefern diese zu überkapazitätsbedingten Unternehmenskrisen in dieser Branche führen.

Hierzu werden in einem ersten Schritt die Insolvenzzahlen kleiner und mittlerer Maschinen- und Anlagenbauer der BRD analysiert und die Vorgehensweise zur Messung betrieblicher Überkapazitäten dargestellt. Auf dieser Grundlage wird ein Zusammenhang zwischen der Kapazitätsauslastung im deutschen Maschinen- und Anlagenbau und den daraus resultierenden überkapazitätsbedingten Unternehmenskrisen hergestellt.

2.3.1 Insolvenzen kleiner und mittlerer Unternehmen des deutschen Maschinen- und Anlagenbaus

Insolvenz bedeutet die Zahlungseinstellung fälliger Verbindlichkeiten von Wirtschaftssubjekten, die auf einer Zahlungsunfähigkeit und Überschuldung basiert. Sie führt zur Einleitung eines gerichtlich angeordneten Insolvenzverfahrens.[91] Dabei wird zwischen den hier relevanten Regelinsolvenzverfahren, die u.a. bei Unternehmen und seit Dezember 2003 auch bei Kleinunternehmen (Kleinge-

---

91 Vgl. u.a. Woll, A. (2000), S. 366; www.foerderland.de/154+M58245ea8b41.0.html, Zugriff am 30.11.2005; www.rechtswoerterbuch.de/rw/definition.asp?Modus=haeufig&id=602&Begriff=Insolvenz, Zugriff am 30.11.2005.

werbe) eingeleitet werden, und Verbraucherinsolvenzverfahren natürlicher Personen unterschieden.[92] Ein Insolvenzverfahren wird eröffnet, wenn das Vermögen des Schuldners ausreicht, um die Verfahrenskosten zu begleichen oder ein entsprechender Geldbetrag dem Gericht vorab zukommt. Andernfalls wird das Verfahren vom Gericht mangels Masse abgewiesen und ein Konkursverfahren mit anschließender Liquidation eingeleitet.[93] Ziel des Insolvenzverfahrens, das auch als Vergleichsverfahren bezeichnet wird, ist die Ermöglichung des Rückflusses einer vorab festgelegten Mindestquote finanzieller Verbindlichkeiten zu den Gläubigern und auch die Fortführung des Unternehmens.[94]

Tab. 9 zeigt die Anzahl der Unternehmensinsolvenzen im Maschinen- und Anlagenbau seit 1995.

5.896 Maschinenbauunternehmen existierten zwischen 1999 und 2003 durchschnittlich in der BRD. Im selben Zeitraum meldeten im Durchschnitt 470 Unternehmen und damit 8% der deutschen Maschinenbauunternehmen Insolvenz an. Damit musste fast jedes dreizehnte deutsche Maschinenbauunternehmen aufgrund von Überschuldung und Zahlungsunfähigkeit ein gerichtlich angeordnetes Insolvenzverfahren durchlaufen. Wie viele dieser insolventen Unternehmen nach einem Vergleichsverfahren ihren Geschäftsbetrieb letztlich fortführen konnten, geht aus den amtlichen Statistiken nicht hervor.[95]

---

92 Vgl. Statistisches Bundesamt Insolvenzverfahren Fachserie 2/Reihe 4.1 (2005) (www.destatis.de, Zugriff am 30.11.2005).

93 Vgl. Statistisches Bundesamt Insolvenzverfahren Fachserie 2/Reihe 4.1 (2005) (www.destatis.de, Zugriff am 30.11.2005); http://boersenlexikon.faz.net/insolven.htm, Zugriff am 30.11.2005.

94 Vgl. Woll, A. (2000), S. 366.

95 Gesprächsnotiz mit Herrn Jürgen Angele vom Statistisches Bundesamt (zuständig für Gewerbe- und Insolvenzmeldungen): Statistiken, die aufzeigen wie viele Unternehmen nach einer Insolvenz den Betrieb aufrecht erhalten können, existieren derzeit nicht. Diese Statistiken werden jedoch in Zukunft erstellt.

Tab. 9: Insolvenzen im Maschinenbau seit 1995

	1995	1996	1997	1998	1999	**	2000	2001	2002	2003	2004	2005
Januar	45	46	32	29	26		34	33	31	51	42	35
Februar	41	44	49	27	32		30	30	38	47	31	22
März	50	43	49	26	47		38	43	40	40	43	37
April	37	49	41	40	37		46	40	41	49	48	38
Mai	36	45	39	27	30		34	28	44	46	39	33
Juni	51	42	54	23	36		37	35	26	36	52	40
1. Halbjahr	260	269	264	172	208		219	209	220	269	255	205
Juli	28	38	37	41	30		28	38	46	41	38	45
August	48	50	50	29	35		38	31	54	42	42	29
September	29	47	46	25	21		38	28	64	62	43	
Oktober	37	34	31	23	38		33	42	56	45	41	
November	39	37	41	30	34		43	30	50	39	34	
Dezember	57	44	45	41	48		41	43	47	38	45	
2. Halbjahr	238	250	250	189	206		221	212	317	267	243	
Jahr	**498**	**519**	**514**	**361**	**414**		**440**	**421**	**537**	**536**	**498**	

Maschinenbau einschließlich Waffen und Haushaltsgeräte
** wegen Änderung des Insolvenzrechts sind die Ergebnisse ab dem Jahr 2000 nur annähernd mit denen der Vorjahre vergleichbar

(Quelle: Statistisches Bundesamt (2005))[96]

[96] Diese Statistik wurde eigens für den Verfasser dieser Arbeit von Frau Wittstadt, Mitarbeiterin des Statistischen Bundesamtes, angefertigt.

Abb. 4 zeigt die Unternehmensgrößenklassen nach Anzahl der Beschäftigten sowie die zu diesen Klassen dazugehörige Anzahl insolventer Maschinenbauunternehmen für die Jahre 2003 und 2004.

Abb. 4: Insolvenzen im Maschinenbau nach Unternehmensgrößenklassen für die Jahre 2003 und 2004

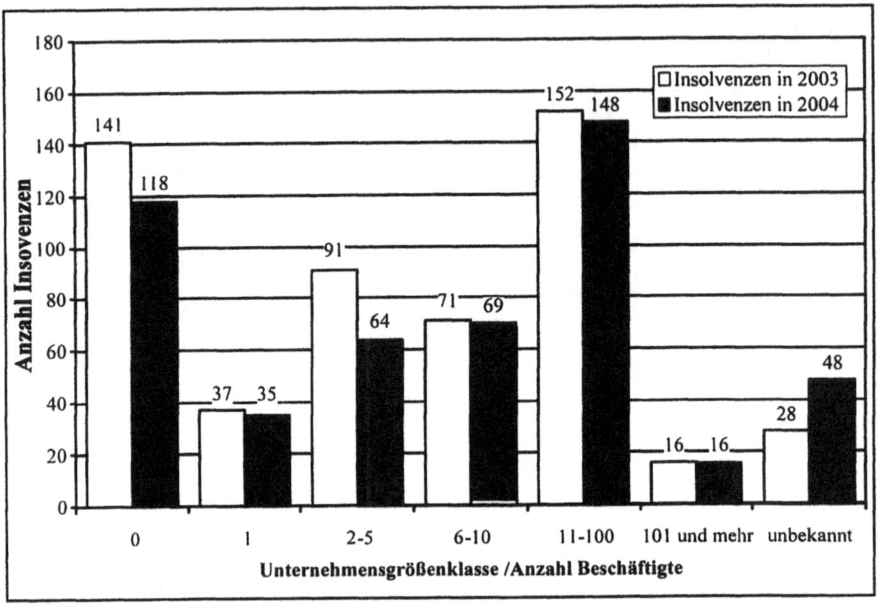

(Quelle: Statisches Bundesamt (2005))[97]

Vergleicht man die Anzahl der Insolvenzen der Jahre 2003 und 2004 miteinander, fällt auf, dass etwa die gleiche Verteilung bzgl. der Insolvenzen in den jeweiligen Größenklassen vorliegt.[98] Von den insgesamt 536 Unternehmensinsolvenzen in 2003 waren nach Abb. 4 492 und von den 498 Insolvenzen in 2004 434 Unternehmen mit weniger als 101 Beschäftigte betroffen. Da die Statistik Unternehmen mit mehr als 100 Mitarbeiter als eine Größenklasse ausweist, kann deshalb an dieser Stelle keine Aussage über die Höhe der insolventen Unternehmen, die zwischen 101 und 499 Personen beschäftigen, getroffen werden. Zumindest lässt sich nach der quantitativen KMU-Definition dieser Arbeit feststellen, dass 91,8% in 2003 und 87,2% der von Insolvenz betroffenen Unter-

97 Die Statistik wurde eigens für den Verfasser dieser Arbeit vom Statistischen Bundesamt angefertigt (Quelle: Herr Angele; Bearbeiter Herr Rainer Bach vom Statistischen Bundesamt, 5.12.2005).

98 In den Unternehmen, die der in Abb. 4 gezeigten Größenklasse mit 0 Beschäftigten zugeteilt werden, sind ausschließlich die Firmeneigentümer ohne Mitarbeiter tätig.

nehmen in 2004 KMU darstellen, ohne ihren Anteil in der Klasse mit über 100 Beschäftigten sowie ihre Anteil an den Insolvenzen, für die keine Größenklassierung vorliegt, mit einzubeziehen, was den prozentualen Anteil voraussichtlich zusätzlich signifikant erhöhen würde.[99] Gerade die kleinen und mittleren Unternehmen der Größenklasse 11 bis 100 Beschäftigte stellen in 2003 mit einem Anteil von über 28%, in 2004 mit fast 30% die von Überschuldung und Zahlungsunfähigkeit am meisten gefährdete Klasse der Maschinen- und Anlagenbauunternehmen der Bundesrepublik Deutschland dar.

Überträgt man die Studie von Hauschildt[100] auf die im deutschen Maschinen- und Anlagenbau vorliegenden Insolvenzzahlen dahingehend, dass 21% der Insolvenzen direkt auf eine mangelnde Kapazitätsauslastung und damit auf Überkapazitäten basieren, lassen sich für das Jahr 2003 unter Ausschluss der Insolvenzen in der Größenklasse mit mehr als 100 Beschäftigen mindestens 103 und in 2004 mindestens 91 KMU-Unternehmensinsolvenzen auf diese Krisenursache direkt zurückführen.

Die überkapazitätsbedingten Insolvenzen kleiner und mittlerer Maschinen- und Anlagenbauer stellen somit auf individueller, mikroökonomischer und in der Gesamtheit auch auf volkswirtschaftlicher Ebene eine deutliche Bedrohung dar. Da eine Unternehmensinsolvenz mit anschließendem Vergleich oder Konkurs etwa nach Müller[101] die letzte Phase einer zuvor nicht bewältigten Unternehmenskrise darstellt, müssen zu deren Vermeidung bzw. Bewältigung eine Krisenursachenforschung durchgeführt und auch, krisenindividuell davon abgeleitet, potenzielle Krisenvermeidungs- und Krisenbewältigungsstrategien entwickelt und in das betriebswirtschaftliche System implementiert werden, was das Ziel im Rahmen dieser Arbeit, bezogen auf überkapazitätsbedingte Unternehmenskrisen kleiner und mittlerer Unternehmen des deutschen Maschinen- und Anlagebaus, darstellt.

2.3.2 Messung betrieblicher Überkapazitäten

Kern[102] definiert den Begriff Kapazität in betriebswirtschaftlicher Sichtweise folgendermaßen: „Kapazität ist das Leistungsvermögen einer wirtschaftlichen und technischen Einheit – beliebiger Art, Größe und Struktur – in einem Zeitabschnitt. Sie bringt ein Potenzial zum Ausdruck, das durch seine Nutzung im Zeitablauf technische oder wirtschaftliche Leistungen erbringen kann."

Die Kapazität eines Unternehmens setzt sich aus mehreren Elementen, den sog. Leistungs- bzw. Produktionsfaktoren, zusammen. Nach dem betriebswirtschaft-

---

99 Zur quantitativen KMU-Definition vgl. Kapitel 2.1.1.

100 Zur Studie von Hauschildt, J. vgl. Kapitel 2.2.4.

101 Vgl. Müller, R. (1982), 25 ff.

102 Vgl. Kern, W. (1962), S. 27; Kern, W. (1975), Sp. 2084; Gaugler, E. (1992), S. 4.

lichen Kapazitätsverständnis zählen die Potenzialfaktoren, wie etwa die technische Ausstattung für den betrieblichen Leistungsprozess (Anlagen und weitere Betriebsmittel) und die menschliche Arbeitskraft ausnahmslos zu diesen Produktionsfaktoren.[103] Verbrauchsfaktoren, die durch die Potenzialfaktoren ver- und bearbeitet werden und damit als Teil in das Endprodukt selber eingehen, stellen die zweite Gruppe der Produktionsfaktoren dar.[104] Generell wird zusätzlich zwischen der qualitativen und quantitativen Kapazität unterschieden.[105] Die qualitative Kapazität erfasst neben den Kenntnissen, Fertigkeiten und der Leistungsbereitschaft des Potenzialfaktors Mensch auch die qualitative Kapazität der Betriebsmittel. Diese wird definiert als die Eigenart und Güte der Leistungen, die Betriebsmittel abzugeben in der Lage sind.[106] Corsten[107] erwähnt in diesem Zusammenhang beispielhaft die präzionale Kapazität (u.a. Genauigkeitstoleranzen), die dimensionale Kapazität (Ausmaße des Arbeitsfeldes, Dimension der Erzeugnisse etc.) und die variationale Kapazität (u.a. Wechselpotenzial). Hierbei wird zwischen der qualitativen Kapazität eines Produktionssystems elementarer und höherer Ordnung unterschieden. Die maximale Anzahl der realisierbaren Produktionsvorgänge für bestimmte Erzeugnisse eines Potenzialfaktors, für die ein anderer Potenzialfaktor die notwendigen Ergänzungsvorgänge vollziehen kann, bestimmt dabei die qualitative Kapazität des elementaren Produktionssystems. Die qualitative Kapazität eines Produktionssystems höherer Ordnung ergibt sich aus der potenziellen Anzahl unterschiedlicher Erzeugnisse, die durch die Zusammenfassung der möglichen Produktionsvorgänge der elementaren Produktionsfaktoren hergestellt werden können.[108] Die jeweiligen qualitativen Merkmalsausprägungen des elementaren bzw. des Produktionssystems höherer Ordnung werden dabei entsprechend als Maßeinheit der qualitativen Kapazität herangezogen[109]. Demgegenüber ist die quantitative Kapazität als das maximal mengenmäßige Leistungsvermögen der Produktionsfaktoren, bezogen auf eine Zeitperiode, zu verstehen. Die kleinste Einheit, die selbstständig produktiv tätig sein kann, bestimmt die quantitative Kapazität des elementaren Produktionssystems und stellt gleichzeitig eine elementare Kombination von Potenzialfaktoren dar. Die Zusammenfassung mehrerer elementarer Produktionssysteme etwa zu einer Fertigungsstufe bildet ein Produktionssystem höherer Ordnung.[110] Als Maßstab für die quantitative Kapazität eines Produktionssystems elementarer oder höherer Ordnung wird in der Regel die Ausbringungsmenge pro Zeiteinheit

---

103 Vgl. Gaugler, E. (1992), S. 4.
104 Vgl. Stützle, G. (1987), S. 39 f.
105 Vgl. Corsten, H. (2004), S. 9 f.
106 Vgl. Stützle, G. (1987), S. 41 f.
107 Vgl. Corsten, H. (2004), S. 9 f.
108 Vgl. Stützle, G. (1987), S. 46 f.; Corsten, H. (2004), S. 10.
109 Vgl. Stützle, G. (1987), S. 47.
110 Vgl. Stützle, G. (1987), S. 30 f.

herangezogen.[111] Ist dieses nicht möglich, etwa wenn es sich um ein Mehrproduktunternehmen und dessen Produktionssysteme handelt, mit denen jeweils verschiedene Komponenten unterschiedlicher Produkte gefertigt und montiert werden, wird auf Ersatzmaßstäbe, wie etwa Maschinenstunden, verbrauchte Werkstoffmengen oder Äquivalenzziffern, zurückgegriffen.[112]

Nach Gaugler[113] besteht eine Optimalkombination zwischen den Produktionsfaktoren, wenn diese so aufeinander abgestimmt sind, dass quantitative Disproportionen und qualitative Divergenzen vermieden werden. Die Dynamik der modernen Wirtschaft und die damit verbundenen endogenen und exogenen Störgrößen für ein einzelnes Unternehmen führen dazu, dass von einem mittel- und längerfristigen Fortbestand des Gleichgewichts zwischen dem Kapazitätsangebot der Optimalkombination und der Kapazitätsnachfrage nicht auszugehen ist. Zwangsläufig stellen damit die Leistungsfaktoren der Kapazität bei mangelnder Kapazitätsauslastung indirekt einen entscheidenden Krisenursachenfaktor dar, u.a. aufgrund ihrer investitionsbedingten Fixkostenbelastung im Falle einer nicht gelungenen dynamischen Anpassung der Optimalkombination an endogene und exogene Randbedingungen aufgrund mangelnder betrieblicher Flexibilität bzw. Elastizität.[114]

Im Zusammenhang mit der Krisenursachenforschung kommt die auch in Konjunkturtests des Ifo-Instituts für Wirtschaftsforschung (München) maßgebliche Größe der betrieblichen Kapazitätsauslastung zur Anwendung, die definiert ist als

$$A(t) = Q(t) * 100 / Qp(t) \qquad \text{(Gl. 1)}$$ [115]

mit A als Kapazitätsauslastungsgrad, Q als tatsächliche Produktion, Qp als potenzielle Produktion und t als Zeitraum der Messung. Mit Hilfe dieser Gleichung wird das Verhältnis zwischen der potenziell möglichen und der tatsächlichen Produktion innerhalb einer definierten Zeitspanne zum Ausdruck gebracht. Die Differenz zwischen der tatsächlichen und der potenziell möglichen Produktion, also der bei betrieblicher Vollauslastung, innerhalb eines definierten Zeitraumes stellt die betriebliche Überkapazität dar. Die Angabe dieser Kennziffer wird im Rahmen von Ifo-Umfragen durch teilnehmende Unternehmen betriebsintern ermittelt, wobei hier erhebliche Probleme allein bei der Definition der betrieblichen Vollauslastung oder der Angabe einer einheitlichen Messgröße entstehen, was einen Vergleich der Kapazitätsauslastungen zwischen verschiedenen Unternehmen als kritisch erscheinen lässt. Etwa stellen sich Fragen, welche Einsatz-

---

111 Vgl. Corsten, H. (2004), S. 10.
112 Vgl. Stützle, G. (1987), S. 38 f.; Corsten, H. (2004), S. 10.
113 Vgl. Gaugler, E. (1992), S. 4.
114 Vgl. Stützle, G. (1987), S. 95 f.
115 Vgl. Oppenländer, K. H./Poser, G. (1989), S. 143 f.

dauerzeiten der Anlagen – unter Berücksichtigung der Zahl der Schichten und der normalen Stillstandzeiten – zugrunde gelegt werden sollen. Auch sind es eher Ausnahmefälle, in denen die produzierte Menge zugrunde gelegt werden kann. Laufen etwa, wie bereits oben dargestellt, mehrere Produkte mit unterschiedlicher Wertigkeit und variablen Anteilen durch zusammen genutzte Fertigungsbereiche, müssen individuelle Messgrößen identifiziert werden. Deshalb wird es den an Ifo-Umfragen teilnehmenden Unternehmen selbst überlassen, ihren Kapazitätsauslastungsgrad individuell „betriebsüblich" zu ermitteln.[116]

Zur betrieblichen Analyse vorhandener und genutzter, qualitativer und quantitativer Kapazitäten, die neben der Messung der betrieblichen Kapazitätsauslastung zusätzlich u.a. der kurz- bzw. langfristigen Produktionsplanung und -steuerung und auch der Formulierung zukünftiger Produkt- bzw. Produktionsstrategien dienen, stellt die Gesamtkapazitätsbetrachtung eines Unternehmens, wie sie im Rahmen der o.g. Ifo-Umfragen gezeigt wurde, keine geeignete Basis dar. Um die Gesamtkapazitäten differenziert für derartige Analysen aufzubereiten, werden diese deshalb in zeitlicher, räumlicher und funktionaler Hinsicht detailliert spezifiziert.[117] Hierbei werden u.a. in Abhängigkeit der entsprechenden Fragestellungen des Produktionsmanagements etwa die vorhandenen und genutzten, qualitativen und quantitativen Kapazitäten der Produktionssysteme elementarer und höherer Ordnung hinsichtlich ihrer zeitlichen Einplanung und des Zusammenspiels zwischen den betrieblichen Anlagen-, Personal- sowie Beschaffungskapazitäten separat untersucht[118], was als Grundlage zum Verständnis der Thematik dieser Arbeit in nachfolgenden Kapiteln behandelt wird.[119]

2.3.3 Der Kapazitätsauslastungsgrad kleiner und mittlerer Unternehmen des deutschen Maschinen- und Anlagenbaus im Zusammenhang mit überkapazitätsbedingten Unternehmenskrisen

Für den gesamten deutschen Maschinen- und Anlagenbau sind in Abb. 5 die auf der Basis von Ifo-Umfragen ermittelten durchschnittlichen Kapazitätsauslastungsgrade der Geschäftsjahre 1995 bis 2004 dargestellt.[120]

Die kritische Kapazitätsauslastungsgrenze, die direkt zur Insolvenz führt, weicht bei kleinen und mittleren Unternehmen allein aus theoretischen Betrachtungen individuell stark voneinander ab. Handelt es sich etwa um Unternehmen, die mit bereits amortisierten Anlagen produzieren, sind die daraus resultierenden erzeugnisfixen Kosten entsprechend geringer als bei Unternehmen, die in neue

---

116 Vgl. Oppenländer, K. H./Poser, G. (1989), S. 142 f.; VDMA (2005), S. 52 f.
117 Vgl. Corsten, H. (2004), S. 10 ff.
118 Vgl. Corsten, H. (2004), S. 10.
119 Vgl. Kapitel 3.5, 3.6.3.3 sowie 3.8.
120 Zur Berechnung des betrieblichen Kapazitätsauslastungsgrades vgl. Kapitel 2.3.2.

Anlagen investiert haben. Unter der Voraussetzung der Erstellung gleicher Produkte bei gleichen Deckungsbeiträgen pro Stück wirkt sich dieses erheblich auf die betriebsindividuell notwendige Kapazitätsauslastung aus, die zur Erreichung des Break-Even-Points notwendig ist. Umgekehrt haben ebenfalls allein die stückbezogenen Deckungsbeiträge der in den jeweiligen Unternehmen hergestellten Produkte einen starken Einfluss auf die kritische Kapazitätsauslastungsgrenze, da der Differenzbetrag zwischen der kritischen Auslastungsgrenze zur Vollauslastung unter der Voraussetzung gleicher erzeugnisfixer Stückkosten bei einem hohen Deckungsbeitrag pro Stück letztlich größer ist. Damit ist auch begründbar, dass bei KMU, deren Auslastungsgrad zwar höher als der durchschnittliche gesamtwirtschaftliche ist, die kritische Kapazitätsauslastungsgrenze nahe der betrieblichen Vollauslastung angesiedelt sein kann.

Abb. 5: Kapazitätsauslastung im deutschen Maschinen- und Anlagenbau in Prozent der betrieblichen Vollauslastung

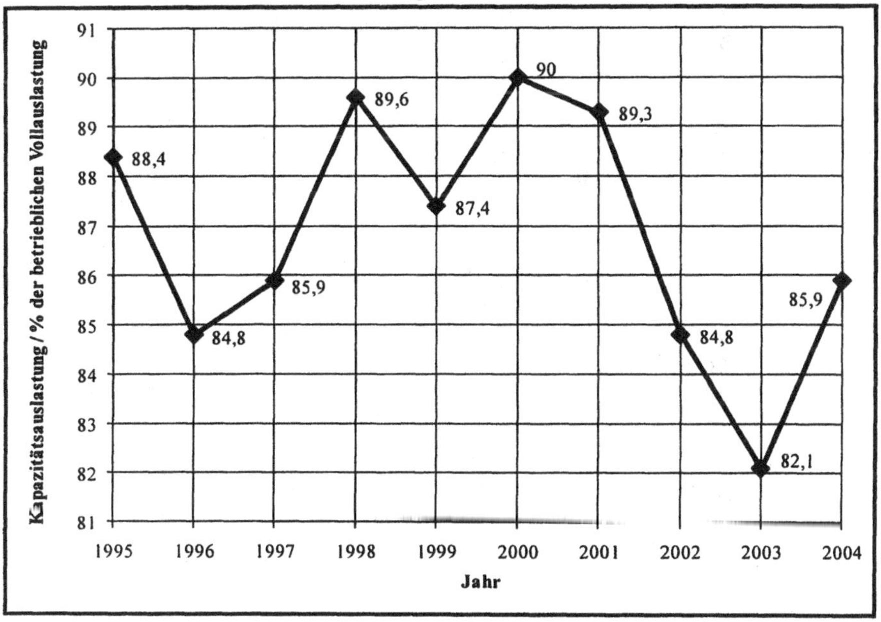

(Quelle: VDMA (2005), S. 53)

Zusammenfassend ist festzustellen, dass allein auf der volkswirtschaftlichen Betrachtungsebene durchschnittlich 13% der vorhandenen Kapazitäten im Maschinen- und Anlagenbau nicht produktiv genutzt werden und bei einem erheblichen Teil der kleinen und mittleren Unternehmen dieser Branche die betriebliche Überkapazität höher als die durchschnittliche anzusiedeln ist. Sinkt die betriebliche Kapazitätsauslastung unter einen kritischen Wert, der betriebsindividuell schwankt und unter bzw. über den durchschnittlichen gesamtwirtschaftlichen liegen kann, stellt dieses eine zur Insolvenz führende existenzielle Bedrohung für ein Unternehmen dar. Zur langfristigen Aufrechterhaltung der vorhandenen betrieblichen Kapazitäten, was die finanzielle Deckung der produktionsfaktorbedingten Fixkosten voraussetzt, müssen die genutzten betrieblichen Kapazitäten zumindest der kritischen Kapazitätsauslastungsgrenze entsprechen.

2.4 Krisenbewältigungsstrategien

2.4.1 Krisenbewältigungsstrategien und ihre Maßnahmen – Abgrenzung des Forschungsrahmens

Wie bereits in Kapitel 2.2.2 dargestellt, lassen sich die Krisenarten/-phasen, Strategie-, Erfolgs- und Liquiditätskrise und auch die Insolvenz/Liquidation voneinander abgrenzen, wobei, beginnend mit einer Strategiekrise, auch bezeichnet als latente Unternehmenskrise, der Zeit- und Entscheidungsdruck in den darauffolgenden Phasen kontinuierlich größer und damit die Unternehmenskrise zunehmend akuter wird. In der Literatur werden jeder Krisenart entsprechende Krisenmaßnahmen zu deren Bewältigung zugeordnet, die in der Regel in strategische und operative Maßnahmen eingeteilt werden.[121] Die operativen Maßnahmen werden zunehmend in leistungswirtschaftliche und finanzwirtschaftliche unterschieden.[122]

So stellen etwa Unternehmensstrategien strategische Maßnahmen dar, deren Implementierung der Neupositionierung von Unternehmen bzw. deren krisenbehafteten Geschäftsbereichen dienen. Ziel ist es dabei, eine latente strategische Unternehmenskrise langfristig zu bewältigen und zukünftig am Markt strategisch erfolgreich positioniert zu sein.[123] Leistungswirtschaftliche Maßnahmen beinhalten prinzipiell alle betriebswirtschaftlichen Instrumente, die etwa eine Reduktion der Kostenbasis, eine Erhöhung des Absatzes oder die Erhöhung der Produktpreise zum Inhalt haben, um damit eine Erfolgskrise abwenden zu können.[124] Finanzwirtschaftliche Maßnahmen sind solche, die im Fall einer Liquiditätskrise der Vermeidung einer drohenden Insolvenz oder Überschuldung dienen.[125]

Potenziell können alle Krisenarten gleichzeitig im Unternehmen vorliegen, da etwa die strategische Krise Ursache für eine parallele Erfolgs- und Liquiditätskrise darstellen kann[126], was letztlich die Formulierung und Implementierung ei-

121 Vgl. Gless, S.-E. (1995), S. 66.
122 Vgl. Horst, M. v. d. (2000), S. 38 f.
123 Vgl. Bergauer, A. (2001), S. 126 f.
124 Vgl. Böckenförde, B. (1991), S. 86; Horst, M. v. d. (2000), S. 39 f.
125 Vgl. Horst, M. v. d. (2000), S. 38 f.
126 Vgl. Horst, M. v. d. (2000), S. 40.

ner umfassenden Sanierungsstrategie begründet.[127] Die Umsetzung eines solchen Sanierungskonzeptes erfolgt durch operative Maßnahmen in den Funktions- und funktionsübergreifenden Bereichen. Bei den operativen Sanierungsmaßnahmen wird differenziert zwischen Sofortmaßnahmen, d.h. Maßnahmen, die bereits vor der Implementierung der Strategie durchgeführt werden, sowie strategiegeleiteten Maßnahmen. Mit den Sofortmaßnahmen, die leistungs- und finanzwirtschaftliche Maßnahmen beinhalten, sollen die vorliegende Erfolgs- und Liquiditätskrise und damit die akute Bedrohung der Existenz des Unternehmens kurzfristig bewältigt werden. Die strategiegeleiteten Maßnahmen dienen der eigentlichen mittel- bis langfristigen Umsetzung der auf Langfristigkeit ausgelegten Strategie zur Bewältigung der strategischen Krise.[128]

In der hier vorliegenden Arbeit werden ausschließlich strategiegeleitete Maßnahmen betrachtet, die zur operativen Implementierung der zu formulierenden Krisenbewältigungsstrategie überkapazitätsbedingter Unternehmenskrisen kleiner und mittlerer Maschinen- und Anlagenbauer notwendig sind. Auf leistungs- und finanzwirtschaftliche Maßnahmen, die als Sofortmaßnahmen der kurzfristigen Bewältigung einer potenziell parallel vorliegenden Erfolgs- und Liquiditätskrise dienen, wird nachfolgend nicht weiter eingegangen.

2.4.2 Die Makroebene der Krisenbewältigungsstrategien

Es werden zahlreiche Arten von Krisenbewältigungsstrategien unterschieden[129], wobei gerade das in g dargestellte Portfolio-Konzept von Müller in der betriebswirtschaftlichen Literatur besondere Akzeptanz erfährt und deshalb als Grundlage der Formulierung zahlreicher detaillierter Sanierungsstrategien dient.[130] Die Sanierungsstrategien können dabei auf das gesamte Unternehmen bzw. speziell den krisenbetroffenen Geschäftsbereichen eines Unternehmens angepasst und mit Hilfe entsprechender Maßnahmen implementiert werden.

Nach Abb. 6 lassen sich damit Aufgabestrategien, Konsolidierungsstrategien, Verdrängungsstrategien sowie Diversifikationsstrategien voneinander abgrenzen, die auch als Makroebene des Krisenmanagements bezeichnet werden können.[131] Sie werden nachfolgend kurz dargestellt.

127 Vgl. Gless, S.-E. (1995), S. 140.
128 Vgl. Gless, S.-E. (1995), S. 140 f.
129 Vgl. Baur, W (1978), S. 240 ff.; Schimke, E. (1985), S. 28 ff.; Krystek, U. (1987), S. 22 ff.; Turnheim, G. (1988), S. 89 ff.
130 Vgl. Gless, S.-E. (1995), S. 70 f.; Knopp, E. (2004), S. 66 ff.
131 Vgl. Knopp, E. (2004), S. 66.

Abb. 6: Strategien zur Krisenbewältigung nach Müller

Tätigkeitsbereich / strategische Grundhaltung	Marktwechsel	Marktbehauptung
defensiv	Aufgabestrategien offensiv	Konsolidierungs-strategien
offensiv	Diversifikations-strategien	Verdrängungs-strategien

(Quelle: Müller, R. (1986), S. 92; Gless, E. (1995), S. 70)

2.4.2.1 Aufgabestrategien

Die Aufgabestrategie ist eine „Exit-Entscheidung", die bei reifen Produkten, schrumpfenden Branchen oder auch Märkten mit kurzen Produktlebenszyklen angewendet werden kann.[132] Das Ziel besteht hier im Aufgeben bestimmter Produkt/Markt-Segmente, deren Rentabilität auch langfristig nicht gewährleistet ist, womit sich gleichzeitig ein Ressourcenabbau bzw. eine Ressourcenumwidmung verbinden. Die Grundlage zur Durchführung einer Aufgabestrategie ist das Vorhandensein von Geschäftsbereichen innerhalb eines Unternehmens, die nicht krisenbetroffen sind, da diese Strategie ansonsten zwangsläufig mit der Liquidation des Unternehmens verbunden ist.[133]

2.4.2.2 Konsolidierungsstrategien

Im Rahmen der Konsolidierungsstrategie wird durch tiefgreifende Kostensenkungsprogramme und partiellen Abbau der sachlichen und personellen Kapazitäten, eventuell auch der Produkte, Varianten, Kunden und Vertriebskanäle ein Verbleib im bisherigen Markt oder der Rückzug auf lukrative, von der Konkurrenz nur schwer angreifbare Marktnischen forciert.[134]

2.4.2.3 Verdrängungsstrategien

Im Gegensatz zur Konsolidierungsstrategie zielt die Verdrängungsstrategie auf eine stärkere Wettbewerbsposition in einem bereits durch das Unternehmen besetzten Markt ab. Hier wird durch offenes Vorgehen im Gesamtmarkt oder in

---

132 Vgl. Knopp, E. (2004), S. 67.

133 Vgl. Gless, S.-E. (1995), S. 70 f.

134 Vgl. Müller, R. (1986), S. 96; Gless, S.-E. (1995), S. 71; Engberding, A. (1998), S. 100.

einzelnen Marktsegmenten auf der Basis eines aggressiven Marketingkonzepts ein radikaler Preiskampf zur Marktführerschaft im Gesamtmarkt und/oder ein konsequenter Qualitätswettbewerb zur Profilierung in ausgewählten Marktsegmenten geführt.[135]

2.4.2.4 Diversifikationsstrategien

Eine Diversifikationsstrategie birgt Chancen wie Risikostreuung, Ausgleich saisonaler und konjunktureller Schwankungen und auch den Rückzug aus schrumpfenden Märkten. Sie beinhaltet den unternehmensinternen Strukturwandel, d.h. das Umlenken bestehender Ressourcen in neue lukrative Produkt/Dienstleistungs-Marktkombinationen und bietet sich deshalb als langfristige Strategie an, um bestehende Überkapazitäten durch veränderte Verwendung beizubehalten, sodass eine Schrumpfung des Unternehmens verhindert werden kann.[136] Hierdurch kann die Betriebsbereitschaft hinsichtlich einer zukünftig flexiblen Anpassung an die sich dynamisch ändernden Bedingungen der Unternehmensumwelt und damit die Schlagkraft des Unternehmens aufrecht erhalten und zusätzlich der Wissensverlust durch Kündigung erfahrender Mitarbeiter vermieden werden.[137]

Diversifikationsprodukte und -dienstleistungen sollten dabei jedoch mit Innovationen einhergehen, die bekannte Wettbewerbsregeln überwinden, bisher nicht berücksichtigte Erfolgskriterien einführen und den Wettbewerb durch eigene Stärken gestalten.[138]

Im weiteren Verlauf dieser Arbeit stellt die Diversifikationsstrategie aufgrund der o.g. Potenziale, die sich insbesondere aufgrund der Möglichkeit zur wertschöpfenden Nutzung von Überkapazitäten ergeben, die Grundlage zur Formulierung einer Krisenbewältigungsstrategie zur Vermeidung bzw. Bewältigung überkapazitätsbedingter Unternehmenskrisen für KMU des deutschen Maschinen- und Anlagenbaus dar.

Nachfolgend wird deshalb die innovative Produkt- und Produktionsstrategie Mass Customization vorgestellt und dahingehend untersucht, inwiefern sie als Diversifikationsstrategie des Krisenmanagements zur Vermeidung bzw. Bewältigung überkapazitätsbedingter Unternehmenskrisen bei KMU der Maschinen- und Anlagenbaubranche beitragen kann.

---

135 Vgl. Müller, R. (1986), S. 97; Gless, S.-E. (1995), S. 71; Knopp, E. (2004), S. 68.

136 Vgl. Engberding, A. (1998), S. 108 f.

137 Zur Notwendigkeit der Aufrechterhaltung der Betriebsbereitschaft von Produktionssystemen vgl. Gutenberg, E. (1983), S. 352 f. Zur Problematik des Wissensverlustes im Unternehmen durch Mitarbeiterfluktuation vgl. Haasis, H.-D./Kriwald, T. (2001), S. 11 ff.

138 Vgl. Erfmann, M., (1988), S. 179.

2.5 Wettbewerbsstrategie Mass Customization – Inhalte und wissenschaftliche Einordnung

Die Aufgabe von Wettbewerbsstrategien besteht darin, Unternehmen einen Handlungsspielraum für die Erreichung von dauerhaften Wettbewerbsvorteilen zu bieten.[139] Mass Customization stellt eine Wettbewerbsstrategie dar, die in der betriebswirtschaftlichen Literatur als die Wettbewerbsstrategie der Zukunft bezeichnet und zunehmend mit Erfolg praktisch zur Anwendung gelangt. Sie begründet sich aus der Herausforderung für Unternehmen, die in wachsendem Maße heterogenen Wünsche und Bedürfnisse jedes einzelnen Kunden zu verstehen und zu erfüllen; jedoch dabei aufgrund der Wettbewerbsintensität gleichermaßen auch die Bedingung geringer Kosten zu beachten.[140] Der englische Ausdruck „Mass Customization“ wird in der deutschsprachigen Literatur mit dem Begriff „kundenindividuelle Massenproduktion“ übersetzt[141] und verbindet die an sich gegensätzlichen Begriffe „Massenproduktion“ und „Kundenindividualisierung“ miteinander.[142] Der Begriff wurde von Davis geprägt, der das Phänomen der individualisierten Massenfertigung in der Bekleidungsindustrie beschrieb.[143]

Mass Customization stellt in erster Linie ein Produkt- und Produktionssystem, einen Wettbewerbsansatz dar, der die Denkweise einer wirtschaftlichen Organisation und deren Umgang mit ihren Kunden, Produkten und Prozessen beschreibt.[144]

Die dieser Arbeit zugrunde gelegte Definition des Begriffes Mass Customization stellt sowohl in der Wissenschaft als auch in der Praxis die anerkannteste und damit auch meist zitierte Definition zu diesem Begriff dar. Sie wurde im Rahmen der Erweiterung der Arbeiten von Pine[145] durch Piller begründet und entwickelt:

> „Mass Customization (kundenindividuelle Massenproduktion) ist die Produktion von Gütern und Leistungen für einen (relativ) großen Absatzmarkt, welche die unterschiedlichen Bedürfnisse jedes einzelnen Nachfragers dieser Produkte treffen, zu Kosten, die ungefähr denen einer massenhaften Fertigung eines zugrundeliegenden Standardprodukts entsprechen. Die Informationen, die im Zuge des Individualisierungsprozesses erhoben werden, dienen dem Aufbau einer dauerhaften, individuellen Beziehung zu jedem Abnehmer.“[146]

Auf der Basis dieser Definition betont Piller, dass, ausgehend von der Interaktion mit jedem einzelnen Kunden (Erhebung der Individualisierungsinformationen), egal, ob dieser nun einen Endkunden (Individuum) oder einen Hersteller über-

---

139 Vgl. Levering, V. (2002), S. 15.
140 Vgl. etwa Pine II, B. J. (1998), S. 1.
141 Vgl. Levering, V. (2002), S. 11.
142 Vgl. Levering, V. (2002), S. 11.
143 Vgl. Davis, S. M. (1988), S. 169; Levering, V. (2002), S. 10.
144 Vgl. Pine, B. J. II (1998), S. 4.
145 Vgl. Pine, B. J. II (1993).
146 Vgl. Piller, F. T. (1998), S. 65.

geordneter Systeme (institutionelle Nachfrager wie etwa Automobilhersteller) darstellt[147], Produkte und/oder Dienstleistungen erstellt werden, die deren genaue Bedürfnisse hinsichtlich bestimmter Produkteigenschaften exakt treffen. Dieses beinhaltet in diesem Zusammenhang, dass damit in der Regel jedes Produkt in Losgröße 1, wenn auch auf standardisierter Basis, in Masse zu fertigen ist. Aber auch die massenhafte Fertigung eines homogenen Produkts, das nachträglich vom Kunden selbst an seine Bedürfnisse angepasst wird, stellt ebenso eine Form der Mass Customization dar.[148]

Die Wettbewerbsstrategie zielt auf einen großen Absatzmarkt ab, wobei die Marktgröße dabei relativ zu sehen ist. Etwa in der Bekleidungsindustrie kann der relevante Markt viele Millionen Kunden umfassen, wohingegen für Hersteller eines Fertighauses bereits ein Markt von einigen hundert Abnehmern einen Massenmarkt darstellt.[149]

Der Preis, zu dem das kundenindividuelle Produkt am Markt angeboten wird, entspricht ungefähr dem Preis eines vergleichbaren bzw. zugrunde liegenden Standardguts, der dennoch Raum für angemessene Margen lässt.[150] Dieser wird durch die Effizienzvorteile einer Produktion auf Bestellung erzielt, da mit der kundenindividuellen Massenproduktion, hier u.a. eine exaktere Produktionsprogrammplanung, der Abbau des „Moderisikos" oder etwa die Reduktion der Distributionslagerhaltung einhergeht. Die Potenziale der modernen Informations- und Kommunikations- sowie Produktionstechnologien ermöglichen ebenfalls eine effiziente und kostenorientierte Gestaltung aller Wertaktivitäten.[151]

Ein Mass Customizer nutzt die während der Interaktion zwischen Abnehmer und Hersteller bzw. Händler gewonnenen Informationen zum Aufbau einer dauerhaften Kundenbeziehung, von der auch der Abnehmer profitieren kann. Die Möglichkeit, durch ein Mass-Customization-Konzept nachhaltige Kundenbeziehungen aufzubauen, generiert einen beständigen Wettbewerbsvorteil.[152]

Wissenschaftlich eingeordnet, stellt Mass Customization eine simultane, hybride Wettbewerbsstrategie dar, die, ausgehend vom Modell generischer[153] Wettbewerbsstrategien nach Porter[154], die herrschende Alternativhypothese überwindet. In seinem Modell beschreibt Porter die vier separat zu betrachtenden Wettbewerbsstrategien Kostenführerschaft, Differenzierung, Kostenfokus und Differenzierungs-

147 Vgl. Gräßler, I. (2004), S. 14.
148 Vgl. Piller, F. T. (1999), S. 202.
149 Vgl. Piller, F. T. (1998), S. 66.
150 Vgl. Pine, B. J. II (1998), S. 4.
151 Vgl. Piller, F. T. (1999), S. 204.
152 Vgl. Piller, F. T. (1998), S. 66.
153 Generische Wettbewerbsstrategien stellen dar, wie Unternehmen unabhängig von ihrer Branche Wettbewerbsvorteile erreichen können. Vgl. Levering, V. (2002), S. 15.
154 Vgl. Porter, M. E. (1986), S. 32.

fokus. Danach stellen allein diese Strategien mögliche Optionen für ein Unternehmen dar, überdurchschnittliche Erträge in einer Branche zu erwirtschaften.[155]

Die Strategie der Kostenführerschaft besteht darin, einen relativen Kostenvorteil vor allen anderen Wettbewerbern auf dem Gesamtmarkt zu erlangen.[156] Dieser kann etwa realisiert werden durch:

- Größenvorteile (Economies of Scale) aufgrund von Produktionsanlagen effizienter Größe
- Auflagendegression durch die Standardisierung von Produkten und Normung von Bauteilen
- Verbundeffekte (Economies of Scope) durch Ausweitung des Produktionsprogramms, die eine zusätzliche Nutzung fixer Einsatzfaktoren erlaubt
- Lern- und Erfahrungskurveneffekte (Economies of Learning) durch die Umsetzung erfahrungsbedingter Kostensenkungspotenziale
- Nutzung günstiger Beschaffungsquellen
- Niedrige Distributionskosten durch Zugang zu effizienten Handelsstrukturen und Vertriebswegen (u.a. Nutzung des Internets als Verkaufsquelle)
- Durch den Aufbau eines effizienten Controllings zur Kostenkontrolle[157]

Den Wettbewerbsvorteil mit Hilfe der Differenzierungsstrategie erlangt ein Unternehmen dadurch, dass es auf dem Gesamtmarkt eine Leistung anbietet, die von den Abnehmern in hoch bewerteten Eigenschaftsdimensionen als einmalig wahrgenommen wird. Folglich konkurriert das Unternehmen nicht über den Preis, sondern vielmehr über den Kundennutzen der erbrachten, individuellen Leistung.[158] Eine Differenzierung kann etwa ansetzen bei:

- Produkteigenschaften wie Ausstattung, Leistung, Design, Image des Produkts, Innovationsgrad und insbesondere durch die angebotene Variantenvielfalt (Varietät)
- Produktbegleitenden Serviceleistungen wie Kundenberatung, abnehmerspezifischer Konstruktion, Instandhaltung, Distribution, After-Sales-Service und
- Qualität durch Zuverlässigkeit, Haltbarkeit und Instandsetzbarkeit[159]

Die strategischen Grundkonzeptionen Kostenfokus und Differenzierungsfokus bestehen in der Konzentration auf eine Marktnische, wobei hier durch konsequente Selektion von Marktsegmenten bzw. durch Spezialisierung auf spezifische Zielgruppen Wettbewerbsvorteile gegenüber denjenigen Konkurrenten zu erzielen sind, deren Wettbewerbsausrichtung eine breitere Marktabdeckung umfasst. Diese Nischenstrategie entspricht oft der Produkt-/Markt-Konzentration

155 Vgl. Porter, M. E. (1988), S. 62 ff.
156 Vgl. Fleck, A. (1995), S. 12.
157 Vgl. Piller, F. T. (1998), S. 44.
158 Vgl. Fleck, A. (1995), S. 12.
159 Vgl. Piller, F. T. (1998), S. 43.

im Rahmen von Marktabdeckungsstrategien. Diese kann auf Differenzierung- und auch auf Kostenvorteilen beruhen.[160]

Das Postulat der Unvereinbarkeit der Kostenführerschaft und Differenzierungsstrategie stellt ein grundlegendes Kennzeichen der Porterschen Strategiekonzeption dar und wird auch als Alternativhypothese bezeichnet. Danach beschreibt er Unternehmen, die keinen Wettbewerbsvorteil besitzen und gleichzeitig mehr als eine der oben aufgeführten Wettbewerbsstrategien fahren, als sich „zwischen den Stühlen" bzw. „stuck in the middle" befindend. Eine derartige Wettbewerbsposition führe entsprechend zwangsläufig zur Benachteiligung im Wettbewerb, da die Kostenführer und die Unternehmen, die Differenzierung betreiben oder sich auf einen Schwerpunkt konzentrieren, in jedem Segment von besseren Wettbewerbspositionen ausgehen können.[161] Ein Unternehmen muss damit nach der von ihm aufgestellten Alternativhypothese für jede Produktgruppe eine Entweder-oder-Entscheidung treffen und einen eindeutigen strategischen Schwerpunkt verfolgen.[162]

Dieser Alternativhypothese widerspricht die sogenannten Simultaneitätshypothese, deren wichtigste Ausprägung die Mass Customization darstellt.[163] Danach sind die gleichzeitige Realisation von Kostenführerschaft und Differenzierung und ihre simultane Verfolgung im Rahmen einer Wettbewerbsstrategie, die dann als „hybride Strategie" bezeichnet wird, möglich und vorteilhaft.[164] Die sequenziellen hybriden Strategien verwirklichen die beiden Teilziele Kostenführerschaft und Differenzierung zeitlich hintereinander, wobei die Reihenfolge zur Verwirklichung der einzelnen Strategien den unternehmerischen Randbedingungen angepasst werden muss. Eine simultane Hybridstrategie synthetisiert die wechselseitigen Beziehungen zwischen Kosten- und Differenzierungsbedingungen in der Art, dass die Prozesse nicht getrennt voneinander ablaufen, sondern gleichzeitig strategisch und operativ erreicht werden.[165] Neben der Mass Customization stellen das Simultaneitätskonzept[166] oder die Strategie der dynamischen Produktdifferenzierung[167] weitere simultane, hybride Wettbewerbsstrategien dar. Etwa Piller[168] betont insbesondere, dass sowohl der Blick in empirische Studien als auch der Vergleich theoretischer Konzeptionen eindeutig zeigt, dass die simultane Verwirklichung von Differenzierung und Kostenführerschaft nicht nur ein möglicher, sondern ein

160 Vgl. Meffert, H. (1994), S. 115.
161 Vgl. Porter, M. E. (1992), S. 38.
162 Vgl. Porter, M. E. (1995), S. 71-74.
163 Vgl. Piller, F. T., 1998, S. 59.
164 Vgl. Corsten, H./Will, T. (1995), S. 2 f.
165 Vgl. Piller, F. T. (1998), S. 59 ff.
166 Zum Simultaneitätskonzept vgl. Corsten, H./Will, T. (1995).
167 Vgl. Kaluza, B. (1996), S. 201 ff.; Gräßler, I. (2004), S. 16.
168 Vgl. Piller, F. T. (1998), S. 63. Zu den theoretischen Konzeptionen der begründeten Vorteilhaftigkeit hybrider Wettbewerbsstrategien vgl. auch Fleck, A (1995); Levering, V. (2002); Gräßler, I. (2004).

empfehlenswerter Weg für viele Unternehmen darstellt, einen wirklich einmaligen und dauerhaften Wettbewerbsvorteil zu begründen. Entsprechend sei es notwendig, mit der vorherrschenden Meinung bzgl. der Alternativhypothese Porters zu brechen und damit die Wettbewerbsstrategie Mass Customization zu gestalten.

2.6 Mass Customization als Diversifikationsstrategie kleiner und mittlerer Maschinen- und Anlagenbauer im Kontext überkapazitätsbedingter Unternehmenskrisen

Die in der betriebswirtschaftlichen Literatur angeführten Potenziale einer kundenindividuellen Massenproduktion beziehen sich im Wesentlichen auf das Erzielen von Wettbewerbsvorteilen gegenüber der Konkurrenz durch kundenindividuelle Differenzierung der Produkte für Massenmärkte. Hier wird insbesondere die Erhöhung der Absatzmenge als Ergebnis der Steigerung des akquisitorischen Potenzials, der Erhöhung der Kundenbindung sowie des Vorteils des direkten Kundenkontakts in den Vordergrund projiziert.[169]

Diese Sichtweise stellt jedoch erst einmal nur eine vielversprechende potenzielle wettbewerbsstrategische Option dar. Letztlich müssen jedoch neben der generellen Eignung einer Branche bzw. deren Unternehmen zur Verfolgung dieser Strategie spezifische Gründe vorliegen, um eine derartige Strategieimplementierung auf Unternehmensebene in Betracht zu ziehen. Gerade Unternehmenskrisen, die auf Ursachen basieren, die mit Hilfe der hier betrachteten Strategie beseitigt werden könnten, induzieren die Strategiewahl Mass Customization.

Vor diesem Hintergrund wird im Weiteren zum einen die generelle Eignung einer Mass Customization für die Branche des deutschen Maschinen- und Anlagenbaus nachgewiesen. Zum anderen wird aufgezeigt, dass Mass Customization als Diversifikationsstrategie des Krisenmanagements zur Bewältigung überkapazitätsbedingter Unternehmenskrisen kleiner und mittlerer Unternehmen des deutschen Maschinen- und Anlagenbaus einen wesentlichen Beitrag leisten kann.

2.6.1 Zur generellen Eignung einer Mass Customization für die Branche des deutschen Maschinen- und Anlagenbaus

Die Voraussetzung einer Mass Customization ist, dass seitens des Kunden überhaupt das Interesse bzw. die Notwendigkeit dafür besteht, ein Produkt zu individualisieren. Nach Piller treffe dieser Individualisierungswunsch generell für sämtliche Produkte zu, jedoch betont er, dass eine Mass Customization sich insbesondere für Branchen eigne, die traditionell durch viele Produktneuheiten und eine

169 Vgl. Piller, F. T. (1999), S. 240.

hohe Variantenzahl gekennzeichnet sind, da dieses auf eine hohe Marktturbulenz und Individualisierungswünsche hinweise.[170]

Insbesondere stellt der deutsche Maschinen- und Anlagenbau eine solche Branche dar. Neben der sie kennzeichnenden Innovationshektik wird als dessen besondere Fähigkeit angesehen, Produkte maßgeschneidert an die Bedürfnisse des Kunden anpassen zu können und dieses auch zu müssen, um überhaupt konkurrenzfähig zu sein.[171] Diese von einer hohen Kundenorientierung zeugenden Eigenschaft der Branche kann einerseits als positiv betrachtet werden. Zum anderen verbinden sich damit jedoch in aller Regel eine niedrige Effizienz und hohe Individualisierungskosten. Dieses kann oft nicht durch die bei den Kunden erzielbaren Erlöse gedeckt werden, was auch die schlechte bzw. unterdurchschnittliche Gewinnsituation in dieser Branche erklärt. Betrachtet man die Daten des NIFA-Panels, Zentralprojekt des Sonderforschungsbereichs 187 der Deutschen Forschungsgemeinschaft, ist festzustellen, dass in den Jahren 1991 bis 1997 der Anteil der nach Kundenspezifikation gefertigten Produkte kontinuierlich bis auf 85% angestiegen ist, wohingegen der Anteil von Standarderzeugnissen und Erzeugnissen auf der Basis von Varianten deutlich zurückgeht. Etwa 73,52% der Maschinen- und Anlagenbauunternehmen produzieren für Stammkunden, wodurch sie in hohem Maße von einzelnen Kundenunternehmen geprägt und wirtschaftlich stark von ihnen abhängig sind.[172] Fasst man diese Fakten zusammen, wird ersichtlich, dass sich der deutsche Maschinen- und Anlagenbau in der sogenannten „Individualisierungsfalle“ befindet.[173]

Eine Möglichkeit, dieser „Individualisierungsfalle“ zu entgehen, besteht in der Kombination kundenindividueller und standardisierter Teilleistungen, die zusammengefasst die vom Kunden gewünschte individuelle Gesamtlösung ergeben. Das bedeutet, dass ein Maschinen- und Anlagenbauunternehmen, das kundenindividualisierte Produkte herstellen will, nicht zwangsläufig alle betreffenden Geschäftsprozesse kundenspezifisch gestalten muss. Letztlich muss nur das Endergebnis eines Wertschöpfungsprozesses dem Kundenwunsch entsprechen. Ein Teil der Teilprozesse und Zwischenergebnisse, die zur Hervorbringung des betreffenden Erzeugnisses benötigt werden, müssen entsprechend standardisiert werden, wodurch zum einen die Kosten gesenkt und zum anderen die Durchlaufzeiten und damit die Effizienz gesteigert werden können.[174]

Empirische Untersuchungen zur optimalen Relation zwischen Individualisierungs- und Standardisierungsanteil weisen darauf hin, dass ein optimales Verhältnis im Produkt- und Systemgeschäft zwischen Werten von 20:80 und 50:50

170 Vgl. Piller, F. T. (1998), S. 223 f.
171 Vgl. Beltz, C. (1992), S. 2 ff.
172 Vgl. Kleinaltenkamp, M. (2000), S. 411.
173 Vgl. Kleinaltenkamp, M. (2000), S. 409 f.
174 Vgl. Kleinaltenkamp, M. (2000), S. 429 f.

für den jeweiligen Anteil individualisierter und standardisierter Leistungsbestandteile liegt. Diese Relationen können jedoch für den Einzelfall sowie aufgrund der Marktdynamik nicht als stabil angesehen werden.[175]

Betrachtet man diese Ergebnisse im Zusammenhang mit der Wettbewerbsstrategie Mass Customization, lässt sich Folgendes feststellen. Der deutsche Maschinen- und Anlagenbau eignet sich aufgrund der Vielzahl von Individualisierungswünschen und -potenzialen hinsichtlich möglicher Produkte wie keine andere Branche zur Ausschöpfung der Wettbewerbsvorteile mit Hilfe einer kundenindividuellen Massenproduktion. Im Gegensatz etwa zur Konsumgüterindustrie mit ihren standardisiert gestalteten Massenprodukten stehen die Unternehmen des Maschinen- und Anlagenbaus nicht etwa vor der Herausforderung, entsprechendes Individualisierungs-Know-how entwickeln zu müssen, um Leistungen kundenindividualisiert gestalten zu können, da sich die Branche bereits durch seine extremen einzelkundenspezifischen Fertigungsprogramme auszeichnet. Vielmehr muss umgekehrt durch ein entsprechendes Management der Schnittstelle zwischen Individualisierung und Standardisierung der Anteil an standardisierten Leistungen erhöht werden, um überhaupt der oben genannten „Individualisierungsfalle", die mit hohen Produktionskosten, niedriger Effizienz und unterdurchschnittlichen Gewinnen verbunden ist, zu entgehen. Die Erhöhung des Standardisierungsanteils ist somit nachweislich von existenzieller Notwendigkeit für den deutschen Maschinen- und Anlagenbau und stellt auch den ersten Schritt in Richtung Mass Customization dar.

Diese Vorgehensweise hat jedoch erst einmal keinen Einfluss auf das Fertigungsprogramm etwa eines Einzel- oder Serienherstellers, da hier nur Einfluss auf die Kostenoptimierung durch Standardisierung sowie auf die Effizienz genommen werden kann. Mass Customization bietet für den deutschen Maschinen- und Anlagenbau jedoch im zweiten Schritt das Potenzial, auch die Absatzmenge zu erhöhen und damit die wirtschaftliche Abhängigkeit hinsichtlich des Stammkundengeschäfts zu reduzieren. Dazu muss auf der einen Seite zwar das Individualisierungs-Know-how erhalten bleiben, auf der anderen Seite jedoch der Standardisierungsanteil in dem Maße erhöht werden, dass eine kundenindividuelle Massenfertigung durch Kombination beider Teile möglich wird.

Die dazu notwendigen Technologien sind zwar vorhanden, doch werden sie wie auch in anderen Branchen von den Massenproduzenten, die weniger als ein Fünftel der Betriebe des Maschinen- und Anlagenbaus darstellen, nur für ein- bis mehrteilige, wenig individualisierte Produkte einfacher Struktur eingesetzt.[176] Somit muss auch die Maschinen- und Anlagenbaubranche auf die Methoden zur Gestaltung einer Mass Customization zurückgreifen und hier insbesondere im Sinne des so genannten „Figure-8 path" das Know-how der kundenindividualisierten Einzelfertigung mit den effizienten, standardisierten Massen-

175 Vgl. Kleinaltenkamp, M. (2000), S. 431 f.
176 Vgl. Dreher, C. (2000), S. 123 f.

fertigungsprozessen verbinden, um, darauf aufbauend, durch kontinuierliche Verbesserung stabile, aber gleichzeitig flexible Prozesse als Voraussetzung zur Ermöglichung einer Mass Customization zu gestalten.[177] Hier stellen sich insbesondere Fragen hinsichtlich der Realisierung einer modularen Produktarchitektur und einer dafür optimierten Organisation.[178]

2.6.2 Zur Begründung einer Mass Customization als Diversifikationsstrategie des Krisenmanagements bei überkapazitätsbedingten Unternehmenskrisen für KMU des deutschen Maschinen- und Anlagenbaus

Wie in Kapitel 2.4.2 aufgezeigt, lassen sich vier wesentliche Krisenmanagementstrategien auf der Makroebene identifizieren. Entgegen der Aufgabe- und Konsolidierungsstrategie, die mit dem partiellen Abbau betrieblicher Ressourcen verbunden sind, bietet vor allem die Diversifikationsstrategie die Möglichkeit, bestehende Überkapazitäten durch veränderte Verwendung beizubehalten, sodass eine Schrumpfung des Unternehmens verhindert werden kann.[179] Damit wird die Implementierung einer Strategie, die in das Diversifikationsstrategiespektrum eingeordnet werden kann, zur Option, bestehende Kapazitätsüberhänge wertschöpfend zu nutzen und damit den Abbau personeller und maschineller Ressourcen im Fall betrieblicher Überkapazitäten als Krisenursache eines Unternehmens bzw. einzelner Geschäftsbereiche zu verhindern, die Betriebsbereitschaft aufrecht zu erhalten sowie den Wissensverlust aufgrund nicht notwendiger Entlassungen qualifizierter Mitarbeiter zu vermeiden.

Eine Diversifikationsstrategie zeichnet sich u.a. durch die folgenden Merkmale und implizierten Wettbewerbspotenziale aus (vgl. Kapitel 2.4.2.4):

- Umlenkung bestehender Ressourcen in neue lukrative Produkte und Märkte und damit Nutzung von Überkapazitäten
- Überwindung gewöhnlicher Wettbewerbsregeln mit Hilfe implizierter Innovationen
- Einführung bisher nicht berücksichtigter Erfolgskriterien
- Schaffung von Wettbewerbsspielräumen und
- Nutzung von Synergien, wie etwa Rückgriff auf bestehende Kernkompetenzen, Anlagen, Vertriebskanäle, Servicenetze oder bestehendes Know-how[180]

Diese Strategiemerkmale und damit verbundene Wettbewerbspotenziale spiegeln sich gerade auch in der Wettbewerbsstrategie Mass Customization wider, sodass sie eindeutig dem Diversifikationsstrategiespektrum zugeordnet werden kann.[181]

---

177 Zu den Inhalten des sog. „Figure-8 path" vgl. Pine, B. Joseph II (1998), S. 7.

178 Vgl. Levering, V. (2002), S. 80 f.

179 Vgl. Kapitel 2.4.2.4 sowie Engberding, A. (1998), S. 108 f.

180 Vgl. Engberding, A. (1998), S. 109 f.

Die Eignung und auch die individuelle, mikroökonomische und volkswirtschaftliche Notwendigkeit der strategischen Option Mass Customization als eine implementierte Diversifikationsstrategie des Krisenmanagements in KMU des deutschen Maschinen- und Anlagenbaus mit dem Ziel der Bewältigung überkapazitätsbedingter Unternehmenskrisen durch Aufrechterhaltung betrieblicher Kapazitäten und deren Umlenkung in die Entwicklung und Herstellung kundenindividueller Massenprodukte lässt sich anhand folgender Argumente begründen:

Mass Customization als Diversifikationsstrategie

Mass Customization kann aufgrund ihrer Merkmale und Wettbewerbspotenziale eindeutig als eine Diversifikationsstrategie des Krisenmanagements eingeordnet werden.[182]

Brancheneignung

Die generelle Eignung und auch gerade die Notwendigkeit, auf die Wettbewerbsstrategie Mass Customization im deutschen Maschinen- und Anlagenbau zurückzugreifen, um zum einen der „Individualisierungsfalle" zu entgehen und zum anderen die Effizienz und die Gewinnsituation dieser Branche zu verbessern sowie den Absatzmarkt auszuweiten, ist nachweisbar vorhanden[183].

Überhangkapazitäten im deutschen Maschinen- und Anlagenbau und KMU-Anteil an überkapazitätsbedingten Unternehmenskrisen

KMU des deutschen Maschinen- und Anlagenbaus weisen im Durchschnitt betriebliche Überkapazitäten von mindestens 13% auf. Somit sind in dieser Branche Überhangkapazitäten generell in erheblichem Maße vorhanden, die produktiv nicht genutzt werden bzw. nicht genutzt werden können. Die Unternehmen, deren Insolvenz auf Überkapazitäten zurückzuführen ist, lassen einen noch geringeren Kapazitätsauslastungsgrad vermuten, sodass insgesamt erhebliche Freiheitsgrade zur Kapazitätsumstrukturierung entsprechend einer spezifischen Mass Customization-Strategie vorhanden sind.[184]

Überträgt man die Studie von Hauschildt[185] auf die im deutschen Maschinen- und Anlagenbau vorliegenden Insolvenzzahlen dahingehend, dass 21% der Insolvenzen direkt auf eine mangelnde Kapazitätsauslastung und damit auf Überkapazitäten basieren, lassen sich für das Jahr 2003 mindestens 103 und in 2004 mindestens 91 KMU-Unternehmensinsolvenzen auf diese Krisenursache direkt zurückführen. Bei entsprechender statistischer Verfügbarkeit des insolventen KMU-Anteils in

181 Zu den Strategiemerkmalen und Wettbewerbsvorteilen einer Mass Customization vgl. Kapitel 2.5.

182 Vgl. Kapitel 2.6.

183 Vgl. Kapitel 2.6.1.

184 Vgl. Kapitel 2.3.3.

185 Zur Studie von Hauschildt, J. vgl. Kapitel 2.2.4.

der Größenklasse mit mehr als 100 Beschäftigen könnte zusätzlich eine signifikante Erhöhung des Anteils überkapazitätsbedingter Unternehmenskrisen bei KMU dieser Branche nachgewiesen werden (vgl. Kapitel 2.3.1 und 2.3.3).

Somit begründen sich gerade Untersuchungen dahingehend, wie Mass Customization dazu beitragen kann, überkapazitätsbedingte Unternehmenskrisen vor allem kleiner und mittlerer Unternehmen des Maschinen- und Anlagenbaus zu vermeiden bzw. zu bewältigen.

Volkswirtschaftliche Relevanz

Wie aus den hohen Insolvenzzahlen kleiner und mittlerer Unternehmen abzuleiten ist, bestehen aufgrund überkapazitätsbedingter Unternehmenskrisen neben individueller und mikroökonomischer Bedrohungen auch erhebliche volkswirtschaftliche Einbußen, die sich etwa in hohen Arbeitslosenzahlen oder in der Schwächung des Wirtschaftswachstums widerspiegeln. Da die Strategieimplementierung Mass Customization zum einen dazu beitragen kann, überkapazitätsbedingte Unternehmenskrisen kleiner und mittlerer Maschinen- und Anlagenbauer zu bewältigen und zum anderen als Diversifikationsstrategie die Überhangkapazitäten produktiv nutzbar zu machen, können auch auf volkswirtschaftlicher Ebene ökonomisch und sozial nachhaltige Effekte erzielt werden.

2.7 KMU Produktionsnetzwerke als Voraussetzung zur Realisierung der Diversifikationsstrategie Mass Customization als Krisenbewältigungsstrategie überkapazitätsbedingter Unternehmenskrisen für kleine und mittlere Maschinen- und Anlagenbauer

Wie in Kapitel 2.6 dargestellt wurde, kann Mass Customization auch als eine Diversifikationsstrategie des Krisenmanagements eingeordnet werden. In diesem Zusammenhang eignet sie sich insbesondere für kleine und mittlere Unternehmen der Maschinen- und Anlagenbaubranche als Bewältigungsstrategie überkapazitätsbedingter Unternehmenskrisen.

Die Implementierung einer Mass Customization als Strategie zur Bewältigung überkapazitätsbedingter Unternehmenskrisen kleiner und mittlerer Maschinen- und Anlagenbauer stellt ein KMU, das kundenindividuelle Produkte für einen Massenmarkt auf der Basis seiner intern vorhandenen Überhangkapazitäten entwickeln und produzieren möchte, grundsätzlich vor folgende Probleme. Zum einen müsste es die dazu notwendige Optimalkombination der Leistungsfaktoren und der diese beinhaltenden qualitativen und quantitativen F&E-, Beschaffungs-, Produktions-, Vertriebs- und Servicekapazitäten ausschließlich auf der Basis der betrieblichen Überhangkapazitäten sicherstellen.[186] Dieses erscheint vor dem

---

[186] Zur Optimalkombination qualitativer und quantitativer Kapazitäten vgl. Kapitel 2.3.2.

Hintergrund der Komplexität kundenindividueller Massenprodukte und dem damit verbundenen Know-how und auch der dazu erforderlichen Kapazitäten, unter Beachtung der durchschnittlichen Betriebsgröße sowie der hauptsächlich anzutreffenden Einzel- und Serienfertigungstypen bei kleinen und mittleren deutschen Maschinen- und Anlagenbauern, praktisch nicht möglich[187].

Selbst bei einer unterstellten Gewährleistung der erforderlichen Optimalkombination ist zu berücksichtigen, dass die quantitativen Überkapazitäten nicht als konstant, sondern vielmehr in Abhängigkeit der zukünftigen Auftragslage als dynamisch schwankend anzusehen sind. Dieses begründet sich daraus, dass die Produktion auf Basis von Überkapazitäten impliziert, dass das kundenindividuelle Massenprodukt in Wechselproduktion und deshalb mit den selben Produktionssystemen wie ein Teil oder das gesamte generelle Produktionsprogramm hergestellt werden muss.[188] Im Rahmen der Kapazitätsbedarfsplanung, die hier sowohl die Kapazitätsbedarfe für das Produktionsprogramm der generellen als auch die aus der Krisenstrategie abgeleitete Produktsparte beinhalten muss, kommt es damit zwangläufig im Fall höherer Nachfragen nach der generellen oder der strategieabgeleiteten Produktsparte zu einer Störung des Gleichgewichts zwischen dem Kapazitätsangebot der Optimalkombination und der Kapazitätsnachfrage.[189] Ist die Kapazitätsnachfrage höher als das Kapazitätsangebot der Optimalkombination, können aufgrund der begrenzten Flexibilität der Überkapazitäten zwangsläufig die dem Produktionsprogramm abgeleiteten quantitativen Ausbringungsmengen einer oder sämtlicher in Wechselproduktion hergestellten Produktsparten des Unternehmens in Teilen nicht realisiert werden.

Nicht nur das Sicherstellen des Kapazitätsangebots der Optimalkombination der Leistungsfaktoren entsprechend der dynamisch veränderlichen Kapazitätsnachfrage durch ein KMU wird zum problematischen Faktor bei den zu gewährleistenden Entwicklungs-, Beschaffungs-, Produktions-, Vertriebs- und Serviceaktivitäten, um kundenindividuelle Massenprodukte marktadäquat anbieten zu können. Auch das dazu notwendige Know-how stellt einen wesentlichen Erfolgsfaktor dar. Hier werden vor allem sich ergänzende, fachübergreifende Kernkompetenzen benötigt, die ein einzelnes KMU nicht vorhalten kann, zumal ausschließlich auf der Basis von Überhangkapazitäten.

Vor diesem Hintergrund erscheint das Kooperieren kleiner und mittlerer Unternehmen der Maschinen- und Anlagenbaubranche zu Produktionsnetzwerken als die einzige Möglichkeit, eine kundenindividuelle Massenproduktion durch das Zusammenschalten ihrer jeweiligen qualitativen und quantitativen Überkapazitäten betreiben zu können. Mit Hilfe einer geeigneten, den jeweiligen Produktanfor-

---

187 Zur Struktur des deutschen Maschinen- und Anlagenbaus in der Bundesrepublik Deutschland vgl. Kapitel 2.1.3.

188 Zu den Inhalten einer Wechselproduktion vgl. Schneider, H. (2000), S. 232.

189 Zur Optimalkombination der Produktionsfaktoren vgl. Kapitel 2.3.2.

derungen angepassten Konstellation der Akteure eines Produktionsnetzwerkes und der damit erhöhten Flexibilität kann die erforderliche Optimalkombination an Leistungsfaktoren sowie deren Kapazitätsangebot der sich ändernden Kapazitätsnachfrage entsprechend dynamisch angepasst werden. Zum anderen wird durch die Kombination zwischenbetrieblicher, sich ergänzender Kernkompetenzen ein dem Produktleistungsspektrum angepasstes Kompetenzportfolio konfiguriert.

Dass sich Produktionsnetzwerke insbesondere nicht nur zur Durchführung einer Mass Customization eignen, sondern diese Wettbewerbsstrategie vor allem auch nachhaltig fördern, stellt in der betriebswirtschaftlichen Literatur bereits eine wesentliche, anerkannte Überlegung dar.[190] Folgende Potenziale ergeben sich demnach generell für eine kundenindividuelle Massenproduktion auf inner- und zwischenbetrieblicher Ebene durch Produktionsnetzwerke:[191]

Komplexitätsbewältigungsfähigkeit

Mit einer Mass Customization ist eine Steigerung der Variabilität der Produkte bis hin zur Produktion in Losgröße 1 verbunden. Dieses verursacht etwa einen erhöhten Entwicklungsaufwand, da eine flexible Konfiguration der Produktmodule in Abhängigkeit der Kundenanforderungen unumgänglich wird.[192] Nur durch eine Reduktion der Wertschöpfungstiefe durch Auslagerung entsprechender Wertaktivitäten etwa auf Teilefertiger, Produktionsspezialisten, Entwicklungs- und Wertschöpfungspartner als Akteure innerhalb eines Produktionsnetzwerks kann die Komplexität einer kundenindividuellen Massenprodukterstellung reduziert und damit besser bewältigt werden.[193]

Spezialisierungs- und Beschleunigungseffekte

Ein Akteur, etwa ein Produktionsspezialist, der mit der Erstellung einer kundenindividualisierten bzw. standardisierten Komponente des kundenindividuellen Massenprodukts beauftragt wird, konzentriert sich allein auf diese Teilaktivität des Gesamtherstellungsprozesses des Produkts. Damit realisiert der Akteur zwangsläufig schnellere Lerneffekte als ein Akteur des Produktionsnetzwerks, bei dem der ausgelagerte Entwicklungs- und Fertigungsprozess im Fall der Eigenfertigung nur eine von vielen Wertschöpfungsaktivitäten darstellen würde. Neben einer Prozessbeschleunigung verbinden sich mit den Lerneffekten insbesondere eine Reduktion der Fertigungskosten, eine schnellere Reaktionsfähigkeit sowie kurzfristige Qualitätssteigerungen.

---

190 Vgl. Bellmann, K. (1999), S. 196 ff.; Kaluza, B./Blecker, T. (1999), S. 272 f.; Reichwald, R./Piller, F. T. (2000), S. 609 ff.

191 Vgl. Bellmann, K. (1999), S. 208 ff.; Kaluza, B./Blecker, T. (1999), S. 269 ff.; Reichwald, R./Piller, F. T. (2000), S. 607 ff.

192 Zum modularen Baukastensystem als Konzeption einer kundenindividuellen Massenproduktion vgl. Kapitel 3.1.

193 Zu den Akteuren in Produktionsnetzwerken vgl. Kapitel 2.7.2 und zu deren Leistungsbeitrag im Rahmen einer kundenindividuellen Massenproduktion vgl. Kapitel 3.4.1.

Erweiterung des Individualisierungsgrades

Ausgehend vom Kernkompetenzansatz, besteht durch eine Integration spezialisierter Zulieferer zur Erstellung komplexer technischer Produkte eine höhere Varietät der Ressourcen, wodurch ein breiteres Spektrum an variablen Teilkomponenten entwickelt und produziert werden kann.[194] Bezogen auf das Gesamtprodukt, bedeutet dieses eine progressive Steigerung der Variantenvielfalt des kundenindividuellen Massenprodukts in Abhängigkeit der Erhöhung der Anzahl spezialisierter Akteure eines Produktionsnetzwerkes.

Zusammenfassend kann festgestellt werden, dass nur durch das Kooperieren im Rahmen von Produktionsnetzwerken überhaupt eine kundenindividuelle Massenproduktion kleiner und mittlerer Maschinen- und Anlagenbauer auf der Basis jeweils intern vorhandener Überkapazitäten möglich ist, indem die jeweils frei zur Verfügung stehenden Leistungseinheiten überbetrieblich zusammengeschaltet werden. Dass Mass Customization durch Produktionsnetzwerke unterstützt und nachhaltig gefördert wird, stellt in der betriebswirtschaftlichen Literatur bereits einen anerkannten Ansatz dar, der entsprechend zwangsläufig weiterverfolgt werden muss. Den positiven Effekten, wie etwa die Realisierung der Komplexitätsbewältigungsfähigkeit, Spezialisierungs- und Beschleunigungseffekte oder die Erweiterung des Individualisierungsgrades kundenindividueller Massenprodukte durch eine derartige Unternehmenskooperation, stehen auf der anderen Seite zahlreiche Probleme gegenüber. Diese begründen sich u.a. durch eine erhöhte Koordinationskomplexität aufgrund der Vielzahl an Netzwerkakteuren, erhöhte Transaktionskosten, Reibungsverluste oder notwendig werdende Investitionen in eine gemeinsame netzwerkspezifische Infrastruktur.[195]

Nachfolgend werden als weitere Grundlage zur Formulierung der Strategie zur Bewältigung überkapazitätsbedingter Unternehmenskrisen kleiner und mittlerer Maschinen- und Anlagenbauer Produktionsnetzwerke wissenschaftlich eingeordnet und die in Produktionsnetzwerken potenziell integrierbaren Akteure vorgestellt.

2.7.1 Wissenschaftliche Einordnung von Produktionsnetzwerken

Produktionsnetzwerke stellen nur eine mögliche Form interorganisationaler, kooperativer Zusammenarbeit zwischen Unternehmen dar. Die in der Literatur vorgeschlagenen Typologien zur Unterscheidung unterschiedlicher Kooperationsformen weisen eine kaum zu überblickende Vielzahl an verschiedenen Merkmalen auf, die zur Typenbildung herangezogen werden, sodass einige Autoren bereits von einem „Begriffswirrwarr“ sprechen. Dieses führt dazu, dass es zwischen den einzelnen Erscheinungsformen deutliche Überschneidungen gibt

---

194 Zum Kernkompetenzansatz vgl. u.a. Blecker, T. (1999), S. 213 ff.

195 Vgl. Bullinger, H.-J./Gerlach, S./Rally, P. J. (2000), S. 358; Meyer, H./Steven, M. (2000a), S. 31 ff.; Reichwald, R./Piller, F. T. (2000), S. 608 f.

und sich damit die meisten Kooperationsformen nicht deutlich voneinander abgrenzen lassen.[196] Diese Problematik ist ebenfalls im Zusammenhang mit der definitorischen Einordnung von Produktionsnetzwerken charakteristisch.

Zumindest herrscht Einigkeit darüber, dass es sich bei einem Produktionsnetzwerk um ein sich dynamisch rekonfigurierendes Unternehmensnetzwerk handelt, das vorwiegend aus rechtlich selbstständigen Industrieunternehmen besteht. Die Netzwerkakteure arbeiten auf dem Gebiet der Produktion sowie der unterschiedlichen vor- und nachgelagerten Prozesse, wie etwa Beschaffung und Absatz, zur Erzielung gemeinsamer Wettbewerbsvorteile miteinander zur Herstellung materieller Güter, häufig mit diese begleitenden industriellen Dienstleistungen, zusammen. Betont wird, dass die Beteiligten sich jeweils auf ihre Kernkompetenzen konzentrieren und diese in das Produktionsnetzwerk mit einbringen. Im Bereich der Produktion lassen sich die Nutzenkategorien eines Produktionsnetzwerks etwa in Spezialisierungsvorteilen durch die individuelle Konzentration auf Kernkompetenzen, optimierten Ressourcenzugriff, Kapazitätserweiterungen, Zeitersparnisse bei der betrieblichen Leistungserstellung und an einer erhöhten Flexibilität ausmachen. Ein bedeutendes Merkmal eines Produktionsnetzwerkes ist das Vorhandensein redundanter Ressourcen, sodass bestimmte Prozessschritte, die von einem Unternehmen ausgeführt werden, ebenfalls durch einen weiteren Netzwerkpartner ausgeführt werden können. Beteiligte eines Produktionsnetzwerks sehen gerade in dieser Flexibilität die Chance, auf externe Ressourcen im Rahmen kurzfristiger Fremdvergabe von Prozessschritten einzelner Aufträge aufgrund interner Kapazitätsengpässe zugreifen zu können und damit den dynamischen Anforderungen des Marktes gerecht zu werden.[197]

Uneinigkeit hinsichtlich der Typologisierung von Produktionsnetzwerken herrscht jedoch vor allem bezüglich der Zuordnungsmerkmale „Koordinationsrichtung“ und „Kooperationsrichtung“. Die Inhalte dieser Merkmale werden nachfolgend im Einzelnen dargestellt und die unterschiedlichen Ansichten zu den Ausprägungen der Zuordnungsmerkmale bei Produktionsnetzwerken aufgezeigt. Basierend auf den Ergebnissen, erfolgt abschließend eine zusammenfassende typologische Einordnung von Produktionsnetzwerken.

2.7.1.1 Koordinationsrichtung

Unternehmensnetzwerke können hinsichtlich der Koordinationsrichtung in hierarchische und heterarchische (polyzentrische) Unternehmensnetzwerke unterschieden werden.

---

196 Vgl. Corsten, H./Gössinger, R. (2000), S. 249 ff.; Corsten, H./Gössinger, R. (2001a), S. 8 f.

197 Vgl. Bellmann, K./Hippe, A. (1996), S.60 ff.; Kaluza, B./Blecker, T. (1999), S. 267 ff.; Lutz, S./Wiendahl, H.-P. (2003), S. 685 ff.

Netzwerke werden hierarchisch koordiniert, wenn die Interaktionen und Beziehungen zwischen den Kooperationspartnern durch einen von allen Unternehmen akzeptierten Netzwerkkoordinator bestimmt werden. Dieser wirkt im Netzwerk als sogenanntes fokales Unternehmen oder „hub-firm". Das fokale Unternehmen bestimmt nicht nur, welche Unternehmen mit welchen Rechten und Pflichten in das Netzwerk integriert werden, sondern auch die strategische Ausrichtung des gesamten Netzwerkes und damit die Marktsektoren, in denen die Kooperation tätig ist, sowie die Organisation der Kommunikations- und Informationstechnologie bis hin zur Entscheidung, welches Unternehmen aus dem Netzwerk ausgeschlossen wird. Da der Informationsfluss ebenfalls hierarchisch bestimmt wird, fließt ein Großteil der Daten beim fokalen Unternehmen zusammen, sodass es diese strategisch auswerten kann.[198]

Typische Beispiele hierarchischer Netzwerke sind Franchisingnetzwerke, Netzwerke zwischen Endproduktherstellern und Zulieferern in der Automobilindustrie und Distributionsnetzwerke von Handelshäusern wie etwa Benetton oder Ikea[199].

Heterarchische (polyzentrische) Unternehmensnetzwerke sind dadurch gekennzeichnet, dass die Netzwerkkoordination durch die Netzwerkunternehmen gemeinsam durchgeführt wird, sodass sämtliche Partner miteinander in Beziehung stehen können.[200] In diesem Zusammenhang wird auch von dynamischen Netzwerken mit offener Systemführerschaft gesprochen.[201] Die Partnerunternehmen eines solchen Netzwerkes können aber auch gemeinsam einen Akteur, der dann wie bei hierarchisch koordinierten Netzwerken ebenfalls als fokales Unternehmen bezeichnet wird, bestimmen, der die Koordinationsaufgaben zeitweilig übernimmt, ohne dass sich eine einheitliche Leitung in wirtschaftlichen Angelegenheiten herausbildet.[202] Die Stellung als fokaler Akteur nimmt bei Unternehmensnetzwerken das auftragsakquirierende Unternehmen bzw. der Kooperationspartner mit dem höchsten, auftragsspezifischen Wertschöpfungsanteil ein.[203] Da durch die Kooperation zu bearbeitende Kundenaufträge damit durch verschiedene Akteure der Kooperationsplattform akquiriert und somit die Netzwerkaufträge durch unterschiedliche fokale Unternehmen koordiniert werden können, folgt damit etwa gleichermaßen der fortlaufende Wechsel der PPS- Systemverantwortung.[204]

198 Vgl. Zundel, P. (1999), S. 35 ff.; Windeler, A. (2001).
199 Vgl. Windeler, A. (2001).
200 Vgl. Holzkämper, C. (2002), S. 8.
201 Vgl. Corsten, H./Gössinger, R. (2001b), S. 30.
202 Vgl. Windeler, A. (2001), S. 49.
203 Vgl. Holzkämper, C. (2002), S. 8 f.
204 Unter einem PPS-System versteht man ein umfassendes, computergestütztes Informations-, Dispositions- und Steuerungssystem, das die Abstimmung von Entscheidungen im Bereich der Produktionsplanung bis hin zur Produktionssteuerung und Auftragskontrolle unterstützt. Vgl. etwa Meyer, H./Steven, M. (2000b), S. 17.

Produktionsnetzwerke werden vornehmlich als Subtyp strategischer Netzwerke eingeordnet.[205] Strategische Netzwerke werden von einem oder mehreren fokalen Unternehmen strategisch geführt und umfassen typischerweise international orientierte Unternehmen verschiedener Größe, wobei die Netzwerkführerschaft tendenziell bei den endverbrauchernah agierenden Großunternehmungen liegt.[206] Diese interorganisationale Netzwerkform wird somit hierarchisch koordiniert, sodass entsprechend einige Autoren darauf hinweisen, dass es sich bei Produktionsnetzwerken zwangsläufig um hierarchisch koordinierte Unternehmenskooperationen handeln müsse.[207]

Andererseits beschreiben viele Autoren Produktionsnetzwerke als heterarchisch koordiniert.[208] Dieses begründet sich zum einen aus der Auffassung, dass Produktionsnetzwerke auch als Subtyp der regionalen Netzwerkform eingeordnet werden können.[209] Regionale Netzwerke bestehen vornehmlich aus kleinen und mittleren Unternehmen, die zum Zweck der Erzielung von economies of scale, der Erhöhung der eigenen Flexibilität sowie einer konstanten bzw. optimierten Kapazitätsauslastung miteinander heterarchisch, nicht wie bei strategischen Netzwerken auf internationaler, sondern auf regionaler Ebene, kooperieren.[210] Bellmann betont zum anderen, dass jeder Akteur innerhalb eines Produktionsnetzwerkes im Maße seiner Qualifikation und Kompetenz zur Entwicklung des Netzwerkes und zur Gestaltung der Netzwerkleistung beitrage. Durch die Kooperation gleichwertiger und leistungsstarker Partner in flexibler Spezialisierung würde unterbunden, dass sich eine einseitige hierarchische Organisationsstruktur, geprägt durch ein fokales Unternehmen, herausbilden könne. Macht und Einflussnahme würden sich im Produktionsnetzwerk infolgedessen heterarchisch verteilen, sodass prinzipiell jeder Wertschöpfungspartner auf höherer Wertschöpfungsstufe zur Führung des Netzwerks fähig wäre.[211] Diese Ansicht untermauert und erweitert er zusätzlich, indem er betont, dass die Gleichwertigkeit in der fachspezifischen Bedeutung von Partnern und Kompetenzen bei anderen Netzwerken, die mit den selben Akteuren gebildet werden, eine potenziell wechselnde Positionierung eines Unternehmens von Netzwerk zu Netzwerk induziere. Derselbe Akteur könne damit innerhalb einer auftragsspezifischen Kooperation den Systemführer, also das fokale Unternehmen, darstellen, und in weiteren oder zukünftigen Vernetzungen Partner in anderer Position sein. Infolge dieser multiplen und dynamisierten Vernetzung von Akteuren in einem Netz

205 Vgl. etwa Zundel, P. (1999), S. 41.
206 Vgl. etwa Sydow, J. (2003), S. 301 f.
207 Vgl. etwa Kaluza, B./Blecker, T. (1999), S. 267 f.; Zundel, P. (1999), S. 41.
208 Vgl. etwa Bellmann, K. (1999), S. 209 f.; Corsten, H./Gössinger, R. (2000), S. 250 ff.; Lutz, S./Wiendahl, H.-P. (2003), S. 685 f.
209 Vgl. Zundel, P. (1999), S. 41.
210 Vgl. etwa Zundel, P. (1999), S. 37 f.; Sydow, J. (2003), S. 301 f.
211 Vgl. etwa Bellmann, K. (1999), S. 211 f.

von Netzwerken, die netzwerkübergreifend kooperieren und auch konkurrieren, sowie aufgrund fortlaufend wechselnder Über- und Unterordnungen entstünden zwangsläufig heterarchische Produktionsnetzwerke. Die klassische Differenzierung nach horizontaler und vertikaler Kooperationsrichtung[212] verliere damit in heterarchischen Produktionsnetzwerken ihre hierarchisierende Bedeutung.[213]

2.7.1.2 Kooperationsrichtung

Hinsichtlich der Kooperationsrichtung können horizontale, vertikale und diagonale (laterale) Netzwerkkonstellationen unterschieden werden.

Als horizontale Kooperation wird die Zusammenarbeit von Unternehmen bezeichnet, welche in derselben oder in einer ähnlichen Branche auf gleicher Wertschöpfungsstufe tätig sind. Im Extremfall handelt es sich bei den kooperierenden Unternehmen um direkte Konkurrenten am Markt. Der horizontalen Kooperation kann als Primärziel die Erweiterung der Produktions-/Leistungskapazitäten und -kompetenzen zugeschrieben werden.[214]

Eine vertikale Kooperation liegt dann vor, wenn Unternehmen, welche aufeinanderfolgenden Wertschöpfungsstufen angehören, kooperieren. Dabei kann die Zusammenarbeit innerhalb der Wertschöpfungskette mit vor- und/oder mit nachgelagerten Unternehmen erfolgen. Hier wird also zusätzlich abhängig vom Ort des Betrachters in vorwärtsgerichtete (forward-integration) und in rückwärtsgerichtete (backward-integration) unterschieden.[215] Primärziele solcher Kooperationen können u.a. die Anpassung an vorhandene Standards (u.a. Zertifizierung), die Optimierung von Unternehmensschnittstellen, die Minimierung von Transaktionskosten, eine partielle Sicherung von Absatz und Zulieferung sowie das Anbieten komplexer Systemlösungen darstellen.[216]

Bei lateralen Kooperationen finden sich Partner vor- und/oder nachgelagerter Wertschöpfungsstufen verschiedener Branchen zusammen, wobei die jeweils unternehmensintern vorhandenen Kernkompetenzen und deren Kombination im Vordergrund stehen.[217] Kernkompetenzen sind dem allgemeinen Verständnis nach integrierte und durch organisationale Lernprozesse koordinierte Gesamtheiten von Technologien, Know-how und Prozessen, die für den Kunden wertvoll und gegenüber der Konkurrenz einmalig sind.[218] Laterale Partnerschaften beabsichtigen demnach, dem Kunden eine nicht marktübliche, umfassende Leistung anbieten zu können.[219]

---

212 Zur Kooperationsrichtung vgl. Kapitel 2.7.1.2.
213 Vgl. Bellmann, K./Hippe, A. (1996), S. 61 ff.
214 Vgl. Miklis, M. (2004), S. 79 f.
215 Vgl. Balling, R. (1997).
216 Vgl. Kemmner, G. A./Gillessen, A. (2000); Gilbert, D. U. (2003), S. 50.
217 Vgl. Zundel, P. (1999), S. 39.
218 Vgl. Hinterhuber et al. (1996), S. 72.
219 Vgl. Wildemann, H. (1996), S. 20.

Kaluza/Blecker[220] schreiben Produktionsnetzwerken eindeutig horizontale, vertikale sowie diagonale Kooperationsrichtungen zu. Dieser Auffassung folgen nicht alle Autoren, die zwar diagonale Vernetzungen nicht ausschließen, jedoch hinsichtlich der horizontalen und vertikalen Kooperationsrichtung unterschiedlicher Meinung sind. Dieses begründet sich in den meisten Fällen mit den durch die Autoren vorab eindeutig festgelegten Koordinationsrichtungen in Produktionsnetzwerken, was etwa am Beispiel von Zundel und Bellmann aufgezeigt werden kann.

Zundel[221] betont, dass Produktionsnetzwerke vertikal und/oder lateral geprägt sind. Im Rahmen einer horizontalen Kooperation kann zwangsläufig das fokale Unternehmen gegenüber dem kooperierenden Akteur auf gleicher Wertschöpfungsstufe seine hierarchische Stellung langfristig aufgrund der sich zwischen beiden Akteuren entwickelnden heterarchischen, partnerschaftlichen Beziehung nicht wahren[222]. Da Zundel Produktionsnetzwerke unausweichlich als hierarchisch in der Struktur einer fokalen Unternehmung auf höchster Wertschöpfungsstufe definiert, wird ersichtlich, dass er vor diesem Hintergrund einer tiefergehenden Betrachtung bzgl. möglicher horizontaler Vernetzungen zwischen den Akteuren eines Produktionsnetzwerkes ausweicht.

Führt man sich in diesem Zusammenhang vor Augen, dass etwa die Erweiterung der Produktions-/Leistungskapazitäten und -kompetenzen sowie damit auch das Vorhandensein redundanter Ressourcen eine wesentliche Nutzenkategorie von Produktionsnetzwerken darstellt, lassen sich horizontale Kooperationen bei Produktionsnetzwerken in der Praxis nicht auszuschließen, sodass damit die Annahme von Zundel nicht haltbar ist.

Bellmann[223] wiederum betont in besonderem Maße die partnerschaftliche, gleichberechtigte Zusammenarbeit zwischen kompetenten und leistungsfähigen Akteuren innerhalb von Produktionsnetzwerken. Gleichzeitig unterstellt er damit vornehmlich horizontale sowie laterale Kooperationen zwischen Unternehmen verschiedener Branchen, die aber auf etwa der selben Wertschöpfungsstufe zusammenarbeiten mit dem Ziel, Produktionsnetzwerke ausschließlich als heterarchisch koordiniert definieren zu können.[224]

Dieser Ansicht muss dahingehend widersprochen werden, dass eine Erstellung komplexer Produkte und ihrer Dienstleistungen nicht nur brachenintern und/oder branchenübergreifend durch kooperative Zusammenschlüsse von Unternehmen derselben Wertschöpfungsstufe erbracht werden können. Bellmann verstößt hierbei gegen den hinreichend bestätigten Begriffsinhalt von Produktionsnetz-

220 Vgl. Kaluza, B./Blecker, T. (1999), S. 269.
221 Vgl. etwa Zundel, P. (1999), S. 39.
222 Vgl. Kapitel 2.7.1.1.
223 Vgl. Bellmann, K./Hippe, A. (1996), S. 61 ff.
224 Vgl. Kapitel 2.7.1.1.

werken, bei dem vor allem die vertikale Vernetzung zwischenbetrieblicher, vor- und nachgelagerter Leistungsprozesse zum Ausdruck gebracht wird.[225]

2.7.1.3 Zusammenfassende typologische Einordnung von Produktionsnetzwerken

Zusammenfassend ist festzustellen, dass es aufgrund der Vielzahl wissenschaftlicher Auffassungen derzeit nicht möglich ist, ein einheitliches Verständnis zum Begriff „Produktionsnetzwerk" gerade hinsichtlich der Typologisierungsmerkmale „Koordinationsrichtung" und „Kooperationsrichtung" aufzuzeigen.

In Abhängigkeit des produktionsspezifischen Anwendungsfalls auf der Netzwerkebene können sowohl allein hierarchische oder heterarchische Koordinationsmechanismen zum Einsatz kommen als auch. ein Netzwerk vorliegen, dass beide Koordinationsformen in sich vereinigt, wenn sowohl Zulieferer und Abnehmer als auch Akteure, die zu diesen jeweils auf derselben Wertschöpfungsstufe zueinander stehen, miteinander kooperieren.

Zwangläufig folgt daraus, dass auch nicht ausschließlich eine horizontale, vertikale oder laterale Kooperationsrichtung im Produktionsnetzwerk vorherrschen muss. Im Zusammenhang mit den nachgewiesenen potenziellen hierarchischen und/oder heterarchischen Koordinationsrichtungen innerhalb von Produktionsnetzwerken können damit multiple Kooperationsrichtungskombinationen vorherrschen, die im Rahmen des spezifischen Anwendungsfalls sowohl eine der drei möglichen Richtungen als auch entsprechende kombinatorische Mischformen dieser aufweisen können, ohne dabei die allgemein anerkannten Eigenschaften von Produktionsnetzwerken zu beschneiden oder vielmehr begründet zu bestätigen.

Letztlich stellt sich die Frage, ob überhaupt eine Notwendigkeit dafür besteht, Produktionsnetzwerken einheitliche, eindeutige Merkmale zuweisen zu müssen, oder vielmehr versucht werden sollte, diese Kooperationsform als Oberbegriff entsprechend grob zu definieren und ihr in Abhängigkeit vom Anwendungsfall spezifische Merkmalsausprägungen zuzuordnen.

2.7.2 Akteure in Produktionsnetzwerken

Wie in Abb. 7 dargestellt, lassen sich etwa nach Wildemann (1994, S. 42 ff.), Kaluza (1996, S. 208 ff.) und Reichwald/Piller (2000, S. 610 ff.) die vier Typen Teilefertiger, Produktionsspezialist, Entwicklungspartner und Wertschöpfungspartner als Kooperationspartner bzw. als direkte oder indirekte Zulieferer eines fokalen Unternehmens innerhalb eines Produktionsnetzwerks identifizieren. Diese werden entweder direkt oder indirekt über einen dem fokalen Akteur vorgelagerten Abnehmer durch das fokale Unternehmen hierarchisch koordiniert. Zwi-

225 Vgl. Kapitel 2.7.1.

schen ihnen können sich jedoch in Abhängigkeit der jeweiligen Wertschöpfungsstufe heterarchische Koordinationsformen herausbilden.[226]

Abb. 7: Typen von Akteuren in Produktionsnetzwerken hinsichtlich ihrer Stellung zum fokalen Unternehmen

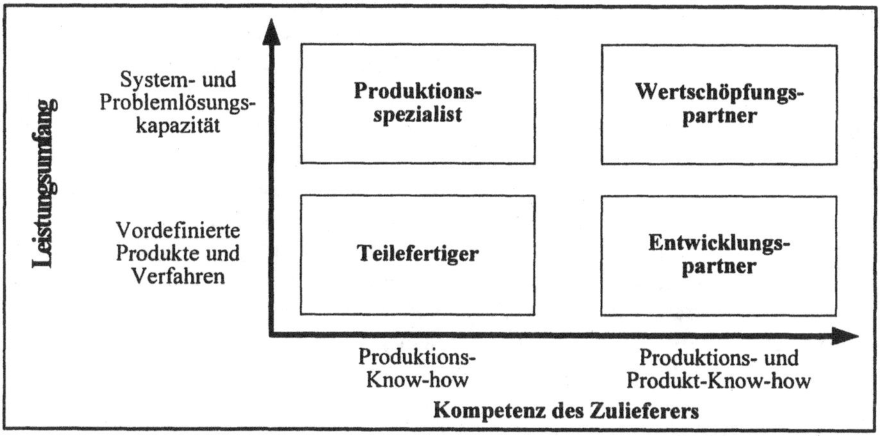

(Quelle: In Anlehnung an Wildemann, H. (1995), S. 745; Kaluza, B. (1996), S. 209)

Die Typen lassen sich mit Hilfe der Kriterien „Kompetenz des Zulieferers" und „Umfang der durch den Zulieferer angebotenen Leistung" voneinander abgrenzen.

Teilefertiger werden oft als „verlängerte Werkbank" des fokalen Unternehmens und/oder eines dem fokalen Unternehmen vor- und dem Teilefertiger nachgelagerten Akteurs bezeichnet, da sie, bezogen auf den hier relevanten Maschinen- und Anlagenbau, ausschließlich vom Abnehmer bereits entwickelte standardisierte Einzelteilkomponenten produzieren. Diese Art der Kooperation dient u.a. dem kurzfristigen und flexiblen Abfangen von Kapazitätsspitzen oder dem Abdecken bestimmter Nischensegmente nachgelagerter Akteure.[227] Da ein Teilefertiger nur Produktions-Know-how sowie als Leistungsspektrum lediglich vordefinierte Teile fertigen kann, stellt er den einfachsten Kooperationstypen dar. Dieses führt zu niedrigen Markteintrittsbarrieren, sodass Teilefertiger nur durch eine konsequente Verfolgung der Kostenführerschaft wettbewerbsfähig werden und bleiben können.[228] Die Zielsetzung der Teilefertiger muss deshalb darin bestehen, als Zulieferer der zweiten oder dritten Ebene der Zulieferpyramide Kosten- oder andere Leistungsvorteile, wie etwa eine flexible Just in Time Beliefe-

226 Vgl. Kapitel 3.3.
227 Vgl. Wildemann, H. (1995), S. 747.
228 Vgl. Kaluza, B. (1996), S. 209.

rung trotz stark schwankender Bedarfe, zur erarbeiten, sodass etwa System- oder Modullieferanten in ihnen interessante Partner sehen.[229]

Im Gegensatz zum Teilefertiger entwickelt ein *Produktionsspezialist* auf eigenes Risiko Werkzeuge und Produktionsvorrichtungen eigenständig und schafft damit teilespezifische Prozessinnovationen, was ihm eine temporäre Monopolstellung am Markt ermöglicht.[230] Der Kooperationszweck seitens des fokalen Unternehmens bzw. eines Wertschöpfungs- oder Entwicklungspartners liegt damit im Zukaufen innovativer Produkte ohne Inanspruchnahme eigener Entwicklungskapazitäten sowie im Zugriff zu neuem Know-how und neuen Technologien. Da sich die Produktionsspezialisten oftmals auf die Entwicklung und Fertigung weniger komplexer Einzelteile bis hin zu Unterbaugruppen spezialisieren, erfolgt mittelfristig eine Diffusion der neuen Prozesstechnologien, wodurch sie auch aufgrund der langfristigen Amortisationszeiten für vorab notwendige Entwicklungs- und Anlageninvestitionen gegenüber der Konkurrenz geschwächt werden. Durch eine hohe Innovationsrate im Prozessbereich sowie Kooperationen mit Konkurrenten und Vorlieferanten können komplexere, schwerer imitierbare System- und Problemlösungskapazitäten aufgebaut und weniger wertschöpfende Prozesse auf Vorlieferanten, wie etwa Teilefertiger, ausgelagert werden, sodass der Produktionsspezialist erneut eine temporäre Monopolstellung sicherstellen kann.[231]

Durch gezielte Investitionen in den Aufbau von F&E-Kapazitäten verfügen *Entwicklungspartner* im Gegensatz zum Teilefertiger neben dem Produktions- zusätzlich über Produkt-Know-how. Entwicklungspartner werden durch das fokale Unternehmen oder durch einen Wertschöpfungspartner bereits zum Zeitpunkt der Produktentwicklung in die Entwicklungsaktivitäten mit einbezogen, sodass nicht nur eine höhere Funktionalität der jeweiligen Komponenten, sondern gleichzeitig vor allem auch klare Schnittstellen zwischen ihnen definiert werden können, wodurch u.a. die Entwicklungs- und Marktlieferungszeit (time to market) drastisch reduziert wird. Die Kombination aus Produkt- und Prozess-Know-how beim Entwicklungspartner ermöglicht zusätzlich eine Verbesserung der Kostenoption durch Realisierung von Verfahrensinnovationen.[232] Ein Entwicklungspartner wird bereits in frühen Phasen zum kompetenten Ansprechpartner für Produktentwicklungsvorhaben des Abnehmers.[233] Als Instrument dieser Zulieferintegration findet vor allem das Simultaneous Engineering zur Realisierung einer simultanen Produkt- und Prozessentwicklung Anwendung.[234] Gemeinsame Aufgaben, wie etwa die Prüfung von Entwürfen, die Durchführung von Wertanalysen, Beurteilung von Prototypen oder die Diskussion über Fehler-

229 Vgl. Wildemann, H. (1995), S. 747 f.
230 Vgl. Kaluza, B. (1996), S. 209.
231 Vgl. Wildemann, H. (1995), S. 748 f.
232 Vgl. Piller, F.T./Reichwald, R. (2000), S. 611.
233 Vgl. Wildemann, H. (1995), S. 749.
234 Vgl. Kaluza, B. (1996), S. 210.

quellen und deren Beseitigung, stellen dabei wesentliche Inhalte des Instruments dar.[235] Trotzdem die Leistungen von Entwicklungspartnern nur einen geringen Anteil an der gesamten Wertekette des Endprodukts aufweisen[236], ergeben sich vor dem Hintergrund technisch und funktional wachsender Komplexität der Produkte vielversprechende, strategische Erfolgsmöglichkeiten für Entwicklungspartnerschaften.[237]

Wertschöpfungspartner besitzen Produktions- und Produkt-Know-how und verfügen über ausreichend System- und Problemlösungskapazitäten. Sie besitzen damit die Fähigkeit, komplexe, innovative Produkte autonom etwa durch Antizipation von Markttrends zu entwickeln und die zur Herstellung erforderlichen Prozesse schnell, kostengünstig und qualitätsgerecht für das fokale Unternehmen durchzuführen.[238] Sie sind dem Hersteller strategisch vertikal direkt untergeordnet. Um eine erhebliche Komplexitätsreduktion zu erzielen, kommt es oft zu einer umfassenden Auslagerung der Entwicklung und Produktion ganzer Module bzw. Systeme des Herstellers hin zum Wertschöpfungspartner, der ihm diese einbaufertig und geprüft just in time liefert.[239] Sämtliche dazu notwendige Koordinationsleistungen, wie etwa die Zusammenarbeit mit anderen am System beteiligten Lieferanten, terminliche Abstimmungen, Entwicklung und Qualitätssicherung, führt ein Wertschöpfungspartner eigenständig durch.[240] Da zum einen der Wertschöpfungspartner umfassend auf die Anforderungen des fokalen Unternehmens eingeht, mit ihm entsprechende gemeinsame Geschäftsprozessstrukturen aufbaut sowie hohe transaktionsspezifische Investitionen in die Entwicklung und Fertigung tätigen muss, entstehen zwangsläufig beiderseitig hohe Abhängigkeiten mit erheblichem finanziellen Risiko etwa bei einseitiger Kündigung der Kooperation. Zur Sicherstellung einer ausreichenden Transaktionshäufigkeit werden deshalb in den meisten Fällen „Life-Cycle-Contracts“ abgeschlossen, die die gesamte Lebensdauer der Systeme beinhalten.[241]

235 Vgl. Wildemann, H. (1995), S. 749.
236 Vgl. Piller, F. T./Reichwald, R. (2000), S. 611.
237 Vgl. Wildemann, H. (1995), S. 749.
238 Vgl. Wildemann, H. (1995), S. 749 f.; Kaluza, B. (1996), S. 210.
239 Vgl. Reichwald, R./Piller, F. T. (2000), S. 611 f.
240 Vgl. Wildemann, H. (1995), S. 750.
241 Vgl. Reichwald, R./Piller, F. T. (2000), S. 611 f.

2.8 Zwischenfazit und resultierende Formulierung der Strategie zur Bewältigung überkapazitätsbedingter Unternehmenskrisen kleiner und mittlerer Unternehmen des deutschen Maschinen- und Anlagenbaus

Der Wirtschaftszweig des deutschen Maschinen- und Anlagenbaus stellt als Lieferant komplexer Erzeugnisse für alle Branchen der Wirtschaft sowie als Bezieher technologisch anspruchsvoller Vorlieferungen das Zentrum der industriellen Leistungsfähigkeit der Bundesrepublik Deutschland dar. Die Branche zeichnet sich durch einen hohen Diversifikationsgrad ihrer Produktpalette und ihrer Unternehmenspositionierungen aus. Es werden hier weniger Massenprodukte als eher Serienprodukte bis hin zu hochspezialisierten Sonderprodukten entwickelt und hergestellt. Die Mitglieder des Verbands deutscher Maschinen- und Anlagenbau e.V. lassen sich nach VDMA-eigenen Umfragen etwa im Verhältnis 6:3:1 in (überwiegende) Einzelfertiger, (überwiegende) Serienfertiger und nicht produzierende Dienstleister des Maschinen- und Anlagenbaus einteilen. Nach der in dieser Arbeit zugrunde gelegten quantitativen Definition für kleine und mittlere Unternehmen des IFM Bonn lassen sich von den in der BRD in 2003 5782 existierenden Maschinen- und Anlagenbauunternehmen über 90% als kleine und mittlere einordnen (vgl. Kapitel 2.1).

Zwischen 1999 und 2003 meldeten im Durchschnitt jährlich 470 und damit 8% der deutschen Maschinen- und Anlagenbauunternehmen Insolvenz an. Damit musste fast jedes dreizehnte deutsche Maschinenbauunternehmen aufgrund von Überschuldung und Zahlungsunfähigkeit ein gerichtlich angeordnetes Insolvenzverfahren durchlaufen, wobei eine Unternehmensinsolvenz die letzte Phase einer zuvor nicht bewältigten Unternehmenskrise, also einer strategischen Krise, einer Erfolgs- und/oder Liquiditätskrise, darstellt. Von den insgesamt 536 Unternehmensinsolvenzen in 2003 und den 498 in 2004 waren mindestens 91,8% in 2003 und 87,2% in 2004 kleine und mittlere Maschinen- und Anlagenbauer. Überträgt man die Studie von Hauschildt auf die im deutschen Maschinen- und Anlagenbau vorliegenden Insolvenzzahlen dahingehend, dass 21% der Insolvenzen direkt auf eine mangelnde Kapazitätsauslastung und damit auf Überkapazitäten basieren, lassen sich für das Jahr 2003 mindestens 103 und in 2004 mindestens 91 KMU-Unternehmensinsolvenzen im Maschinen- und Anlagenbau auf diese Krisenursache direkt zurückführen. Bei entsprechender statistischer Verfügbarkeit des insolventen KMU-Anteils in der Größenklasse mit mehr als 100 Beschäftigen könnte zusätzlich eine signifikante Erhöhung des Anteils überkapazitätsbedingter Unternehmenskrisen bei KMU dieser Branche nachgewiesen werden. KMU des deutschen Maschinen- und Anlagenbaus weisen im Durchschnitt betriebliche Überkapazitäten von mindestens 13% auf. Somit sind in dieser Branche Überhangkapazitäten generell in erheblichem Maße vorhanden, die produktiv nicht genutzt werden bzw. nicht genutzt werden können. Die Unternehmen, deren

Insolvenz auf Überkapazitäten zurückzuführen ist, lassen einen noch geringeren Kapazitätsauslastungsgrad vermuten, sodass insgesamt erhebliche Freiheitsgrade zur Kapazitätsumstrukturierung innerhalb dieser Branche vorhanden sind. Die überkapazitätsbedingten Insolvenzen kleiner und mittlerer Maschinen- und Anlagenbauer stellen auf individueller, mikroökonomischer und in der Gesamtheit auch auf volkswirtschaftlicher Ebene eine massive Bedrohung dar, sodass hier eine Krisenbewältigungsstrategie formuliert, entwickelt und in das betriebswirtschaftliche System implementiert werden muss (vgl. Kapitel 2.2 und 2.3).

Die Diversifikationsstrategie lässt sich als geeignete Krisenbewältigungsstrategie bei überkapazitätsbedingten Unternehmenskrisen identifizieren, um etwa entgegen der Aufgabe- oder Konsolidierungsstrategie, die mit dem partiellen Abbau betrieblicher Ressourcen verbunden sind, bestehende Überkapazitäten durch veränderte Verwendung beizubehalten, sodass eine Schrumpfung des Unternehmens verhindert werden kann. Damit wird die Implementierung einer Strategie, die in das Diversifikationsstrategiespektrum eingeordnet werden kann, zur Option, bestehende Kapazitätsüberhänge wertschöpfend zu nutzen und damit den Abbau personeller und maschineller Ressourcen im Fall betrieblicher Überkapazitäten als Krisenursache eines Unternehmens bzw. einzelner Geschäftsbereiche zu verhindern, die Betriebsbereitschaft aufrecht zu erhalten sowie den Wissensverlust aufgrund nicht notwendiger Entlassungen qualifizierter Mitarbeiter zu vermeiden (vgl. Kapitel 2.4).

Die Wettbewerbsstrategie Mass Customization kann aufgrund ihrer Merkmale und Wettbewerbspotenziale als eine Diversifikationsstrategie des Krisenmanagements eingeordnet werden und eignet sich insbesondere für die Maschinen- und Anlagenbaubranche. Mass Customization stellt damit als Diversifikationsstrategie eine Krisenbewältigungsstrategie überkapazitätsbedingter Unternehmenskrisen für KMU des Maschinen- und Anlagenbaus dar, indem durch eine Umlenkung betrieblicher Überkapazitäten in die Entwicklung und Herstellung kundenindividueller Massenprodukte diese wertschöpfend genutzt und langfristig aufrecht erhalten werden können (vgl. Kapitel 2.5 und 2.6).

Aufgrund der erforderlichen Optimalkombination an Produktionsfaktoren für eine kundenindividuelle Massenproduktion sowie aufgrund des inflexiblen und dynamisch schwankenden betriebsinternen Überkapazitätsangebots bietet ausschließlich das Kooperieren kleiner und mittlerer Unternehmen des Maschinen- und Anlagenbaus zu Produktionsnetzwerken die Möglichkeit, eine kundenindividuelle Massenproduktion auf der Basis von Überkapazitäten realisieren zu können, indem die KMU-spezifischen quantitativen Überkapazitäten in ihrer qualitativen Ausprägung zusammengeschaltet werden, um die notwendigen Entwicklungs-, Beschaffungs-, Produktions-, Vertriebs- und Servicekapazitäten sicherzustellen. Mit Hilfe einer geeigneten, den jeweiligen Produktanforderungen angepassten, Konstellation der Akteure eines Produktionsnetzwerkes und der damit erhöhten Flexibilität können die erforderliche Optimalkombination an

Leistungsfaktoren sowie deren Kapazitätsangebot der sich ändernden Kapazitätsnachfrage entsprechend dynamisch angepasst werden. Zum anderen wird durch die Kombination zwischenbetrieblicher, sich ergänzender Kernkompetenzen ein dem Produktleistungsspektrum angepasstes Kompetenzportfolio für eine kundenindividuelle Massenproduktion konfiguriert (vgl. Kapitel 2.7).

Aus den o.g. Ergebnissen der vorangegangenen Abschnitte ergibt sich für die weiteren Betrachtungen dieser Arbeit folgende Strategieformulierung zur Bewältigung überkapazitätsbedingter Unternehmenskrisen kleiner und mittlerer Maschinen- und Anlagenbauer.

Ein KMU des Maschinen- und Anlagenbaus kooperiert im Fall einer unternehmensintern vorliegenden überkapazitätsbedingten Unternehmenskrise innerhalb eines KMU-Produktionsnetzwerks und wirkt auch durch Kooperation mit weiteren vertikal vor- und/oder horizontal gelagerten Akteuren innerhalb dieses Netzwerkes an der Entwicklung und Herstellung eines kundenindividuellen Massenprodukts entsprechend seiner Kompetenz und seines möglichen Leistungsspektrums als fokales Unternehmen, Wertschöpfungspartner, Entwicklungspartner, Produktionsspezialist oder Teilefertiger mit. Das Ziel besteht hierbei darin, die jeweils intern vorhandenen Überkapazitäten wertschöpfend zu nutzen und damit die Unternehmenskrise langfristig und nachhaltig zu bewältigen, indem eine wertschöpfende Umlenkung unternehmensinterner Kapazitätsüberhänge in die Entwicklung und Herstellung kundenindividueller Massenprodukte innerhalb des Produktionsnetzwerks stattfindet.

Folgende Restriktionen müssen hierbei im Rahmen der nachfolgenden Strategieentwicklung und -implementierung berücksichtigt werden. Einerseits stehen zur unternehmensinternen Herstellung der Produktkomponenten des kundenindividuellen Massenprodukts ausschließlich die dynamisch schwankenden betrieblichen Überkapazitäten zur Verfügung, sodass eine Störung der Herstellung des generellen Produktionsprogramms durch Aufnahme einer kundenindividuellen Massenproduktion vermieden wird. Somit hat das generelle Produktionsprogramm gegenüber dem des strategieabgeleiteten Fertigungspriorität. Dieses impliziert gleichermaßen, dass die Komponenten des kundenindividuellen Massenprodukts mit denselben innerbetrieblichen Produktionsfaktoren wie denen des generellen Produktionsprogramms zu fertigen sind und damit nicht in Parallel-, sondern in Wechselproduktion hergestellt werden müssen.

Wie der Strategieformulierung bereits zu entnehmen war, werden im Rahmen der nachfolgenden Strategieentwicklung ausschließlich die strategiegeleiteten Maßnahmen entwickelt bzw. konzeptualisiert, die zur operativen Implementierung der formulierten Krisenbewältigungsstrategie notwendig sind, womit das Ziel einer mittelfristigen Umsetzung der auf Langfristigkeit ausgelegten Strategie zur Bewältigung der überkapazitätsbedingten strategischen Krise verfolgt wird. Leistungs- und finanzwirtschaftliche Maßnahmen, die als Sofortmaßnahmen der kurzfristigen Bewältigung einer potenziell parallel vorliegenden überkapazitätsbedingten Erfolgs- und/oder Liquiditätskrise dienen, werden nachfolgend nicht weitergehend betrachtet.[242]

Die formulierte Strategie zur Bewältigung überkapazitätsbedingter Unternehmenskrisen kleiner und mittlerer Unternehmen des deutschen Maschinen- und Anlagenbaus wird nachfolgend in Kapitel 3 entwickelt und in Kapitel 4 anhand eines Praxisbeispiels implementiert und auf Relevanz und Anwendbarkeit überprüft.

---

242 Zum Zusammenhang und zum Inhalt strategischer, leistungs- und finanzwirtschaftlicher Maßnahmen vgl. Kapitel 2.4.1.

3. Strategieentwicklung

Das Ziel dieses Kapitels besteht in der Entwicklung der in Kapitel 2 formulierten Strategie zur Bewältigung überkapazitätsbedingter Unternehmenskrisen kleiner und mittlerer Maschinen- und Anlagenbauer im Sinne eines inner- und zwischenbetrieblichen integrierten Produktentwicklungs- und Produktionsplanungs- und -steuerungs-Konzeptes zur wertschöpfenden Nutzung innerbetrieblicher Überkapazitäten. Im Ergebnis wird hier für KMU der Maschinen- und Anlagenbaubranche, die sich in einer überkapazitätsbedingten Unternehmenskrise befinden, ein handlungsleitendes Prozessmodell konzeptualisiert, das strategiegeleitete Maßnahmen beinhaltet. Dieses handlungsleitende Prozessmodell ermöglicht es ihnen entsprechend ihrer jeweiligen Kompetenz und ihres möglichen Leistungsspektrums als fokales Unternehmen, Wertschöpfungspartner, Entwicklungspartner, Produktionsspezialist oder Teilefertiger mit jeweils intern vorhandenen Überkapazitäten an einer kundenindividuellen Massenproduktion innerhalb von KMU-Produktionsnetzwerken mitzuwirken. Hierdurch kann, wie im Rahmen der Strategieformulierung nachgewiesen, die überkapazitätsbedingte Unternehmenskrise langfristig und nachhaltig bewältigt werden, indem eine wertschöpfende Umlenkung unternehmensinterner Kapazitätsüberhänge in die Entwicklung und Herstellung kundenindividueller Massenprodukte innerhalb eines Produktionsnetzwerks stattfindet.

Zunächst sind hierzu das modulare Baukastensystem als die leistungsfähigste Konzeption einer Mass Customization zu erläutern sowie die Organisationstypen der Produktion und ihr Beitrag zur kundenindividuellen Massenproduktion zu analysieren.

Ausgehend von der Darstellung einer potenziellen Struktur eines KMU-Produktionsnetzwerkes zur Entwicklung und Herstellung kundenindividueller Massenprodukte entsprechend der Konzeption modularer Baukastensysteme, werden im nächsten Schritt die hierin beteiligten Akteure auf den jeweiligen Wertschöpfungsstufen hinsichtlich ihres Wertschöpfungsbeitrags zur kundenindividuellen Massenproduktion untersucht. Zur Reduzierung der Komplexität und zur Vermeidung von Redundanz hinsichtlich der nachfolgenden Ausführungen und Konzeptionen schließt sich darauf aufbauend die Konfiguration einer vertikal, linearen Supply Chain-Referenzstruktur an, die im Weiteren den Untersuchungsgegenstand darstellen wird.

Da im Rahmen dieser Arbeit insbesondere die Konfiguration und Koordination innerbetrieblicher Überkapazitäten im Vordergrund steht, sind die Kapazität von Produktionssystemen zu bestimmen sowie mögliche inner- und zwischenbetriebliche Kapazitätsanpassungsmaßnahmen im Fall einer Divergenz zwischen Kapazitätsangebot und -nachfrage zu analysieren, wobei in diesem Zusammenhang die Forschungslücke bzgl. der kurzfristigen zwischenbetrieblichen Kapazitätsanpassung herausgearbeitet werden kann.

Unter besonderer Berücksichtigung der Restriktionen als Teil der Strategieformulierung hinsichtlich der ausschließlich zur Verfügung stehenden betrieblichen Überkapazitäten zur Herstellung der Komponenten eines kundenindividuellen Massenprodukts wird der Produktentwicklungsprozess kundenindividueller Massenprodukte nach der Strategie der „integrierten Produktentwicklung" im Sinne eines Concurrent Engineerings, aus innerbetrieblicher Perspektive begründet, konzeptualisiert. Auf der Grundlage der erarbeiteten Ergebnisse schließt sich die Konzeption des innerbetrieblichen Auftragsabwicklungsprozesses zur Herstellung des Eigenfertigungsanteils kundenindividueller Massenprodukte auf der Basis von Überkapazitäten an.

Da aus dem inflexiblen und dynamisch schwankenden, innerbetrieblichen Überkapazitätsangebot permanente und temporäre Kapazitätsengpässe bei der Herstellung von Komponenten kundenindividueller Massenprodukte resultieren, muss eine kurzfristige zwischenbetriebliche Kapazitätsanpassung gewährleistet werden. Zur Schließung der hierzu vorab herausgearbeiteten Forschungslücke begründet sich die sich anschließende Konzeption bzgl. der Implementierung einer alternierenden Fremdvergabe, die insbesondere Aspekte der Auswahl kundenneutraler und -spezifischer Fertigungsprozessfolgen/-ausschnitte und Arbeitsschritte, deren Implementierung beim kooperierenden Unternehmen im Rahmen der Produktionsprozessentwicklung sowie die zwischenbetriebliche Produktionsplanung und -steuerung einschließlich der Materialflusssteuerung beinhaltet.

Als Nächstes erfolgt ein Transfer der in Kapitel 3 bisher erarbeiteten Ergebnisse auf die vorab konfigurierte Supply Chain-Referenzstruktur. Hierbei werden zum einen die Planungsaufgaben und -ergebnisse der innerbetrieblichen, integrierten Produktentwicklung und auch die der konzeptualisierten alternierenden Fremdvergabe auf die verschiedenen Akteure der Supply Chain-Referenzstruktur übertragen. Besondere Berücksichtigung finden hier die akteursspezifische System- und Problemlösungskapazität sowie das akteursspezifische Produktions- und Produkt-Know-how im Rahmen einer kundenindividuellen Massenproduktion auf Basis jeweils unternehmensintern vorhandener Überkapazitäten. Zum anderen sind die Planungsaufgaben und -ergebnisse der integrierten Produktentwicklung zwischen vor- und nachgelagerten Wertschöpfungsstufen im Sinne eines zwischenbetrieblichen Concurrent Engineerings zu erarbeiten.

Im Anschluss wird der zwischenbetriebliche Auftragsabwicklungsprozess einer kundenindividuellen Massenproduktion auf der Basis von Überkapazitäten nach dem Prinzip modularer Baukastensysteme zwischen den Akteuren der Supply Chain-Referenzstruktur, also zwischen fokalem Unternehmen, Wertschöpfungspartner, Entwicklungspartner, Produktionsspezialist und Teilefertiger, einschließlich der alternierenden Fremdvergabe, die auf den jeweiligen Wertschöpfungsstufen stattfinden muss, konzeptualisiert.

In einem Zwischenfazit werden die wesentlichen Ergebnisse dieses Kapitels anschließend zusammengefasst.

3.1 Das modulare Baukastensystem als Konzeption der Mass Customization

Kundenindividuelle Massenprodukte lassen sich nach unterschiedlichen Konzeptionen erstellen. Die leistungsfähigste und auch am meisten beachtete Konzeption, die auch im Rahmen dieser Arbeit als Grundlage dient, stellt die Modularisierung der Leistungen entsprechend einem modularen Baukastensystem dar, indem sowohl standardisierte und/oder individualisierte Module miteinander über klar definierte Schnittstellen unterschiedlich zum Gesamtprodukt kombiniert werden. Module sind damit Subsysteme der Produktarchitektur, welche die Gesamtheit aus funktionaler (Funktionsstruktur) und physischer (Baustruktur) Beschreibung des Produktes umfasst. Module stellen hinsichtlich der beiden Dimensionen der Produktarchitektur, also funktional und physisch, weitgehend abgeschlossene Einheiten dar.[1] Eine Produktarchitektur ist demzufolge modular, wenn sie aus physisch separierbaren Einheiten (Modulen) besteht, deren interne, technisch funktionale Beziehungen sehr viel stärker ausgeprägt sind als die Beziehungen zwischen den Modulen. Technisch funktionale Beziehungen können hierbei z.B. Energie-, Stoff- oder Signalflüsse, aber auch geometrisch strukturelle Abhängigkeiten sein.[2] Hier stellt sich die Frage, wie ein Modul strukturell aufgebaut ist. In der Literatur, die sich mit Mass Customization bzw. mit dem Modularprinzip auseinandersetzt, lässt sich hierzu nur wenig in Erfahrung bringen. Module werden dabei auch immer wieder als Bauteile bezeichnet, was im Eigentlichen nicht der Tatsache entspricht, da Bauteile, geht man von mehreren Erzeugnisstrukturebenen eines Moduls aus, nur einen strukturellen Bestandteil eines Moduls darstellen.[3] Dieses führt aufgrund der uneinheitlichen Begriffsterminologie immer wieder zu unklaren Aussagen, gerade wenn es um die Darstellung des Herstellungsprozesses ganzer Module geht, da der Interessierte in den meisten Fällen nie mit an Sicherheit grenzender Wahrscheinlichkeit nachvollziehen kann, welche Ebene der Erzeugnisstruktur, abgeleitet aus der Erzeugnis-Baumstruktur[4] eines Moduls, der Autor gerade betrachtet.

Um für die weiteren Betrachtungen dieser Arbeit dieses bisherige Manko abzustellen, wird, basierend auf der Begriffsterminologie, in der Produktentwicklung bzw. in der Konstruktion und Produktionsplanung der strukturelle Aufbau eines Moduls in Anlehnung an Westkämper[5] definiert. Abb. 8 stellt den Aufbau eines Moduls stark vereinfacht beispielhaft dar.

---

1 Vgl. Ulrich, K. (1995), S. 419 ff.
2 Vgl. Kersten, W./Kopenhagen, F. (2002), S. 9.
3 Vgl. Kersten, W./Kopenhagen, F. (2002), S. 10.
4 Vgl. Kurbel, K. (1999), S. 75.
5 Vgl. Westkämper, E. (2006), S. 126.

Abb. 8: Erzeugnisstruktur eines Moduls (stark vereinfacht)

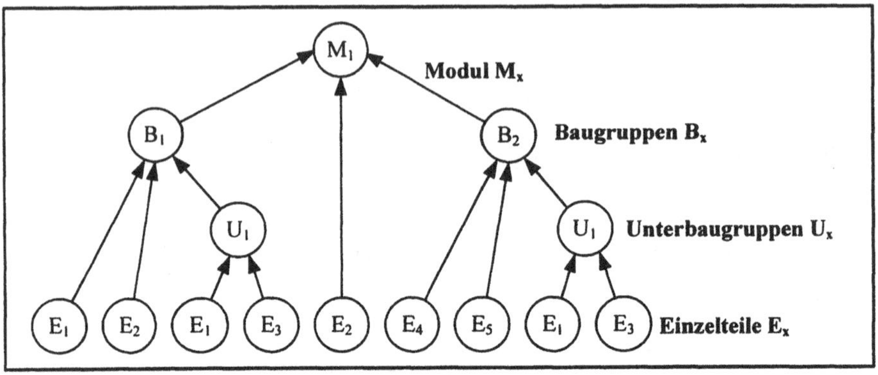

(Quelle: Erweitert nach Westkämper, E. (2006), S. 126)

Demnach stellen Einzelteile die elementare Basis eines Moduls dar. Die Einzelteile können zum einen direkt und zum anderen durch ihren Verbau in Unterbaugruppen oder Baugruppen indirekt in das Modul einfließen. Sie weisen eine einfache oder komplexe Struktur auf und sind entweder standardisiert, in Varianten oder vollständig individualisiert zu fertigen. Die nächst höhere Ebene der Erzeugnisstruktur stellen die Unterbaugruppen, bestehend aus verschiedenen Einzelteilen, dar, die dann struktureller Bestandteil einer oder mehrerer Baugruppen werden. Besteht das Modul aus mehr als den in der Abb. 8 aufgezeigten 4 Erzeugnisstrukturebenen, was gerade bei komplexen Modulen – wie etwa bei einem PKW-Motor – oft die Realität darstellt, lassen sich vor- und nachgelagerte Unterbaugruppen identifizieren, wobei eine Unterbaugruppe auf vorgelagerter Strukturebene struktureller Bestandteil einer nachgelagerten Unterbaugruppe bzw. ebenfalls direkter Bestandteil einer Baugruppe darstellen kann. Eine Baugruppe kann sich, wie bereits dargestellt, zwangsläufig aus Einzelteilen und/oder Unterbaugruppen verschiedener Erzeugnisstrukturebenen zusammensetzen. Verschiedene Baugruppen bilden nach ihrer Montage ein Modul, wobei, wie bereits erwähnt, auch Einzelteile direkt in das Modul einfließen können. In welcher Anzahl die verschiedenen Einzelteile, Unterbaugruppen und Baugruppen in die nachgelagerte Strukturebene einfließen, kann der Strukturstückliste entnommen werden. In Abhängigkeit davon, ob die Objekte auf den jeweiligen Strukturebenen standardisiert, individualisiert oder variiert hergestellt und miteinander kombiniert werden, lassen sich standardisierte, individualisierte Module, aber auch Modulvarianten erzeugen, die somit durch den bautechnischen sowie funktionsstrukturellen Zusammenhang der Erzeugnisstruktur definiert sind[6].[7] Der Wertschöp-

---

6 Vgl. Weiss, S. (1999), S. 66.

7 Zum strukturellen Aufbau von Modulen und anderen Erzeugnissen vgl. auch generell die einschlägige PPS-Literatur wie etwa Glaser, H./Geiger, W./Rohde, V. (1992); Kurbel, K. (1995).

fungsbeitrag am individuellen Massenprodukt ist bei Teilen am niedrigsten und nimmt zwangsläufig in Richtung Modul zu.[8] Das Modul an sich kann wiederum als Baugruppe des Enderzeugnisses aufgefasst werden, sodass die Baugruppen des Moduls zwangläufig Unterbaugruppen darstellen, wenn die Erzeugnisstruktur aller Strukturebenen, ausgehend vom Einzelteil bis zum Enderzeugnis, mit einbezogen wird. Um Unklarheiten bei entsprechenden Untersuchungen zu vermeiden, ist somit von unbedingter Notwendigkeit anzugeben, welche Erzeugnisstrukturebene gerade betrachtet wird.

Basierend auf den Freiheitsgraden hinsichtlich der Kombinationsmöglichkeiten verschiedener Module zum Gesamtprodukt, können unterschiedliche Formen der Modularisierung unterschieden werden.[9] Etwa Piller[10] unterscheidet diesbezüglich vier Formen, die in Abb. 9 dargestellt sind.

Bei der *generischen Modularisierung* ist das Gesamtprodukt aus stets der gleichen Anzahl standardisierter Module zusammengesetzt, die auf einem Basisprodukt (Plattform, Grundprodukt oder „bus" genannt) aufsetzen. Jedes Modul kann unterschiedliche, standardisierte Varianten mit entsprechend differierenden Leistungsmerkmalen beinhalten. Eine Individualisierung entsteht hier also durch die Zusammenstellung der Modulvarianten.

Die *quantitative Modularisierung* entspricht der generischen, wird aber dahingehend erweitert, dass die Anzahl der Module variieren kann. Beiden Formen ist zueigen, dass sowohl die Module als auch die Plattform auftragsunabhängig konstruiert und vorgefertigt werden können.

Die individuelle Modularisierung zeichnet sich durch eine fixe bzw. variable Anzahl unterschiedlicher standardisierter Modulvarianten entsprechend der generisch/quantitativen aus. Erweitert wird das Produkt zusätzlich dahingehend, dass einige Modulvarianten in sich durch Kombination etwa verschiedener standardisierter und/oder individualisierter Einzelteile, Unterbaugruppen und Baugruppen individualisiert werden sowie durch Module, die in Gänze als Unikat und damit einmalig entwickelt und hergestellt werden. Die Individualisierung der Module kann demzufolge erst nach der Kundenbestellung initiiert werden. Ebenfalls dient hier ein Grundprodukt als standardisiertes Basisobjekt, dem die Module angeschlossen werden.

Werden standardisierte, vollständig individualisierte Module sowie individualisierte Modulvarianten ohne eine einheitliche Basis individuell und in variabler Anzahl miteinander kombiniert, wird von freier Modularisierung gesprochen, was damit den flexibelsten Individualisierungsgrad modularer Baukastensysteme entspricht.

---

8 Vgl. Bellmann, K. (2005), S. 159.
9 Vgl. Piller, F. T. (1999) S. 253.
10 Vgl. Piller, F. T. (1998), S. 181 ff.; Piller, F. T. (1999), S. 253 ff.

Abb. 9: Formen modularer Baukastensysteme für Mass Customization

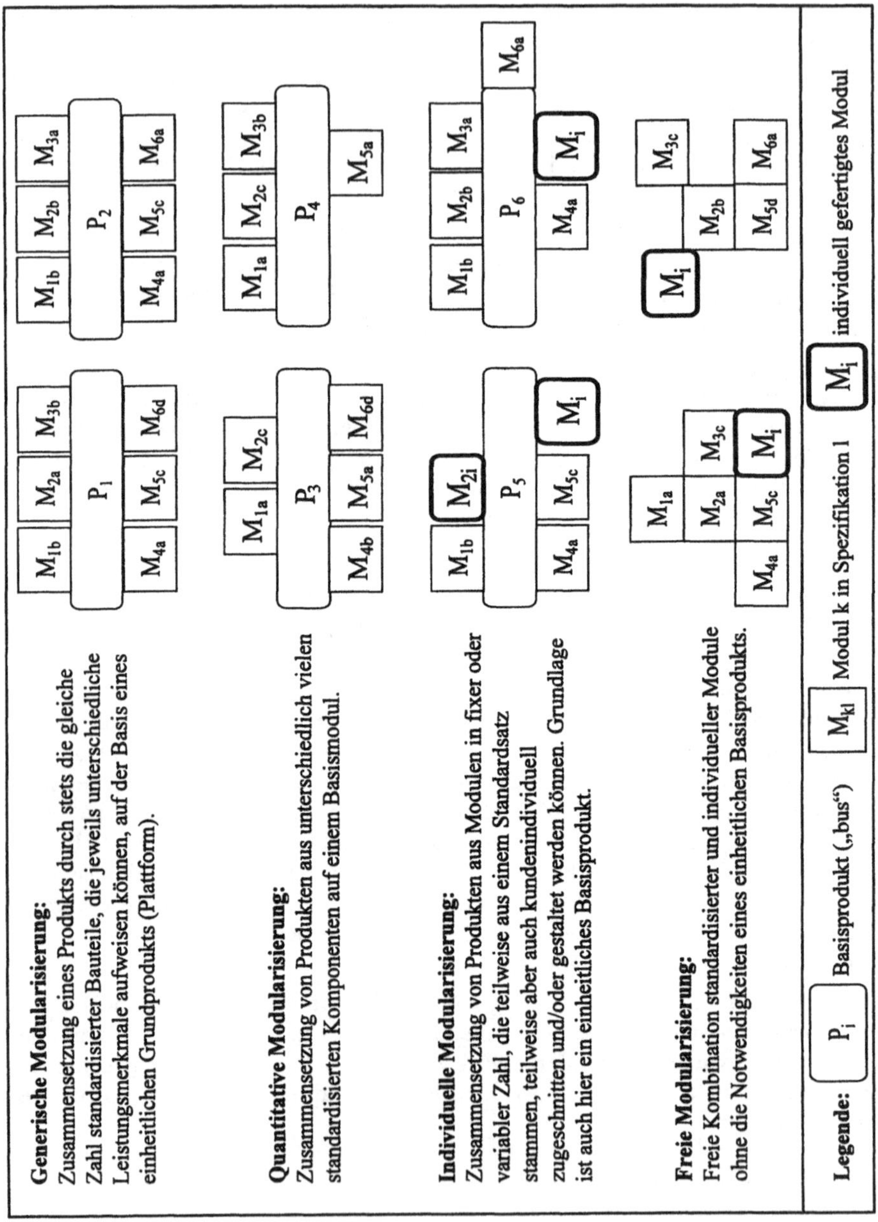

(Quelle: Piller, F.T. (1999), S. 254)

Hinsichtlich einer kundenindividuellen Massenproduktion bietet die Konzeption eines modularen Baukastensystems folgende Potenziale[11]:

- Mit der Konzentration variabler bzw. individueller Produktfunktionalitäten auf bestimmte Module lassen sich die vom Kunden gewünschten Produkteigenschaften durch den Austausch bzw. die Anpassung einiger weniger Module realisieren
- Module können standardisiert und damit in großen Stückzahlen produziert werden, wodurch eine Bereitstellung einer hohen, auch kombinatorisch bedingten, Variantenvielfalt bei gleichzeitiger Generierung von Skaleneffekten (Economies of Scale) ermöglicht wird
- Die weitgehende technische Entkopplung der Module führt zu einer Komplexitätsreduktion im Entwicklungs- und Fertigungsprozess, die bei entsprechender organisatorischer Gestaltung den Koordinations- und Kommunikationsaufwand reduziert, wodurch eine Parallelisierung der Tätigkeiten ermöglicht wird. Wie nachfolgend gezeigt werden kann, lassen sich die Module deshalb auch in Produktionsnetzwerken entwickeln und fertigen
- Die modulare Produktarchitektur erlaubt die schrittweise Integration neuer Technologien und die Erweiterung/Änderung der Funktionalitäten der Module, ohne die zugrunde liegende Architektur des Produktes verändern zu müssen. Somit lässt sich die Innovationsgeschwindigkeit bei gleichzeitiger Beherrschung der damit verbundenen Komplexität erhöhen

3.2 Organisationstypen der Produktion für Mass Customization

Die Fertigung kundenindividueller Massenprodukte nach der Konzeption modularer Baukastensysteme bedingt eine entsprechende organisatorische Ausgestaltung der Produktionsprozesse im Unternehmen bzw. im Produktionsnetzwerk, indem die Anlagen und Arbeitsplätze zu unterschiedlichen (verfahrens-) technisch-organisatorischen Einheiten kombiniert werden. Hier werden in der traditionellen Produktionswirtschaft lediglich die zwei Organisationstypen Verrichtungsprinzip und das Objektprinzip, das auch als Prozessfolge- bzw. Flussprinzip bezeichnet wird, unterschieden. Der dritte Organisationstyp wird als Gruppen- bzw. Zentrenprinzip bezeichnet, der versucht, die Vorteile der beiden klassischen Organisationstypen zu vereinen.[12] Nachfolgend werden die Organisationstypen zum einen näher untersucht so wie deren Vor- und Nachteile dargestellt und zum anderen findet eine Zuordnung der verschiedenen Fertigungstypen zu den Organisationstypen statt. Abschließend erfolgt der Vergleich der Organisationstypen hinsichtlich ihres Beitrags zur Mass Customization.

---

11 Vgl. Kersten, W./Kopenhagen F. (2002), S. 9 f.

12 Vgl. u.a. Zahn, E./Schmid, U. (1996), S. 133 ff.; Ehrmann, H. (1997), S. 373 f.

3.2.1 Verrichtungsprinzip

Beim Organisationstyp nach dem Verrichtungsprinzip werden die Betriebsmittel und dazugehörigen Arbeitsplätze, meist besetzt durch gelernte Mitarbeiter, räumlich zu gleichen oder gleichartigen Funktionen zusammengefasst. Bedeutendste Erscheinungsform des Verrichtungsprinzips stellt die Werkstattproduktion dar. Sie ist dadurch charakterisiert, dass Betriebsmittel und Arbeitsplätze gleicher Verrichtungsart in Werkstätten (Dreherei, Bohrerei usw.) konzentriert werden.[13]

Die Werkstattfertigung lässt sich in die auftragsungebundene und ablaufgebundene unterscheiden. Bei ersterer ist es unmöglich, eine Reihenfolge des Durchlaufens der Produktionsstellen für die Mehrzahl der zu erstellenden Produkte festzulegen. Zur Bearbeitung muss deshalb ein Werksstück in die entsprechende Werkstatt transportiert werden, wobei oft der Fall auftritt, dass es mehrmals die selbe Werkstatt durchläuft, nachdem es zwischenzeitlich in einer anderen Werkstatt bearbeitet wurde.[14] Eine ablaufgebundene Werkstattanordnung liegt dann vor, wenn eine Reihenfolge für einen Großteil der Produkte bzgl. des Durchlaufens der Produktionsstellen feststeht. In diesem Fall wird die Anordnung der Produktionsstellen dem Materialfluss angepasst, sodass bei der Stellenbildung das Verrichtungsprinzip und bei der Stellenanordnung das Prozessfolgeprinzip realisiert wird. Anwendung findet die ablaufgebundene Werkstattproduktion, die sich auch Werkstattfließfertigung nennt, vor allem im Rahmen der Kleinserienfertigung.[15]

Werden die Verrichtungen in der Werkstatt durch die Arbeitskräfte manuell durchgeführt, handelt es sich um eine „Manuelle Werkstattfertigung“, werden bereits numerisch gesteuerte Maschinen eingesetzt, die selbstständig einen Werkzeugwechsel und somit mehrere Arbeitsgänge durchführen können, spricht man in diesem Fall von „Automatisierter Werkstattfertigung bzw. von Bearbeitungszentren“.[16]

Nach Schwinn (1993, S. 308) können folgende Vor- und Nachteile der Werkstattproduktion identifiziert werden:

Vorteile der Werkstattproduktion[17]

Aufgrund der Flexibilität der Produktionsmittelanordnung besteht jederzeit die Möglichkeit, Betriebsteile zu erweitern oder einzuschränken, ohne dass der Produktionsprozess unterbrochen und die Gesamtproduktion eingestellt werden muss. Durch die zeitliche und prozessuale Entkopplung der Werkstätten voneinander ist eine unkritische Intensitätsänderung jeder Werkstatt möglich. Die

13 Vgl. Schwinn, R. (1993), S. 305 f.
14 Vgl. Schwinn, R. (1993), S. 305 f.
15 Vgl. Corsten, H. (2004), S. 30 f.
16 Vgl. Zahn, E./Schmid, U. (1996), S. 137.
17 Vgl. Schwinn, R. (1993), S. 308.

vielseitige Verwendbarkeit der Anlagen in Verbindung mit qualifiziertem Personal ermöglicht zum einen eine flexible Fertigung komplexer kundenindividueller Produkte und zum anderen eine hohe Anpassungsfähigkeit gegenüber plötzlich auftretenden Störungen. Aus der Produktionsmittelflexibilität resultieren ebenfalls zwangsläufig geringe Rüstkosten.

Nachteile der Werkstattproduktion

Der geringe Wiederholungsgrad bei der Produktion verursacht kontinuierlich zeit- und damit kostenintensive Vorbereitungen. Die Komplexität der Produkte und die damit verbundene individuelle Fertigung verhindert eine Standardisierung der Fertigungsprozesse und damit Rationalisierungsmöglichkeiten, was sich in hohen Durchlaufzeiten, hohen Stückkosten, geringer Produktivität mit hohen Ausschüssen sowie in einer aufwändigen Produktionsplanung und -steuerung niederschlägt. Die zeitliche und prozessuale Entkopplung der Werkstätten untereinander führt zugleich zu diskontinuierlichen Materialflüssen, was sich auch in hohen Lagerkosten bemerkbar macht. Zusätzlich werden die Werkstücke zur Bearbeitung auch mehrmals in die entsprechende Werkstatt transportiert, sodass lange Transportwege mit entsprechend hohen Transportkosten entstehen.

3.2.2 Objektprinzip

Folgt die Organisation der Produktion dem Prozessfolgeprinzip, d.h. die Anordnung der Maschinen sowie der meist nur mit angelernten Arbeitskräften besetzten Arbeitsplätze richtet sich nach der Reihenfolge der an den Erzeugnissen zu verrichtenden Arbeitsgänge, spricht man vom Objektprinzip. Jedes Produkt durchläuft somit eine fest vorgegebene Maschinenfolge und Arbeitsplatzfolge. Bedeutendste Erscheinungsform des Prozessfolgeprinzips ist die Fließfertigung.[18] Sie unterscheidet sich vor allem von der Werkstattfertigung dahingehend, dass der Fertigungsablauf eindeutig vorgeschrieben ist. Kennzeichnend für diesen Organisationstyp der Fertigung sind ein hoher Mechanisierungsgrad, fertigungstechnische Starrheit und produktdefinierte Spezialisierung. Etwa nach Ehrmann[19] lassen sich drei wesentliche Vertreter der Fließfertigung unterscheiden:

a) Fließbandfertigung

Die Werkstücke werden durch ein kontinuierlich laufendes Transportmittel (Palettenbänder, Fließbänder, Schwebebahnen o.ä.) oder diskontinuierlich mit einer bestimmten Taktzeit in einer festgelegten Reihenfolge von Produktionsstelle zu Produktionsstelle transportiert, an welchen an ihnen definierte Verrichtungen verübt werden. Vollzieht sich der Produktionsprozess

18 Vgl. Corsten, H. (2004), S. 31 f.
19 Vgl. Ehrmann, H. (1997), S. 375 f.

weitgehend vollautomatisch, so wird von einer starren Transferstraße bzw. -linie gesprochen.

b) Fließreihenfertigung:

Die Produktionsmittel sind zwar nach dem Produktionsablauf angeordnet, jedoch besteht Flexibilität hinsichtlich der Abfolge der Arbeitsgänge an einer Arbeitsstation sowie beim Arbeitstempo. Ebenfalls ist ein Überspringen bzw. ein Material- und Werkstückrückfluss grundsätzlich möglich.

c) Fließstraßenfertigung:

Eine Fließstraße liegt vor, wenn auf einem Band mehrere Produktvarianten parallel hergestellt werden können. Auch andere Produkte können nach bestimmten technischen Eingriffen ebenfalls gefertigt werden. Flexibilität besteht ebenfalls hinsichtlich des Arbeitstempos sowie der Reihenfolge innerhalb bzw. zwischen den Arbeitsstationen.[20] Wie bei der Fließreihenfertigung wird auch bei der Fließstraßenfertigung von flexiblen Transferstraßen bzw. -linien gesprochen.

Nach Schwinn (1993, S. 308) und Zahn/Schmid (1996, S. 135) können folgende Vor- und Nachteile der Fließfertigung bei Programmfertigern identifiziert werden.

Vorteile der Fließfertigung

Aus dem vordefinierten Materialfluss resultieren geringe Transportwege und -kosten. Die Taktung der Verrichtungsprozesse ermöglicht geringe Zwischenlagerungen und somit niedrigere Lagerkosten als bei der Werkstattproduktion. Da die Produkte keine oder nur geringe Variationen aufweisen und über einen längeren Zeitraum gefertigt werden, müssen keine bzw. nur geringe Rüstzeiten und -kosten in Kauf genommen werden. Weitere Vorteile liegen im geringen Ausschuss bei gleichbleibender Qualität, schnellem Anlernen von Mitarbeitern aufgrund fest vorgeschriebener und gleichbleibender Tätigkeiten an den Arbeitsstationen und hoher Produktivität mit geringen Stückkosten. Zusätzlich resultieren bei Fließfertigung geringere Anforderungen an die Produktionsplanung und -steuerung im Vergleich zur Werkstattfertigung.

Nachteile der Fließfertigung

Die komplexe Fertigungsablaufplanung verursacht vorab zeit- und kostenintensive Tätigkeiten. Der hohe Kapitalbedarf und die hohe Kapitalbindung durch die Automatisierungstechnik bedingen einen hohen Fixkostenanteil, womit eine hohe Kapazitätsauslastung der Produktionssysteme zwingende Voraussetzung ist. Kleine Störungen an Teilsystemen, wie etwa Maschinen- und Arbeitsausfälle,

20 Vgl. auch Schönsleben, P. (2000), S. 118 ff.

können zum kompletten Produktionsausfall führen. Den größten Nachteil stellt die Inflexibilität des Fließsystems dar, da nur geringe oder keine Anpassungen etwa bei rückläufiger Nachfrage infolge grundlegender Bedarfs-, Mode- und Geschmacksänderungen möglich sind.

3.2.3 Gruppen- bzw. Zentrenprinzip

Das Gruppenprinzip strebt gegenüber der reinen Fließproduktion eine höhere Flexibilität an, während im Vergleich zur Werkstattproduktion ein möglichst ausgeglichener Materialfluss bei geringen Transportzeiten das Ziel darstellt[21] Dieser Organisationstyp eignet sich vor allem für Produkte bzw. Produktkomponenten, die trotz eines hohen Grades an Standardisierung ein relativ hohen Individualisierungsanteil aufweisen, wie dies vor allem im Rahmen der Serienproduktion bzw. bei einer Mass Customization der Fall ist.[22]

Bei der Gruppenfertigung werden die Betriebsmittel bzw. Arbeitssysteme unterschiedlicher Funktion zu Funktionsgruppen räumlich zusammengefasst, um eine möglichst vollständige Bearbeitung einer bestimmten Gruppe (Teile- bzw. Erzeugnisfamilie) einander ähnlicher oder fertigungstechnisch miteinander verwandter Erzeugnisse zu ermöglichen.[23] Dabei folgt jede Funktionsgruppe intern dem Flussprinzip, während die Gruppen untereinander nach dem Verrichtungsprinzip angeordnet werden.[24]

Als wesentliche Erscheinungsformen der Gruppenfertigung werden Fertigungsinseln sowie flexibel automatisierte Fertigungskonzepte bezeichnet, die sich in Abhängigkeit des Automatisierungsgrades in Bearbeitungszentren, flexible Fertigungszellen sowie flexible Fertigungssysteme einteilen lassen. Fertigungsinseln stellen die ursprünglichste Form des Gruppenprinzips dar. Hier entsprechen die o.g. Funktionsgruppen jeweils einer Fertigungsinsel, die sich im Gegensatz zu flexibel automatisierten Fertigungskonzepten durch eine geringere Automatisierung auszeichnen.[25] Auf der Grundlage des Objekt- bzw. Flussprinzips bilden alle zur Herstellung benötigten Betriebsmittel und Arbeitsplätze eine räumlich-organisatorische Einheit, um eine möglichst vollständige Bearbeitung einer Teilefamilie „vom Rohstoff bis zum Fertigteil“ zu gewährleisten.[26] Die produzierten Teile werden anschließend direkt der Montage oder weiteren Fertigungszellen nach dem Verrichtungsprinzip zugeführt. Das Tätigkeitsfeld der Fertigungsinsel wird häufig einer Ar-

21 Vgl. Zahn, E./Schmid, U. (1996), S. 135.
22 Vgl. Zahn, E./Schmid, U. (1996), S. 139.
23 Vgl. Adam, D. (1993), S. 11.
24 Vgl. Zahn, E./Schmid, U. (1996), S. 135.
25 Vgl. Pfohl, H.-Chr. (2004), S. 199 f.
26 Vgl. Zahn, E./Schmid, U. (1996), S. 136.

beitsgruppe übertragen, die unter Verzicht auf eine starre Arbeitsteilung sämtliche Leistungsprozesse in weitgehender Selbststeuerung wahrnimmt.[27]

Bei einem Bearbeitungszentrum handelt es sich um eine flexible numerisch gesteuerte Maschine, die weitgehend rüstzeitfrei verschiedene Bearbeitungsfunktionen, wie etwa Drehen, Fräsen oder Bohren, verrichten kann. Flexible Fertigungszellen bestehen aus einer Zusammenfassung verschiedener Bearbeitungszentren, die miteinander über ein geeignetes Transportsystem verbunden sind. Außerdem werden automatische Spann- und Beladeeinrichtungen in die Bearbeitungszentren integriert sowie ein gemeinsamer Werkstückspeicher implementiert. Flexible Fertigungszellen bieten demnach die Möglichkeit, produktionstechnisch ähnliche Werkstücke oder Baugruppen automatisch und nahezu vollständig zu bearbeiten.[28] Flexible Fertigungssysteme stellen eine Weiterentwicklung der Fertigungszellen dar, indem die Zellen, die untereinander sich ergänzende sowie auch redundante Bearbeitungszentren beinhalten, miteinander vollautomatisch verkettet werden. Werkstücke können hier flexibel und ungetaktet in verschiedenen Zellen bearbeitet werden. Daraus resultiert eine frei wählbare Maschinenreihenfolge sowie eine höhere Fertigungstiefe der Produktion. Ein besonderes Kennzeichen flexibler Fertigungssysteme stellt ein integriertes Informationssystem dar, welches die gesamte Prozesssteuerung und -überwachung übernimmt.[29]

Vorteile des Gruppenprinzips

Der wesentliche Vorteil des Gruppenprinzips resultiert aus der Kombination der Potenziale des Verrichtungs- und des Flussprinzips. Dieses ermöglicht eine größere Bandbreite der Bearbeitungsfunktionen und damit die Herstellung z. T. verschiedener individueller Produkte bzw. derer Komponenten nach den effizienten Prozessen der Fließfertigung. Gerade die qualitativen Kapazitätspotenziale an Mitarbeitern und Maschinen ermöglichen eine flexiblere und kurzfristigere Umstellung der Produktion zur Herstellung anderer Produkte in großen Stückzahlen.[30]

Nachteile des Gruppenprinzips:

Das gesamte Produktionsprogramm muss aufgrund des Gruppenprinzips in Teilfamilien eingeteilt werden, was mit erheblichen Planungsaktivitäten verbunden ist. Die Teilefamilienplanung beeinflusst zusätzlich in starkem Maße die Magazinierungsplanung eines Bearbeitungszentrums, da für jede Teilefamilie ein eigenes Werkzeugmagazin bereitzustellen ist. Daraus resultieren erhebliche Umrüstzeiten bei einem Produktwechsel aufgrund der damit verbundenen Magazinwechsel. Mit der Integration automatischer Werkzeugwechsel können zwar

27 Vgl. Schwinn, R. (1993), S. 309.
28 Vgl. Zahn, E./Schmid, U. (1996), S. 135.
29 Vgl. Adam, D. (1993), S. 20; Zahn, E./Schmid, U. (1996), S. 137.
30 Vgl. Adam, D. (1993), S. 20 f.; Zahn, E./Schmid, U. (1996), S. 137.

die Umrüstzeiten reduziert werden, jedoch nimmt dadurch das Erzeugnisspektrum stark ab (60-250 verschiedene Erzeugnisse). Die Zusammenfassung von Bearbeitungszentren zu Bearbeitungszellen und im Weiteren zu flexiblen Fertigungssystemen erhöht zwangläufig die technische Komplexität und schränkt aufgrund der fertigungstechnischen Restriktionen zwischen den Bearbeitungszentren bzw. -zellen die Flexibilität des gesamten Produktionssystems stark ein. So wirkt sich etwa die Fähigkeit eines FFS, Werkstücke in nahezu wahlfreier Reihenfolge zu bearbeiten, aufgrund der Begrenztheit automatischer Werkzeuglager und Werkzeugwechseleinrichtungen dahingehend aus, dass die Zahl zu fertigender unterschiedlicher Erzeugnisse auf etwa 15-60 sinkt.[31]

3.2.4 Zusammenfassender Vergleich der Organisationstypen und ihr Beitrag zur Mass Customization

In Abb. 10 sind die jeweiligen Erscheinungsformen der Organisationstypen der Produktion einander vergleichend gegenübergestellt.[32] Die dabei zum Vergleich herangezogenen Kriterien sind die Flexibilität, die Produktivität sowie der Grad der Kundenspezifität der Leistung. Hohe Flexibilität eines Produktionssystems spiegelt sich in einer hohen Anzahl produzierbarer Varianten bzw. unterschiedlicher Teile/Werkstücke wider, jedoch nimmt mit steigender Flexibilität die Produktivität ab, was sich in geringen Fertigungsstückzahlen pro Zeiteinheit (hier Jahresproduktion) niederschlägt. Umgekehrt kann durch Erhöhung des Automatisierungsgrads der Produktionssysteme die Produktivität drastisch gesteigert werden, wodurch, wie bereits dargestellt, zwangläufig die Flexibilität des Produktionssystems abnimmt. Der Grad der Flexibilität und der Produktivität der einzelnen Produktionssysteme wurde bereits in Kapitel 3.1-3.3 ausführlich beschrieben, sodass an dieser Stelle darauf verwiesen wird.

Betrachtet man den Grad der Flexibilität und Produktivität der jeweiligen Produktionssysteme im Zusammenhang mit einer kundenindividuellen Massenproduktion, basierend auf dem Konzept modularer Baukastensysteme, lässt sich Folgendes feststellen. Ausgehend von der Werkstattfertigung und den Bearbeitungszentren, die eine vollständige Unikatfertigung ermöglichen, jedoch im Output begrenzt sind, kann auf der Basis von flexiblen Fertigungszellen eine individuelle und sogar freie Modularisierung in höheren Stückzahlen bei gleichzeitig geringer Standardisierung und hohem Individualisierungsniveau der die Module beinhaltenden Teile, Komponenten und Baugruppen erfolgen.

---

[31] Vgl. Piller, F. T. (1999), S. 305 ff.

[32] Zu den Erscheinungsformen der Organisationstypen der Produktion vgl. Kapitel 3.2.1-3.2.3.

Abb. 10: Vergleich der Organisationstypen der Produktion hinsichtlich der Kriterien Flexibilität, Produktivität und Grad der Kundenspezifität der Leistung

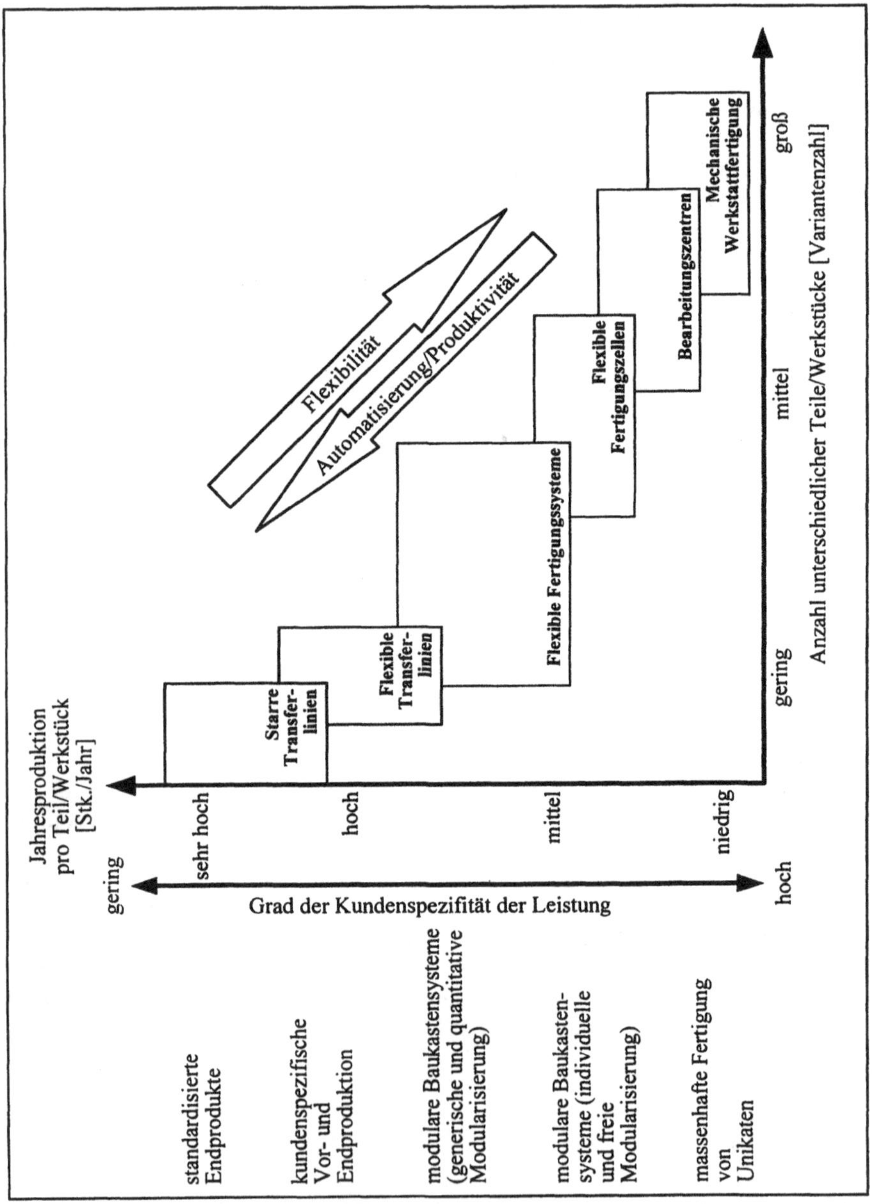

(Quelle: In Anlehnung an Zahn, E./Schmid, U. (1996), S. 138; Piller, F. T. (1999), S. 314)

Der Individualisierungsgrad nimmt entsprechend bei flexiblen Fertigungssystemen aufgrund inflexiblerer Fertigungsprozessstrukturen ab, was daher ausschließlich eine Anpassung der Kundenwünsche durch eine kombinatorische Zusammenstellung verschiedener standardisierter Modulvarianten in unterschiedlicher Anzahl ermöglicht. Jedoch, bedingt durch standardisierte Fertigungsprozessstrukturen sowie aufgrund auftragsneutraler Lagerfertigung, können hohe Stückzahlen realisiert werden.

Flexible Fertigungslinien dienen daher im Zusammenhang mit Mass Customization ausschließlich der auftragsneutralen Produktion mit hohem Output, wobei die wenigen, aber aus Kundensicht entscheidenden Individualisierungsschritte, etwa in Fertigungszellen, am Anfang oder am Ende des Produktionsprozesses durchgeführt werden.

Starre Fertigungslinien hingegen werden bei Produkten eingesetzt, bei den der materielle Kern der Leistung für alle Abnehmer den selben darstellt und daher nur noch um individuelle Sekundärleistungen, wie etwa Farbe des Produkts oder Serviceleistungen, ergänzt wird. Hier handelt es sich jedoch im eigentlichen nicht mehr um eine kundenindividuelle Produktion.[33] Der Output starrer Fertigungslinien kann jedoch wiederum dem Input individualisierbarer Module dienen.

Die Erscheinungsformen der Organisationstypen der Produktion müssen sich also bei einer kundenindividuellen Massenproduktion einander ergänzen. Piller spricht hier von der Notwendigkeit der Modularisierung der Produkte und Prozesse, wobei der Grad der Modularisierung von der Art der Mass Customization innerhalb eines konkreten Anwendungsbeispiels bestimmt werde. Vor allem die Aufspaltung des Produktionsprozesses in spezialisierte Segmente, die einerseits dem Fluss- und andererseits dem Verrichtungsprinzip folgen, ermögliche erst eine individuelle Fertigung von Massenprodukten. Diese Aufspaltung führt demnach zu einem Nebeneinader verschiedener Organisationsformen in der Fertigung.[34] Die Organisationstypen treten deshalb in vielen Fällen parallel innerhalb eines Unternehmens, das Mass Customization betreibt, auf, sodass sich entsprechende Mischformen herausbilden.[35]

Für ein KMU-Produktionsnetzwerk des Maschinen- und Anlagenbaus, in dem ein kundenindividuelles Massenprodukt nach dem Prinzip modularer Baukastensysteme herzustellen ist, muss somit in Abhängigkeit des produktspezifischen Individualisierungs- und Standardisierungsanteils das sich daraus ergebende Spektrum an Organisationstypen der Produktion durch die jeweiligen Akteure wiederfinden.

33 Vgl. Piller, F.-T. (1999), S. 314.
34 Vgl. Piller, F.-T. (1999), S. 313 f.
35 Vgl. Zahn, E./Schmid, U. (1996), S. 139.

3.3 Die Struktur eines Produktionsnetzwerks zur Erstellung kundenindividueller Massenprodukte

Abb. 11 stellt den Ausschnitt einer potenziellen Struktur eines Produktionsnetzwerkes zur Entwicklung und Herstellung kundenindividueller Massenprodukte entsprechend der Konzeption modularer Baukastensysteme beispielhaft dar.[36] Wie bereits in Kapitel 2.7.2 dargestellt, sind am Produktionsnetzwerk verschiedene Akteure unterschiedlicher Wertschöpfungsstufen beteiligt, die direkt oder indirekt miteinander in interorganisationaler Beziehung stehen.

Das fokale Unternehmen befindet sich im direkten Kontakt zu den Kunden, mit denen es die Produkte gemeinsam individuell konfiguriert, und übernimmt die zentrale Auftragskoordination und Endmontage der jeweiligen Module des Gesamtprodukts. Im hier dargestellten Fall entwickelt und produziert das fokale Unternehmen individuelle und standardisierte Module, Teile, Unterbaugruppen und Baugruppen des Produkts auch intern, indem es entsprechende Entwicklungsabteilungen und verschiedene Fertigungssysteme implementiert hat. Es besteht jedoch die Möglichkeit, dass zwar die Auftragskoordination durch das Unternehmen zentral gesteuert wird, jedoch die Entwicklung, Fertigung und Montage der Module ausschließlich extern erfolgen, sodass nur deren Endmontage intern durchzuführen ist.

Das fokale Unternehmen arbeitet extern mit mehreren Modullieferanten zusammen, die als Wertschöpfungspartner durch das fokale Unternehmen direkt hierarchisch koordiniert werden und individuelle und/oder standardisierte Module entwickeln und produzieren.[37] Zwischen ihnen, einschließlich des internen Modullieferanten, bestehen heterarchische Netzwerkbeziehungen, da gemeinsame Schnittstellen zwischen den Modulen bestehen, die etwa im Rahmen der Produktentwicklung standardisiert und während des Auftragsabwicklungsprozesses in Abhängigkeit der Individualisierungseigenschaften der Module in heterarchischer Abstimmung teilweise neu konfiguriert werden müssen. Hieraus resultieren zwangsläufig personell-organisatorische und informatorisch-kommunikative Unternehmensverflechtungen zwischen den Modullieferanten.

Neben dem fokalen Unternehmen kooperieren die Direktlieferanten hierarchisch, dezentral und somit unabhängig vom fokalen Akteur in den meisten Fällen wiederum mit externen Zulieferern, wie etwa Entwicklungspartnern, Produktionsspezialisten und/oder Teilefertigern, die ihrem Kompetenzspektrum entsprechend standardisierte und/oder, bis auf die Teilefertiger, auch individuelle Komponenten eines Moduls mitentwickeln und/oder produzieren.

---

36 Vgl. Kapitel 3.1.

37 Vgl. Wildemann, H (1996), S. 24 ff.; Reichwald, R./Piller, F. T. (2000), S. 614 f.

Abb. 11: Beispielhafter Ausschnitt der Struktur eines Produktionsnetzwerkes für Mass Customization mit fokalem Unternehmen

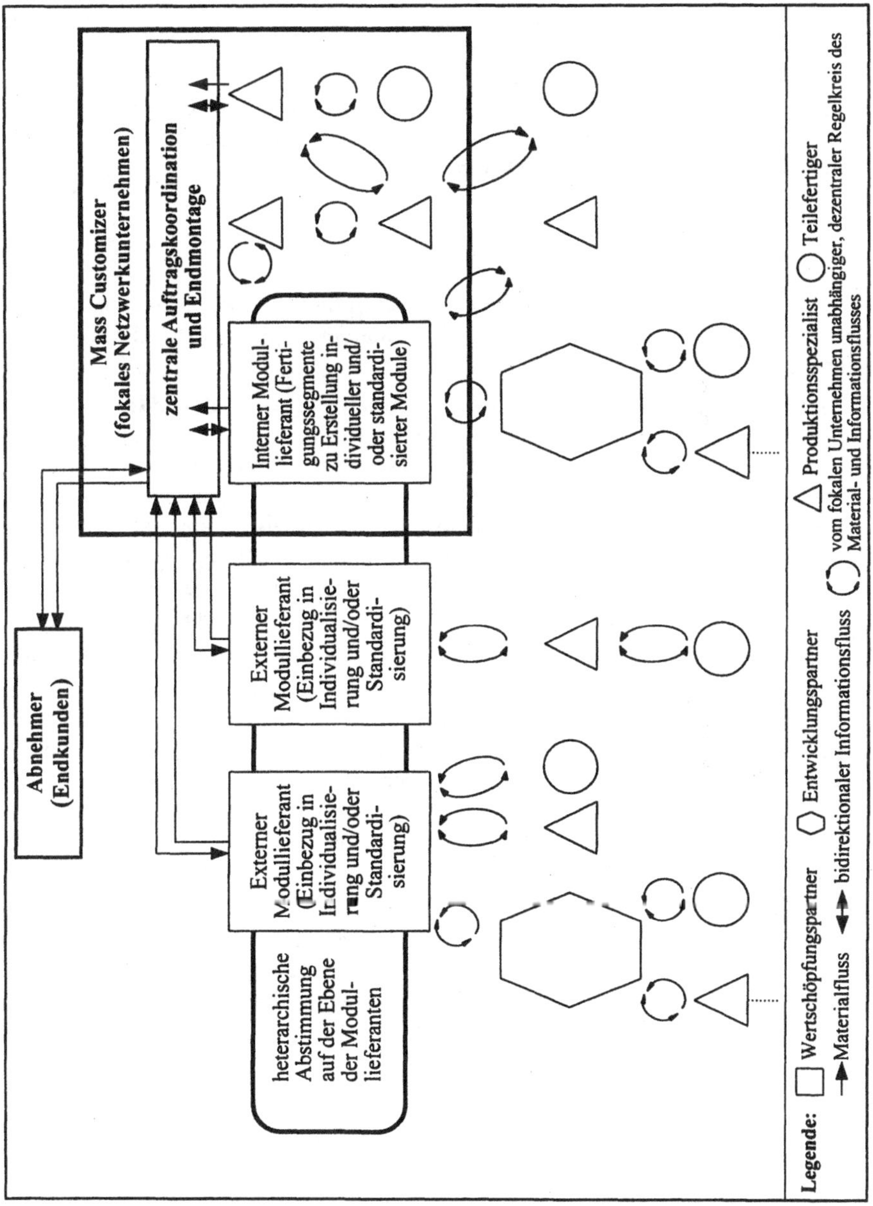

(Quelle: Erweitert nach Piller, F. T. (2000), S. 615)

Ein Teil dieser Subkontraktoren koordiniert ebenfalls hierarchisch und dezentral vom direkt nachgelagerten Akteur weitere Zulieferer, was durch die gestrichelten Linien in Abb. 11 angedeutet ist. In Abhängigkeit von der Anzahl beauftragter Modullieferanten sowie der Anzahl der ihnen untergeordneten Zulieferer resultieren somit verschiedene, zum fokalen Unternehmen vertikal vorgelagerte, brancheninterne oder auch laterale, miteinander vernetzte Wertschöpfungsketten bzw. Supply Chains, die zusammengefasst das Produktionsnetzwerk für eine kundenindividuelle Massenproduktion darstellen.[38]

3.4 Supply Chain-Referenzstruktur

Aus systemtheoretischer Sicht können Wertschöpfungsketten, die nachfolgend als Supply Chains bezeichnet werden, als Systeme des Supersystems „Produktionsnetzwerk" aufgefasst werden.[39]

Zur Reduzierung der Komplexität und zur Vermeidung von Redundanz im Rahmen der nachfolgenden Ausführungen und Konzeptionen muss an dieser Stelle eine Systemabgrenzung erfolgen. Zu diesem Zweck wird eine repräsentative vertikale, lineare und damit nicht verzweigte Supply Chain-Referenzstruktur[40] konfiguriert, die an der Entwicklung und Herstellung eines Moduls, bestehend aus standardisierten und individualisierten Einzelteilen, Unterbaugruppen und Baugruppen, eines kundenindividuellen Massenprodukts entsprechend der formulierten Krisenbewältigungsstrategie nach der Konzeption modularer Baukastensysteme beteiligt ist.

Diese Vorgehensweise rechtfertigt sich deshalb, da, ausgehend vom Systeminput zum Systemoutput verschiedener Supply Chains, die jeweils an der Entwicklung und Fertigung eines Moduls eines kundenindividuellen Massenprodukts entsprechend des in Kapitel 3.3 beispielhaft dargestellten Produktionsnetzwerks beteiligt sind, die Wertschöpfungsbeiträge zum kundenindividuellen Massenprodukt sowie die Prozesse der inner- und zwischenbetrieblichen Produktentwicklung und Auftragsabwicklung korrespondieren, wenn der gleiche Individualisierungs- und Standardisierungsbeitrag bei ähnlicher Komplexität der Module unterstellt werden.

Die im weiteren Verlauf dieser Arbeit für die Supply Chain-Referenzstruktur im Zusammenhang mit der formulierten Krisenbewältigungsstrategie zu erarbeitenden Konzeptionen lassen sich deshalb als Referenzergebnisse auf sämtliche Supply Chains eines derartigen Produktionsnetzwerks übertragen.

---

38 Vgl. Wildemann, H (1996), S. 24 ff.

39 Zur systemtheoretischen Abgrenzung von Supply Chains vgl. insbesondere Holzkämper, C. (2006), S. 53 ff.

40 Zu möglichen Strukturen von Supply Chains vgl. etwa Holzkämper, C. (2006), S. 62 sowie Hahn, D. (2000), S. 15.

Nachfolgend werden in einem ersten Schritt die Subsysteme des Systems „Supply Chain“, die den Akteuren auf den jeweiligen Wertschöpfungsstufen entsprechen[41], hinsichtlich ihres Wertschöpfungsbeitrags zur kundenindividuellen Massenproduktion untersucht und daran anschließend die daraus resultierende Supply Chain-Referenzstruktur als Grundlage für die weiteren Untersuchungen dieser Arbeit konfiguriert.

3.4.1 Wertschöpfungsstufen und -beitrag der Akteure innerhalb der Supply Chain-Referenzstruktur

In Kapitel 2.7.2 und 3.4.1 wurden Wertschöpfungs- und Entwicklungspartner, Produktionsspezialisten, Teilefertiger sowie nicht zuletzt das fokale Unternehmen als die entscheidenden Akteure innerhalb eines Produktionsnetzwerks für Mass Customization identifiziert. Lieferanten von Roh-, Hilfs- und Betriebsstoffen, die ebenfalls Akteure innerhalb einer Supply Chain darstellen[42], werden deshalb nachfolgend nicht weiter berücksichtigt.

Integriert man die identifizierten Mass Customization Akteure gemeinsam innerhalb einer Supply Chain, ergibt sich eine eindeutige Reihenfolge hinsichtlich ihrer jeweiligen Wertschöpfungsstufe aufgrund ihres wertschöpfungsspezifischen Anteils am kundenindividuellen Massenprodukt.

Ausgehend vom Abnehmer, der innerhalb der hier betrachteten Supply Chain das letzte Glied darstellt, nimmt das fokale Unternehmen auch aufgrund des Kontaktes zum Endkunden sowie der Aufgabe der Koordination des gesamten Leistungserstellungsprozesses die höchste Wertschöpfungsstufe in der Zulieferkette ein. Der Wertschöpfungspartner als Direktlieferant des fokalen Unternehmens folgt auf der zweiten Stufe der Wertschöpfungskette, da dieser aufgrund seiner System- und Problemlösungskapazitäten sowie des Produktions- und Produkt-Know-hows eigenständig standardisierte und/oder individualisierbare Module entwickeln und produzieren bzw. produzieren lassen kann. Aufgrund der beim Entwicklungspartner fehlenden System- und Problemlösungskapazität hinsichtlich einer eigenständigen Entwicklung komplexer Module kann dieser nur unter Anleitung eines Akteurs auf höherer Wertschöpfungsstufe zum kundenindividuellen Massenprodukt mit Produktions- und Produkt-Know-how beitragen. Dieses beinhaltet etwa die angeleitete Entwicklung und anschließende Fertigung einfacher standardisierter Module, aber auch komplexer individueller Baugruppen. Der Produktionsspezialist gliedert sich unter dem Entwicklungspartner ein, da er mit seinem umfassenden Produktions-Know-how zwar einzelne Teile bis hin zu

41 Etwa nach Holzkämper können Akteure einer Supply Chain aus systemtheoretischer Perspektive als Subsysteme des Systems Supply Chain aufgefasst werden. Vgl. Holzkämper, C. (2006), S. 60.

42 Vgl. Kotzab, H. (2000), S. 37.

Unterbaugruppen eines Moduls besonders effizient fertigen und diese sogar individualisieren kann, jedoch das Modul oder Baugruppen aufgrund der Komplexität durch ihn organisatorisch und auch fertigungstechnisch nicht umsetzbar wären. Als erstes Glied der Wertschöpfungskette ist der Teilefertiger einzuordnen, da er lediglich einzelne, bereits entwickelte standardisierte Teile einfacher Struktur produziert und im eigentlichen Sinn keinen Individualisierungsbeitrag zu leisten vermag.[43]

3.4.2 Konfiguration der Supply Chain-Referenzstruktur

In Abb. 12 ist die konfigurierte lineare Supply Chain-Referenzstruktur dargestellt, die sich aufgrund des in Kapitel 3.4.1 analysierten wertschöpfungsspezifischen Beitrags der genannten Akteure am kundenindividuellen Massenprodukt in Produktionsnetzwerken ergibt. Der Vollständigkeit halber ist auch der Endabnehmer als letztes Glied der Referenzstruktur implementiert, obwohl er im eigentlichen Sinne, bis etwa auf die Vorgabe seiner Individualisierungswünsche und/oder des Liefertermins, keinen Anteil an der Wertschöpfung zum kundenindividuellen Massenprodukt beiträgt.

Wie auch aus Abb. 11 bereits ersichtlich, ist an dieser Stelle noch darauf hinzuweisen, dass ein Akteur, wie etwa der auf der Wertschöpfungsstufe 2 (vgl. Abb. 12), direkt mit vorgelagerten Akteuren, die sich auf der vierten und/oder fünften Wertschöpfungsstufe befinden, zusammenarbeiten kann, ohne deshalb zwangsläufig mit einem Entwicklungspartner auf der Stufe 3 kooperieren zu müssen. Dieses begründet sich u.a. daraus, dass beim Akteur auf höherer Wertschöpfungsstufe in den meisten Fällen auch das Know-how, zumindest hinsichtlich der Koordination des zwischenbetrieblichen Auftragsabwicklungsprozesses, größer ist als beim direkt vorgelagerten Akteur und er damit den zwischenbetrieblichen Leistungserstellungsprozess mit Zulieferern auch unterer Wertschöpfungsstufen ohne diesen eigentlich direkt vorgelagerten Akteur koordinieren kann.

Die Supply Chain-Referenzstruktur und damit die Konstellation der Akteure innerhalb der Supply Chain in Abb. 12 dienen nachfolgend als Grundlage für den weiteren Verlauf der Arbeit.

---

43 Zum Kompetenzspektrum der einzelnen Akteure vgl. Kapitel 2.4.2. Zum Beitrag der Akteure am kundenindividuellen Massenprodukt vgl. etwa Reichwald. R./Piller, F.T. (2000), S. 610.

Abb. 12: Supply Chain-Referenzstruktur

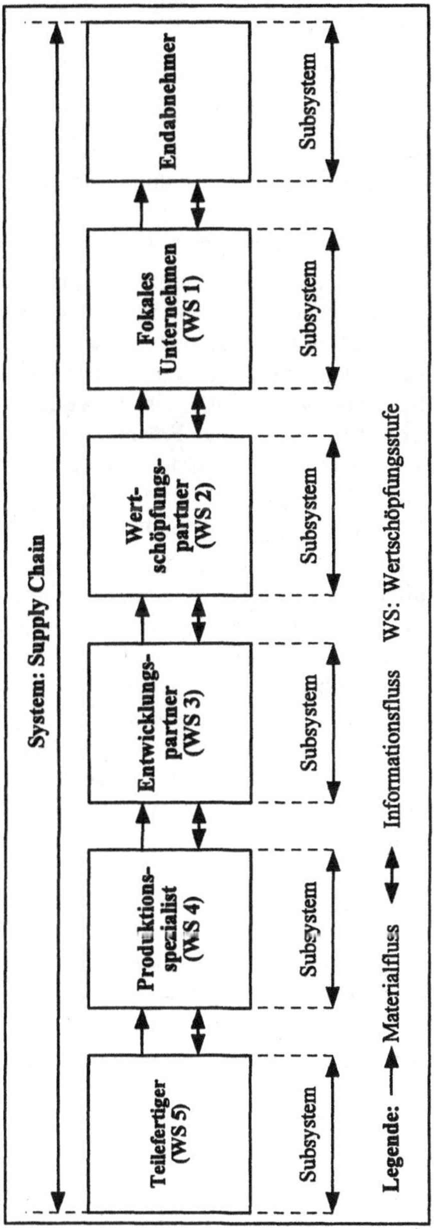

(Quelle: Eigene Darstellung)

3.5 Kapazität und Kapazitätsanpassungsmaßnahmen von Produktionssystemen

3.5.1 Bestimmung der Kapazität von Produktionssystemen

Bei den Produktionsfaktoren/-systemen handelt es sich, klammert man die hier nicht weiter betrachteten Verbrauchsfaktoren, wie etwa Materialien oder Hilfsstoffe, die während der Produktentwicklung und -herstellung ver- bzw. bearbeitet werden, aus, einerseits um das Personal und andererseits um die technische Ausstattung, wie etwa Anlagen und weitere Betriebsmittel.

Beiden Produktionsfaktorarten kann jeweils eine qualitative Kapazität zugeordnet werden, die innerhalb einer entsprechenden Periode eine Leistung abzugeben vermag, die dann als quantitative Kapazität bezeichnet wird.[44] An dieser Stelle ist zu betonen, dass ein betriebliches Aggregat oder ein Mitarbeiter jeweils mehrere qualitative Kapazitäten beinhalten können. So ist etwa eine bessere Werkzeugmaschine in der Lage, u.a. die Arbeitsvorgänge Fräsen, Bohren und Drehen durchzuführen. Ein qualifizierter Mitarbeiter kann unterschiedliche Fertigungseinrichtungen bedienen, was u.a. sowohl manuelles Bearbeiten von zu fertigenden Teilen als auch das Programmieren automatischer Fertigungseinrichtungen beinhaltet.

Bestimmt man nun die quantitative Kapazität von Produktionsfaktoren/-systemen, lassen sich unterschiedliche Betrachtungsebenen heranziehen. Das bedeutet, hier kann in Abhängigkeit vom Zweck einerseits das Leistungsvermögen eines Produktionssystems elementarer als auch das höherer Ordnung bestimmt werden.[45] Die zu messende Kapazitätseinheit könnte demzufolge ein einzelnes Aggregat, ein komplexes Fertigungssystem, ein Betriebsteil bis hin zu einem ganzen Betrieb betreffen. Ist der Leistungsoutput einer Kapazitätseinheit ausschließlich homogen, d.h. produziert die Einheit nur ein Produkt bestimmter Qualität, lässt sich die quantitative Kapazität eindeutig bestimmen.[46] Werden mehrere Leistungsarten aufgrund eines höheren qualitativen Kapazitätsniveaus durch eine Kapazitätseinheit generiert, kommt es bei der Bestimmung der quantitativen Kapazität zwangsläufig zu Mischwerten, da der Output bzgl. einer Leistung in Abhängigkeit des Produktionsprogramms zu Gunsten oder Ungunsten des quantitativen Outputs einer anderen Leistung Auswirkung hat.[47]

Um die maximale Kapazität eines elementaren oder eines Produktionssystems höherer Ordnung innerhalb einer definierten Periode (maximale Periodenkapazität K^{max}) zu bestimmen, müssen folgende Größen bekannt sein[48]:

---

44 Vgl. hierzu Kapitel 2.3.2.

45 Vgl. Kapitel 2.3.2.

46 Vgl. u.a. Hülsenberg, F./Gallenmüller, O. (1978), S. 52; Gutenberg, E. (1983), S. 356 ff.; Zahn, E./Schmid, U. (1996), S. 123 ff.

47 Vgl. hierzu Kapitel 2.3.2.

48 Vgl. Männel, W. (1979), S. 1471 f.; Zahn, E./Schmid, U. (1996), S. 123 ff.

- Der maximal nutzbare Kapazitätsquerschnitt (Kapitanz) q^{max}:
  Dieser ergibt sich bei Betriebsmitteln aus der maximalen Anzahl der in der Kapazitätseinheit vorhandenen und in einer Periode zur Verfügung stehenden Aggregate. Bestimmt man den Kapazitätsquerschnitt beim Personal, ist die Anzahl der in der betrachteten Produktiveinheit vorhandenen und während einer Periode maximal einsetzbaren Arbeitskräfte heranzuziehen.[49]
- Die maximal mögliche Intensität (Produktionsgeschwindigkeit) d^{max}:
  Die maximale Intensität entspricht dem maximal spezifischen Leistungsvermögen einer Kapazitätseinheit und gibt damit die in einer definierten Zeiteinheit erbrachten Arbeitseinheiten etwa in [Stück/Stunde] an.
- Die maximal mögliche Einsatzzeit t^{max}:
  Diese resultiert aus der maximalen Nutzungsdauer der betrachteten Kapazitätseinheit innerhalb einer Zeitperiode.[50]

Die maximale Periodenkapazität K^{max} eines Produktionssystems j für die Zeitperiode T lässt sich wie folgt formal darstellen als (vgl. Abb. 13):

$$K_{jT}^{max} = q_{jT}^{max} * d_{jT}^{max} * t_{jT}^{max} \qquad \text{(Gl. 2)}$$ [51]

Bei der maximalen Periodenkapazität einer Produktiveinheit handelt es sich jedoch in den meisten Fällen nur um ein theoretisch mögliches Leistungspotenzial unter den günstigsten Produktionsbedingungen und bei voller Auslastung sämtlicher Arbeitssysteme über die gesamte betrachtete Periode.[52] In der Praxis ist beim Fahren maximaler Intensität einerseits mit erhöhten variablen Produktionskosten und einem erhöhten Ausschuss zu kalkulieren. Andererseits weist das Produktionssystem bei maximalen Produktionsgeschwindigkeiten einen überproportional hohen Verschleiß gegenüber niedrigeren Intensitäten auf. Eine maximal mögliche Einsatzzeit, die der gesamten Zeitperiode entspricht, kann in der Realität ebenfalls nicht längerfristig realisiert werden, da regel- und unregelmäßig Stillstandzeiten, also unproduktive Zeitabschnitte, auftreten. Diese resultieren etwa aus Sonn- und Feiertagen, Betriebsferien oder anderweitigen Arbeitszeitregelungen. Personalbedingte Ausfallzeiten (Urlaub, Krankheit usw.) sowie betriebsmittelbedingte Ausfallzeiten (etwa Anlauf-, Rüst-, Umbau-, Betriebs- oder Maschinenstörungs-, Reparatur- und Instandhaltungszeiten) verursachen ebenfalls Stillstandzeiten.[53]

---

49 Vgl. Corsten, H. (2004), S. 12.
50 Vgl. Layer, M. (1975), S. 41 f.
51 Vgl. Gutenberg, E. (1983), S. 356; Zahn, E./Schmid, U. (1996), S. 123.
52 Vgl. Zahn, E./Schmid, U. (1996), S. 123.
53 Vgl. Gutenberg, E. (1983), S. 354 ff.; Zahn, E./Schmid, U. (1996), S. 123 f.; Corsten, H. (2004), S. 13 f.

Deshalb stellt nicht die maximale Periodenkapazität, sondern die Kennziffer „Normalkapazität“, die auch als „Optimalkapazität“ bezeichnet wird[54], die Bezugsgröße für Kapazitätsanalysen dar, die der durchschnittlichen Dauerleistungsfähigkeit eines Produktionssystems entspricht. Sie ist gleichzeitig ökonomisch determiniert, da sie die Kapazitätsausbringung eines Produktionssystems repräsentieren soll, bei der die Stückkosten ihr Minimum aufweisen.[55] Die Normalkapazität wird mit Hilfe durchschnittlicher (normaler) Nutzungsfaktoren ermittelt und basiert auf einer Erweiterung von Gleichung 2. Dargestellt wird sie wie folgt:

$$K_{jT}^{norm} = q_{jT}^{max} * d_{jT}^{max} * \mu_{djT} * t_{jT}^{max} * \mu_{tjT} \qquad \text{(Gl. 3)}^{56}$$

Da die Intensität innerhalb der Grenzen $i^{min} \leq i^{opt} \leq i^{max}$ in den meisten Fällen variierbar ist, ergibt sich der Intensitätsfaktor μ_{djt} durch den Quotienten aus normaler (optimaler) und maximaler Intensität:

$$\mu_{djt} = \frac{\text{Optimale Intensität}}{\text{Maximale Intensität}} = \frac{d_{jT}^{opt}}{d_{jT}^{max}} = \leq 1 \qquad \text{(Gl. 4)}^{57}$$

Auch die Einsatzzeit ist in den meisten Fällen innerhalb der Grenzen $t^{min} \leq t^{norm} \leq t^{max}$ variierbar, sodass sich der Laufzeitfaktor μ_{tjT} durch den Quotienten aus normaler (durchschnittlicher) und maximaler Einsatzzeit ergibt:

$$\mu_{tjT} = \frac{\text{Normale Einsatzzeit}}{\text{Maximale mögliche Einsatzzeit}} = \frac{t_{jT}^{norm}}{t_{jT}^{max}} = \leq 1 \qquad \text{(Gl. 5)}^{58}$$

In Abb. 13 sind die Bestimmungsgrößen der o.g. Maximal- und der Normalkapazität von Produktionssystemen für eine betrachtete Zeitperiode T bildlich dargestellt.

Wie in Abb. 13 gezeigt, ergibt sich bei der Darstellung der Maximal- und der Normalkapazität eines Produktionssystems im dreidimensionalen Koordinatensystem jeweils ein Quader, der aus der Multiplikation der drei Bestimmungsgrößen Intensität, Einsatzzeit und Kapazitätsquerschnitt resultiert. Daraus folgt, dass die Kapazität eines Produktionssystems durch die Veränderung der Beträge der einzelnen Bestimmungsgrößen variiert und somit entweder vergrößert oder reduziert werden kann. Derartige Variationen finden im Rahmen der so genannten (d,t,q)-Anpassungsmaßnahmen statt. Es handelt sich dabei also um intensitäts-

54 Vgl. Corsten, H. (2004), S. 12.
55 Vgl. Corsten, H. (2004), S. 13.
56 Vgl. Zahn, E./Schmid, U. (1996), S. 124.
57 Vgl. Zahn, E./Schmid, U. (1996), S. 124.
58 Vgl. Zahn, E./Schmid, U. (1996), S. 124.

mäßige (d), zeitliche (t) und quantitative (q) Kapazitätsanpassungsmaßnahmen, um das Kapazitätsangebot an die Kapazitätsnachfrage anzupassen, was nachfolgend näher betrachtet wird.[59]

Abb. 13: Bestimmungsgrößen der Maximal- und der Normalkapazität von Produktionssystemen

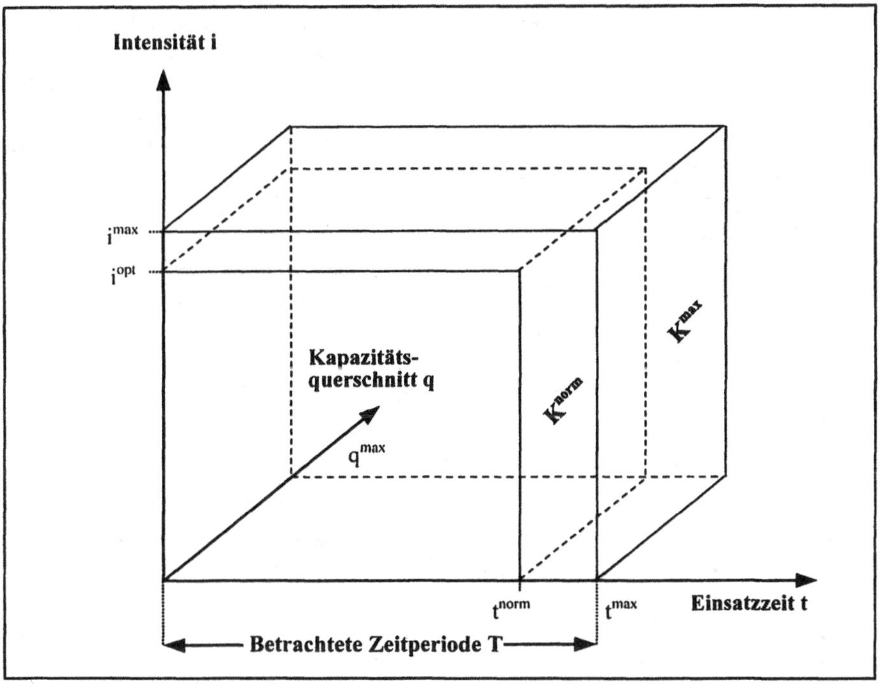

(Quelle: Zahn, E./Schmid, U. (1996), S. 125)

Im Rahmen dieser Arbeit stehen nachfolgend ausschließlich die Kapazität und die Kapazitätsanpassungsmaßnahmen bzgl. der technischen Ausstattung und somit der technischen Produktionsfaktoren/-systeme im Mittelpunkt, wobei die zu erarbeitenden Konzeptionen und Ergebnisse entsprechend auf das Personal durchaus übertragbar sind.[60]

59 Vgl. Kaluza, B. (1984), S. 293.

60 Zur Übertragung technischer Kapazitätsbetrachtungen auf das Personal als Produktionsfaktor/-system vgl. REFA Teil 2 (1991).

3.5.2 Innerbetriebliche Kapazitätsanpassung

Um die Divergenz zwischen Kapazitätsangebot und Kapazitätsbedarf innerhalb eines Unternehmens zu beseitigen, lässt sich einerseits der Kapazitätsbedarf dem Kapazitätsangebot anpassen und andererseits das Kapazitätsangebot dem Kapazitätsbedarf. Beide Möglichkeiten können auch gleichzeitig durchgeführt werden.[61]

Die Anpassung des Kapazitätsbedarfs an das Angebot wird als Belastungsanpassung bezeichnet und stellt im Eigentlichen keine Kapazitätsanpassung dar.[62] Die Belastungsanpassung zielt darauf ab, dass der einer Teilperiode zunächst zugeordnete Auftragsbestand hinsichtlich der betrachteten Kapazitätseinheit variiert wird, sodass die Summe der mit dem neu festgesetzten Auftragsbestand verbundenen Belegungszeiten dem Kapazitätsangebot entspricht. Ist die Kapazitätsnachfrage höher bzw. geringer als das Angebot, können etwa folgende Abstimmungsmaßnahmen erfolgen:[63]

- Zeitliche Verlagerung (Vorziehen oder Hinausschieben) von Gesamt- bzw. Teillosen, die der betrachteten Periode zugeordnet sind, in Perioden mit Kapazitätsüberangebot bzw. umgekehrt bei Kapazitätsüberangebot in der betrachteten Periode
- Erhöhung/Verkleinerung der Losgrößen und
- Fremdvergabe von Gesamt- bzw. Teillosen, die der betrachteten Periode zugeordnet sind bzw. Eigenfertigung von gewöhnlich fremdgefertigten Teilen

Im Rahmen dieser Arbeit ist vor allem die Anpassung des Kapazitätsangebots an den Kapazitätsbedarf von Interesse. Derartige Anpassungen werden als Kapazitätsanpassungsmaßnahmen bezeichnet. Ziel ist es dabei, durch eine Änderung der für eine Teilperiode und Arbeitsplatzgruppe zunächst ausgewiesenen potenziellen Belegungszeiten derart zu verändern, dass die Summe der neu festgesetzten Belegungszeiten genau der Kapazitätsnachfrage entspricht. Abb. 14 zeigt die möglichen Kapazitätsanpassungsmaßnahmen innerhalb eines Unternehmens auf.

Es handelt sich hierbei somit um die bereits in Kapitel 3.5.1 angesprochene Variation der Bestimmungsgrößen Intensität, Einsatzzeit und Kapazitätsquerschnitt, also um (d,t,q)-Anpassungsmaßnahmen. Die einzelnen Größen können dem Anpassungsproblem entsprechend in Kombination variabel und/oder konstant angepasst werden.[64]

Ein Produktionsfaktor/-system wird zeitlich angepasst, indem etwa durch Überstunden/Kurzarbeit oder eine zusätzliche Schicht die produktive Zeit innerhalb einer Periode variiert wird.

---

61 Vgl. Glaser, H./Geiger, W./Rohde, V. (1992), S. 180 f.

62 Vgl. Wöhe, G./Döring, U. (2005), S. 416.

63 Vgl. Gutenberg, E. (1983), S. 354 ff.; Glaser, H./Geiger, W./Rohde, V. (1992), S. 482; Höck, M. (1998), S. 20; Kurbel, K. (1999), S. 157 f.

64 Vgl. Adam, D. (1993), S. 237.

Abb. 14: Formen kapazitativer Anpassung innerhalb eines Unternehmens

ohne Änderung des eingesetzten Betriebsmittelbestandes	zeitliche Anpassung (t)	
	intensitätsmäßige Anpassung (d)	
mit Änderung des eingesetzten Betriebsmittelbestandes	intensitätsmäßige Anpassung (d)	
	homogene (multiple) Anpassung	selektive Anpassung

(Quelle: Kaluza, B. (1984), S. 293)[65]

Die intensitätsmäßige Anpassung liegt vor, wenn die Produktionsgeschwindigkeit des Faktors/Systems erhöht oder verringert wird.

Die quantitative Anpassung besteht in einer Veränderung des Kapazitätsquerschnitts und damit der Zahl der produzierenden Aggregate. Die zusätzlichen Aggregate können ebenfalls zeitlich und intensitätsmäßig angepasst werden. Bei der quantitativen Anpassung kann im Wesentlichen zwischen homogener (multipler) und selektiver Anpassung unterschieden werden. Eine homogene (multiple) Anpassung liegt vor, wenn die zugeschalteten Aggregate die gleiche qualitative Kapazität besitzen. Eine selektive Anpassung zeichnet sich dadurch aus, dass die zugeschalteten Aggregate eine unterschiedliche qualitative Kapazität besitzen, was mit höheren oder niedrigeren Intensitäten und/oder höheren bzw. niedrigeren Produktionskosten und auch mit unterschiedlichen Fertigungsqualitäten einhergehen kann.[66]

3.5.3 Zwischenbetriebliche Kapazitätsanpassung

Hinsichtlich einer kundenindividuellen Massenproduktion in KMU-Produktionsnetzwerken des Maschinen- und Anlagenbaus auf der Basis von Überkapazitäten entsprechend der in Kapitel 2.8 formulierten Krisenbewältigungsstrategie kommt der zwischenbetrieblichen Kapazitätsanpassung besondere Bedeutung zu. Dieses begründet sich daraus, dass der innerhalb eines Unternehmens zu fertigende Anteil am Gesamtprodukt auf der Basis innerbetrieblicher Überkapazitäten herzu-

65 Vgl. hierzu auch Gutenberg, E. (1983), S. 354 ff.; Horváth, P/Mayer, R. (1986), S. 71; Zahn, E./Schmid, U. (1996), S. 482; Wöhe, G./Döring, U. (2005), S. 416.

66 Vgl. Schmidt, R (1967), S. 33 ff.; Gutenberg, E. (1983), S. 354; Horváth, P/Mayer, R. (1986), S. 71.

stellen ist und diese in Abhängigkeit von der Auftragslage bzgl. des generellen Produktionsprogramms und auch der Krisenstrategie abgeleiteten Produktsparte als dynamisch schwankend anzusehen sind.

Besteht aufgrund der dynamischen Schwankungen innerhalb eines Unternehmens des Produktionsnetzwerkes eine Divergenz zwischen Kapazitätsangebot und -bedarf bzgl. des Eigenfertigungsanteils in der Art, dass der Bedarf höher als das Angebot ist und die Divergenz nicht auf Basis der in Kapitel 3.5.2 gezeigten innerbetrieblichen (d,t,q)-Anpassungen beseitigt werden kann, ist eine kurzfristige Kapazitätsanpassung auf zwischenbetrieblicher Ebene im Rahmen der operativen Fertigungssteuerung in Erwägung zu ziehen.

Wie bereits in Kapitel 3.5.2 angemerkt, wird in der betriebswirtschaftlichen Literatur betont, dass es sich bei einer kurzfristigen kapazitätsbedingten Auslagerung von Eigenfertigungsaufträgen, was als alternierende Fremdvergabe bezeichnet werden kann[67], um eine Belastungsanpassung handle, da nicht das Kapazitätsangebot, sondern nur der -bedarf innerhalb eines Unternehmens variiert werden. Dieses begründet sich daraus, dass das Unternehmen als geschlossenes System betrachtet wird und damit per Definition Kapazitätsanpassungsmaßnahmen nur innerhalb der Systemgrenze durchgeführt werden können.

Führt man sich jedoch vor Augen, dass ein Produktionsnetzwerk ein übergeordnetes System von Unternehmen darstellt, die dann innerhalb des Systems nur noch Subsysteme sind, wird davon ausgegangen, dass (d,t,q)-Anpassungsmaßnahmen auf die zwischenbetriebliche Ebene ausgeweitet werden können. Diese These wird auch durch den ressourcenbasierten Ansatzes impliziert, da dieser neben einer gemeinsamen Nutzung komplementärer (sich ergänzender) Ressourcen auch eine gemeinsame Nutzung redundanter Ressourcen mit einschießt.[68]

Busse von Colbe prägt erstmals den Begriff „zellulare Anpassung“ im Zusammenhang mit der quantitativen Kapazitätsanpassung durch zwischenbetrieblichen Zusammenschluss jeweils unternehmensinterner Produktionssysteme.[69]

Dieser begrifflichen Bestimmung wird im Rahmen dieser Arbeit gefolgt und dahingehend erweitert, dass eine zellulare Anpassung nicht nur die quantitative, sondern auch gleichzeitig in Kombination eine zeitliche und/oder intensitätsmäßige Anpassung beinhalten kann.

---

67 Zum Begriff der alternierenden Fremdvergabe vgl. Schuh, G. (2006), S. 692 ff.

68 Zum ressourcenbasierten Ansatz vgl. u.a. Schräder, A. (1996), S. 53; Mellewigt, T. (2003), S. 51 ff.; Zimmermann, F. (2003), S. 109 ff.

69 Vgl. Busse v. Colbe, W. (1964), S. 116 ff.

3.5.4 Forschungsstand zur zwischenbetrieblichen Kapazitätsanpassung

Der Ansatz der kurzfristigen zwischenbetrieblichen Kapazitätsanpassung ist hinsichtlich seiner Umsetzung bisher nur ungenügend erforscht.

Eine alternierende Fremdvergabe impliziert, dass mindestens zwei Unternehmen im Rahmen der operativen Fertigungssteuerung miteinander derartig zusammenarbeiten, dass einer oder mehrere Produktionsprozesse zur Herstellung eines Produktes und/oder dessen Komponenten in einem und/oder in beiden Unternehmen durchgeführt werden können, um den geforderten Leistungsoutput in qualitativer, quantitativer und zeitlicher Hinsicht zu realisieren. Dieser Ansatz wird als „Make Together-Entscheidung“ bezeichnet.[70]

Aus diesem Grund wird der frühzeitige Einbezug des kooperierenden Auftragnehmers in die Produktionsprozessentwicklung[71] als wesentlicher Erfolgsfaktor zur Ermöglichung einer alternierenden Fremdvergabe propagiert.[72] Trotzdem bestehen die derzeitigen Forschungslücken u.a. gerade darin, dass Konzeptionen alternierender Fremdvergaben einerseits von bereits vollständig bekannten Informationen hinsichtlich der Produktspezifikationen und damit von definierten Fertigungsprozessfolgen ausgehen, was hinsichtlich des zu individualisierenden Anteils etwa kundenindividueller Massenprodukte als fragwürdig erscheint. Zum anderen wird außer Acht gelassen, dass die fremd zu vergebenden Fertigungsprozessfolgen und Arbeitsschritte, wie propagiert, vorab u.a. einer entsprechenden Produktionsprozessentwicklung zwischen Auftraggeber und Auftragnehmer bedürfen.[73]

Außerdem lassen sich gerade im Zusammenhang mit der Auswahl potenziell fremd zu vergebender Fertigungsprozessfolgen/-ausschnitte und Arbeitsschritte[74] sowie mit der Implementierung dieser Prozesse in die Fertigungsstrukturen der kooperierenden Unternehmen keine spezifischen Konzeptionen finden. Dieses verwundert insofern, da gerade die kurzfristige Fremdvergabe aufgrund interner Kapazitätsengpässe ein wesentliches Potenzial von Produktionsnetzwerken darstellen soll.[75]

Realisierungsansätze einer alternierenden Fremdvergabe beschränken sich etwa auf die Konzeption hinsichtlich einer zwischenbetrieblichen Implementierung von Kapazitätsbörsen, auch unterstützt durch Multiagentensysteme, wodurch eine

70 Vgl. D'Amours et al. (1996), S. 19; Luczack, H./Heiderich, T. (1997), S. 9 ff.; Mertens, P./Griese, J./Ehrenberg, D. (1998), S. 112.

71 Zu den Inhalten der Produktionsprozessentwicklung vgl. Kapitel 3.6.3.

72 Vgl. Westkämper, E. (2000), S. 636.

73 Zu den Mankos s. etwa Wiendahl, H.-P. et al. (1999); Meyer, H./Steven, M. (2000a und 2000b); Windt, K. (2001); Schuh, G. (2006).

74 Zu den Begriffen Fertigungsprozessfolge und dessen Ausschnitte sowie zu den Begriffen Arbeits- bzw. Fertigungsschritt vgl. Kapitel 3.6.3.2.

75 Vgl. Kapitel 2.7.1.

kurzfristige Akkumulation unternehmensfremder Produktionsfaktoren ad hoc stattfinden könne.[76]

Insgesamt wird unterschätzt bzw. missachtet, dass die Implementierung eines Konzepts zur Ermöglichung zwischenbetrieblicher Kapazitätsanpassungsmaßnahmen im Rahmen der operativen Fertigungssteuerung ein komplexes und langfristiges Planungsvorhaben darstellt.

Neben der zwischenbetrieblichen Produktentwicklung muss eine entsprechende Konzeption zusätzlich die gemeinsame Produktionsprozessentwicklung, Produktionsplanung sowie die Implementierung einer geeigneten inner- und zwischenbetrieblichen Fremdvergabeplanung und -steuerung einschließlich der damit einhergehenden Konzeption der zwischenbetrieblichen Materialflusssteuerung beinhalten.

Diese Konzeption stellt eine wesentliche Voraussetzung hinsichtlich einer wertschöpfenden Nutzung innerbetrieblicher Überkapazitäten entsprechend der in dieser Arbeit formulierten Krisenbewältigungsstrategie dar. Sie wird in Kapitel 3.8 entwickelt.

3.6 Der integrierte Produktentwicklungsprozess kundenindividueller Massenprodukte aus innerbetrieblicher Perspektive

Der Produktentwicklungsprozess basiert auf den Ergebnissen und Entscheidungen des Produktplanungsprozesses, in dem das Produktkonzept bzgl. eines neu zu entwickelnden kundenindividuellen Massenprodukts konzipiert wird. Das Ergebnis des Produktentwicklungsprozesses ist das getestete, fertigungsreife und lieferfähige Produkt mit allen für Fertigung, Beschaffung, Logistik, Vertrieb und Service notwendigen Dokumenten. Fertigungsreif bedeutet in diesem Zusammenhang, dass das kundenindividuelle Massenprodukt die Nullserie erfolgreich durchlaufen hat und somit ab diesem Zeitpunkt der Auftragsabwicklungsprozess, der durch den einzelnen Kunden initiiert wird, beginnt.[77]

Nachfolgend werden die Teilprozesse des Produktentwicklungsprozesses nach der Strategie der „integrierten Produktentwicklung" modelliert, die auch als Concurrent Engineering bzw. Simultaneous Engineering bezeichnet werden kann. Dieser Organisationsstrategie werden eine zielgerichtete interdisziplinäre (abteilungsübergreifende) und zwischenbetriebliche Zusammen- und Parallelarbeit in der gesamten Produkt-, Produktions- und Vertriebsentwicklung für den vollständigen Produktlebenslauf verstanden. Der Entwurf des kundenindividuel-

76 Vgl. Luczack, H./Heiderich, T. (1997), S. 9 ff.; Mertens, P./Griese, J./Ehrenberg, D. (1998), S. 112; Meyer, H./Steven, M. (2000b), S. 19; Kurbel, K. (2005), S. 403.

77 Vgl. Schmelzer, H. J./Sesselmann, W. (2002), S. 124 f.

len Massenprodukts und aller produktrelevanten Prozesse erfolgt somit simultan und nicht mehr nacheinander wie in traditionellen Vorgehensweisen. Produktrelevante Prozesse sind insbesondere der Produktionsprozess, der Montageprozess, die Logistik, der Einkauf und der Vertrieb. Die Vorteile der integrierten Produktentwicklung bestehen vor allem in der verbesserten Qualität der Produkteigenschaften und der Verkürzung der Produktlieferzeiten bzw. der Zeiten bis zum Markteintritt (time-to-market).[78]

In Abb. 15 sind die relevanten Teilprozesse des Geschäftsprozesses „Produktentwicklung" und ihr zeitlicher Zusammenhang nach der Strategie der integrierten Produktentwicklung dargestellt.

Wie Abb. 15 zu entnehmen ist, bilden der Geschäftsprozess Produktplanung, zeitlich betrachtet, den direkten Vorgänger und der Geschäftsprozess Auftragsabwicklung den direkten Nachfolger der integrierten Produktentwicklung.

Die bedeutendsten Teilprozesse der integrierten Produktentwicklung sind die eigentliche Produktentwicklung, also die Entwicklung und Konstruktion des kundenindividuellen Massenprodukts, die Produktionsprozessentwicklung, die Beschaffungsplanung und die Vertriebsplanung sowie die in Abb. 15 zusammengefasst dargestellten und über die gesamte zeitliche Dauer des integrierten Produktentwicklungsprozesses verlaufenden Teilprozesse. Diese sind das Projektmanagement, das Zeit- und Kostencontrolling, das Qualitätsmanagement, die Dokumentationserstellung aller relevanten Information zum kundenindividuellen Massenprodukt und die Planung des After-Sales-Service. Außerdem ist im Sinne eines produktintegrierten Umweltschutzes etwa der Aufbau von Rückführungssystemen mit dem Ziel, die gebrauchten kundenindividuellen Massenprodukte im Sinne einer Kreislaufwirtschaft der Produktion wieder zuzuführen.[79]

Für die hier vorliegende Arbeit sind insbesondere die Teilprozesse Produkt- und Produktionsprozessentwicklung sowie auch die Beschaffungsplanung von besonderer Bedeutung und stehen deshalb nachfolgend im Mittelpunkt.

In Kapitel 3.6 wird entsprechend der formulierten Krisenbewältigungsstrategie jedoch ausschließlich die innerbetriebliche Perspektive der integrierten Produktentwicklung kundenindividueller Massenprodukte beleuchtet bzw. konzeptualisiert. In den nachfolgenden Kapiteln 3.9 und 3.10 erfolgt eine Übertragung der Ergebnisse aus innerbetrieblicher Perspektive auf die zwischenbetriebliche, die sich auf die in Kapitel 3.4.2 konfigurierte Supply Chain-Referenzstruktur beziehen wird.

78 Vgl. Schmitt, R. (2001), S. 14 ff.
79 Vgl. Haasis, H.-D. (1994), S. 22.

Abb. 15: Qualitativ zeitlicher Zusammenhang der Teilprozesse des Geschäftsprozesses Produktentwicklung nach der Strategie der integrierten Produktentwicklung

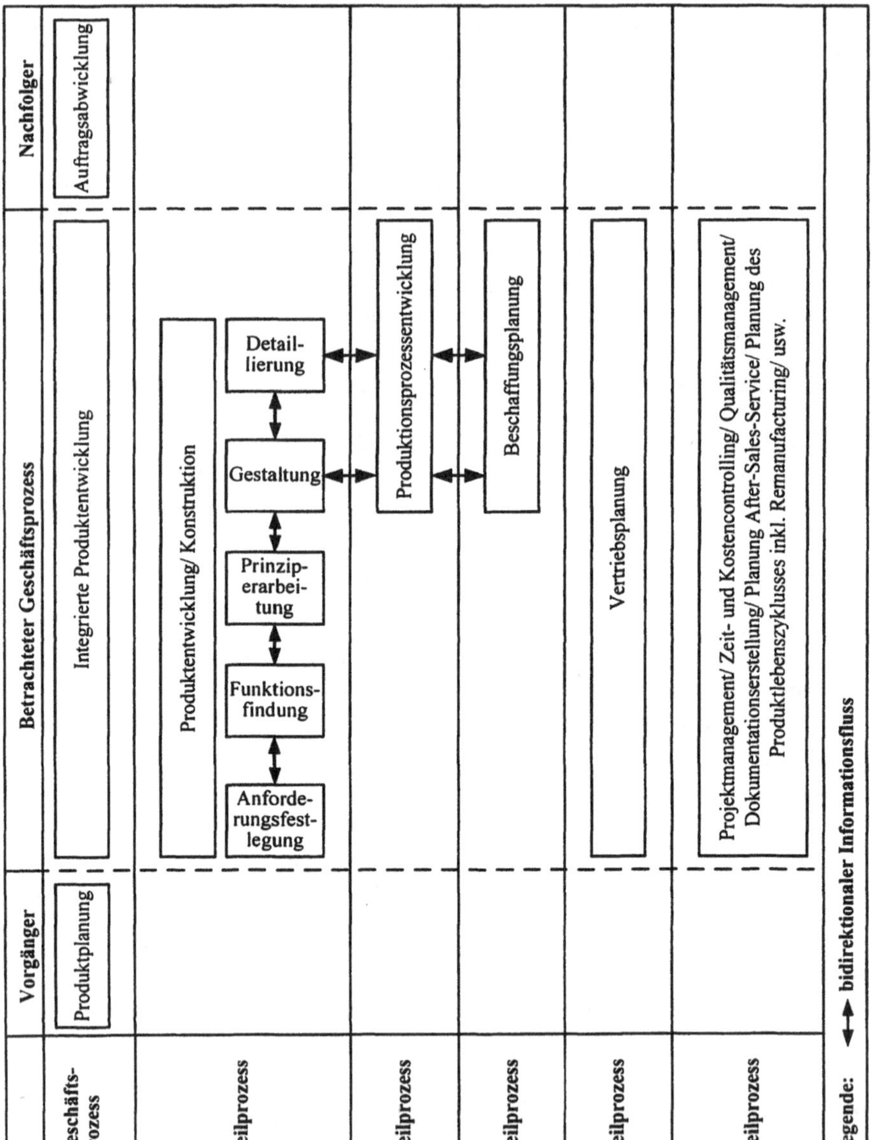

(Quelle: Erweitert nach Westkämper, E. (2000), S. 638; Schmitt, R. (2001), S. 14; Fitzek, D. (2006), S. 63; Westkämper, E. (2006), S. 118)

3.6.1 Beschaffungsplanung

Im direkten Zusammenhang mit dem integrierten Produktentwicklungsprozess eines kundenindividuellen Massenprodukts beinhaltet die Beschaffungsplanung vorwiegend die Aufgabe der Materialflussgestaltung und -optimierung auf unternehmensübergreifender Ebene. Zielkriterium ist hier, die Lieferungen hinsichtlich der zu beschaffenden Produktionsfaktoren in zeitlicher, preislicher und qualitativer Hinsicht zu optimieren. Die Betrachtungsperspektive wird in der Regel auf die im Zuge der industriellen Produktion zu beschaffenden und anschließend innerbetrieblich zu verarbeitenden Materialien und Verbrauchsfaktoren eingeengt.[80]

Diese sind etwa nach Grochla[81] und Tempelmeier[82] sämtliche Verarbeitungsobjekte wie Roh-, Hilfs- und Betriebsstoffe, also der sogenannte Tertiärbedarf, der im Rahmen dieser Arbeit nicht weiter betrachtet wird, sowie Halbzeuge und Halbfabrikate. Darüber hinaus finden zunehmend nichtstoffliche Verbrauchsfaktoren wie Dienstleistungen, Informationen und Rechte (etwa Patente) Berücksichtigung, die nachfolgend ebenfalls nicht von Relevanz sind.[83]

Bedeutend für die weiteren Verlauf dieser Arbeit ist der Aspekt der Beschaffungsplanung und -steuerung der kundenneutralen und -spezifischen Halbzeuge und Halbfabrikate als Bestandteile des kundenindividuellen Massenprodukts zwischen den jeweiligen Wertschöpfungsstufen der konfigurierten Supply Chain-Referenzstruktur.[84]

Die aus der Strategieformulierung abzuleitende Konzeption der Beschaffungsplanung und -steuerung innerhalb der Supply Chain-Referenzstruktur sowie die der akteursspezifischen Beschaffung im Rahmen einer kapazitativen, alternierenden Fremdvergabe werden in Kapitel 3.8, 3.9 und 3.10 entwickelt.

Im Rahmen der nachfolgenden Konzeption der integrierten Produktionsprozessentwicklung zur Erstellung kundenindividueller Massenprodukte entsprechend der formulierten Krisenbewältigungsstrategie aus innerbetrieblicher Perspektive wird die Beschaffungsplanung daher nicht behandelt.

3.6.2 Produktentwicklung/Konstruktion

Die einzelnen Konstruktions- bzw. Produktentwicklungsphasen können Abb. 16 entnommen werden. Sie stellen dabei eine methodisch flexible und nachhaltige Vorgehensweise des Deutschen Instituts für Normung e.V. (DIN e.V.) zur Neuentwicklung von Produkten dar. Die Vorgehensweise spiegelt sich in zahlreicher

---

80 Vgl. Zahn, E./Schmid, U. (1996), S. 173.
81 Vgl. Grochla, E. (1978), S. 15.
82 Vgl. Tempelmeier, H. (1995), S. 2 f.
83 vgl. Stahlmann, V. (1988), S. 33 f.; Hahn, D./Laßmann, G. (1990), S. 329.
84 Vgl. hierzu Kapitel 3.1; Kapitel 3.3; Kapitel 3.4; Kapitel 3.4.1; Kapitel 3.4.2.

DIN-Richtlinien[85] wider. Einerseits wird die Produktentwicklung dabei in einzelne Phasen eingeteilt und zum anderen werden diesen Phasen die jeweils durchzuführenden Arbeitsschritte zugeordnet. In der Praxis wird aufgrund der Vielfalt der Einflussgrößen und Entscheidungsprozesse im Laufe der Produktentwicklung innerhalb einer Phase und phasenübergreifend iterativ vorgegangen. Es resultieren für jede Phase Arbeitsergebnisse, die vom DIN ebenfalls definiert und inhaltlich beschrieben werden. Vor allem die VDI 2210E (1975) sowie die VDI 2221 (1993) finden im Rahmen der Produktentwicklung breite Akzeptanz, da in diesen die vielfältigen konstruktionswissenschaftlichen Ansätze hinsichtlich Inhalt, Struktur und Terminologie in kompakter Form vereinheitlicht werden.[86]

Gräßler (2004, S. 99 ff.) wendet die Phasen der VDI 2210E, ergänzt um die Phase Anforderungsfestlegung, an und erweitert die darin beschriebene übliche Produktenwicklung um den Aspekt der Vorgehensweise bei der Entwicklung individueller Massenprodukte nach der Konzeption kundenindividueller Baukästen.[87] Da gerade die Besonderheiten bei der Entwicklung individueller Massenprodukte für die hier vorliegende Arbeit von besonderer Bedeutung sind, basiert die nachfolgende Analyse des Konstruktions- bzw. Produktentwicklungsprozesses kundenindividueller Massenprodukte insbesondere auf wesentlichen Untersuchungsergebnisse von Gräßler zu dieser Thematik.

Das Analysieren der Phasen ist insbesondere dazu notwendig, um nachfolgend die Aufgaben der Akteure auf den jeweiligen Wertschöpfungsstufen der konfigurierten Supply Chain-Referenzstruktur im Rahmen der integrierten Produktentwicklung eines kundenindividuellen Moduls als Teil des Gesamtprodukts aus inner- und zwischenbetrieblicher Perspektive definieren zu können.[88]

Abb. 16 zeigt die Konstruktions- bzw. Produktentwicklungsphasen, erweitert um die Phase Anforderungsfestlegung, nach VDI 2210E auf. Um die begriffliche Zuordnung zu weiteren VDI Richtlinien sicherzustellen, werden den einzelnen Phasen die Arbeitsschritte sowie die daraus resultierenden Arbeitsergebnisse nach DIN 2221 zugeordnet. Die nachfolgende Darstellung der Produktentwicklung individueller Massenprodukte folgt anhand der Struktur in Abb. 16.

---

85 Vgl. hierzu auch VDI 2210E (1975); VDI 2221 (1993); VDI 2222 (1997).

86 Vgl. etwa Gräßler, I. (2004), S. 99 ff.; Westkämper, E. (2006), S. 121 ff.

87 Zur Konzeption modularer Baukastensysteme vgl. Kapitel 3.1.

88 Zur konfigurierten Supply Chain-Referenzstruktur vgl. Kapitel 3.4.2.

Abb. 16: Phasen der Produktentwicklung/Konstruktion nach VDI 2210E und VDI 2221

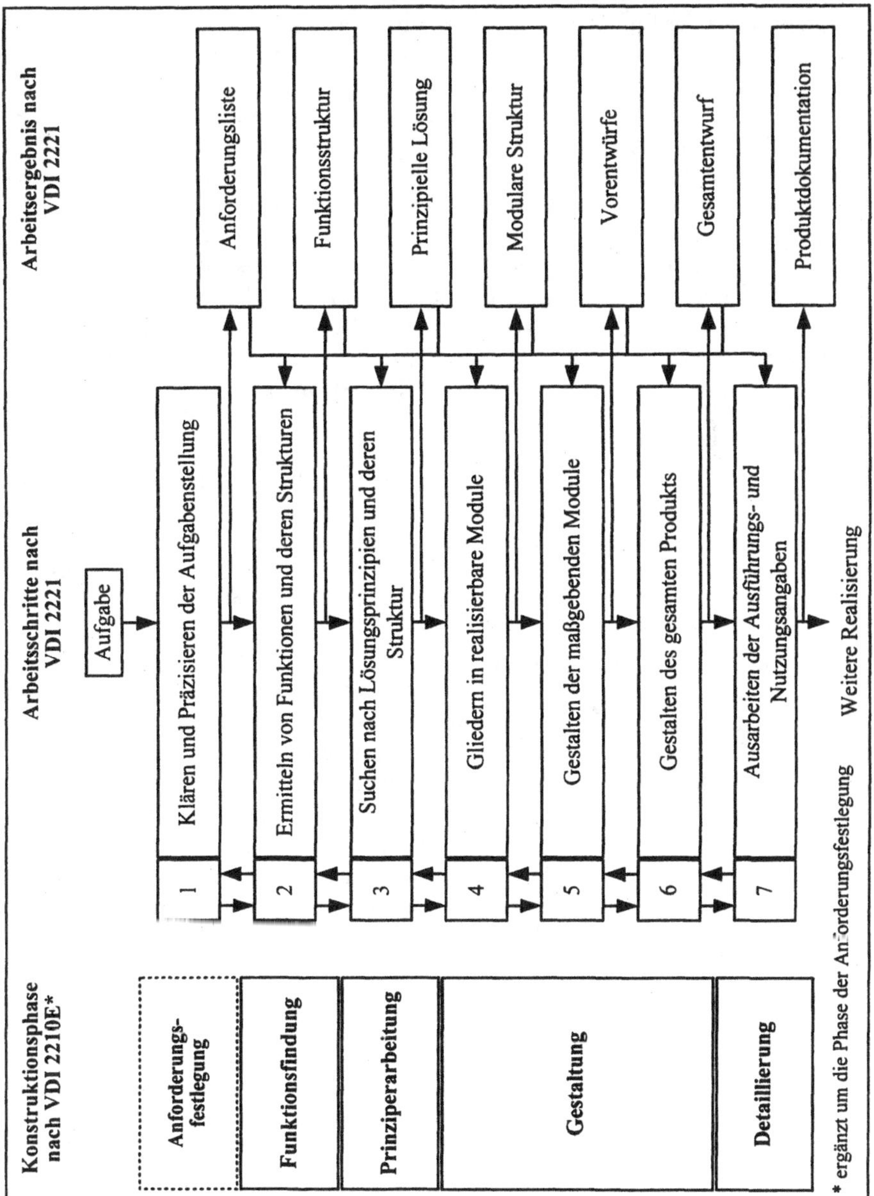

(Quelle: Gräßler, I. (2004), S. 98)

Phase 1: Anforderungsfestlegung

Ausgangspunkt der Entwicklungsmethodik nach VDI 2210E bilden das Klären und Präzisieren der kundenindividuellen Anforderungen an das zukünftige individuelle Massenprodukt. Wie in Abb. 15 dargestellt, ist hierzu vorab das Durchlaufen der Phasen der strategischen und operativen Produktplanung vonnöten, die u.a. neben der Identifikation strategischer Geschäftsfelder und Wettbewerbsstrategien[89] die Produktfindung beinhalten.[90] Das Ergebnis der Anforderungsfestlegung ist ein Pflichtenheft, das die zu standardisierenden und zu individualisierenden Produktmerkmale einschließlich ihrer Variationsbandbreiten dokumentiert. Neben der Definition des aktuell geplanten Funktionsumfangs des Neuprodukts sollte im Rahmen der Pflichtenhefterstellung ein Ausblick auf die Produkteigenschaften gegeben werden, die zunächst nicht enthalten sind, aber in einer Ausbaustufe während des bestehenden Mass Customization Produktionsprogramms Anpassungen an individuelle Kundenwünsche kurzfristig und flexibel ermöglichen.[91]

Phase 2: Funktionsfindung

Ziel der Phase 2 ist die Partitionierung der funktionalen Produktarchitektur. Hier werden die übergreifenden Funktionen, Teilfunktionen und Funktionsstrukturen des kundenindividuellen Produktes in die durch die einzelnen Disziplinen zu erfüllenden Anteile zerlegt. Neben der Partitionierung der Gesamtfunktionen in die einzelnen Disziplinen wird nach Standards, diskret abgestuften, variablen sowie individuellen Funktionen differenziert. Eine Funktion ist der abstrakt allgemein beschriebene Wirkzusammenhang zwischen Eingangs-, Ausgangs- und Zustandsgrößen eines Systems (VDI 2222, 1977), wobei die Eingangs- und Ausgangsgrößen sich in Form von Energie, Stoff (Materie) und Nachricht (Signal, Information) darstellen lassen. Die Disziplinen stellen die Bereiche dar, in denen die Funktionen jeweils umgesetzt werden. Ein mechatronisches Produkt beinhaltet etwa die Disziplinen Mechanik, Elektronik und Software.[92] Zentrales Ergebnis ist eine funktionale Produktarchitektur, die zeigt, aus welchen Teilfunktionen und der sie beinhaltenden Disziplinen die Gesamtfunktion des kundenindividuellen Produkts besteht. Dabei wird insbesondere hinsichtlich der Kundenindividualisierung geklärt, welche Teilfunktionen in welchen Disziplinen standardisiert, variabel und individuell[93] umgesetzt werden sollen.

---

89 Zur Begründung einer Mass Customization als Wettbewerbsstrategie vgl. Kapitel 2.5.

90 Zu den Inhalten und zur methodischen Vorgehensweise während der Produktplanung vgl. u.a. Westkämper, E. (2006), S. 118 ff.

91 Vgl. Smith, P. G./Reinertsen, D. G. (1991); Gräßler, I. (2004), S. 88.

92 Vgl. Gräßler, I. (2004), S. 104 ff.

93 Individuelle Funktionen müssen ebenfalls in die Funktionsstruktur des individuellen Massenprodukts integriert bzw. geplant und deshalb während aller Entwicklungsphasen mit betrachtet werden. Im Gegensatz zu variablen Funktionen müssen bei individuellen Funktionen die Eingangs-, Zustands- und Ausgangsgrößen jeden Wert und damit nicht nur Wertevarianten,

Phase 3: Prinziperarbeitung

Aufbauend auf der funktionalen Produktarchitektur, werden im Rahmen der Prinziperarbeitung geeignete Wirkprinzipien für die nach Disziplinen zerlegten standardisierten, variablen und individuellen Teilfunktionen ermittelt. Den Teilfunktionen werden wiederum physikalische, chemische, biologische, mathematische und andere Effekte zugeordnet.[94] Nach einer Verträglichkeitsprüfung jedes Effektes mit den Effekten benachbarter Teilfunktionen ergibt sich als Arbeitsergebnis die Effektstruktur. Den Effekten der Teilfunktionen werden die ersten geometrischen und stofflichen Konstruktionsmerkmale und somit Wirkprinzipien zugeordnet. Die Verknüpfung der Wirkprinzipien der Teilfunktionen zur Wirkstruktur entsprechend der Funktionsstruktur ergibt die Gesamtfunktion des Produktes und bildet als Ergebnis der Phase 3 die so genannte Prinziplösung.

Phase 4: Gestaltung

In Phase 4 werden die Wirkstruktur und die sie beinhaltende Funktions- und Effektstruktur der Prinziplösung, die bereits in Standards, Varianten und Individuallösungen differenziert ist, in eine physische Produktarchitektur, die als Gesamtentwurf das Ergebnis der vierten Phase darstellt, umgesetzt. Die physische Produktarchitektur besteht aus der physischen Baustruktur etwa mechanischer, elektrischer, elektronischer sowie anderer Einzelteile, Baugruppen und Module sowie aus der logischen Programmstruktur zum Produkt eventuell dazugehöriger Software.

Um die physische Produktarchitektur zu erzeugen, wird im ersten Schritt untersucht, welche Funktionen bzw. Wirkungen durch welche Einzelteile getrennt oder gemeinsam erfüllt werden können. Nach Festlegung und Dimensionierung der Einzelteilgeometrie, dazugehöriger Werkstoffe usw. werden diese zu Baugruppen und Modulen unter Berücksichtigung der räumlichen Lage zueinander zusammengefasst. Bei einem individuellen Massenprodukt ist hierbei insbesondere darauf zu achten, dass nach Möglichkeit voneinander jeweils unabhängige standardisierte, variable und individuelle Module entstehen. Die Unabhängigkeit zwischen den Modulen wird durch die Spezifikation standardisierter Schnittstellen und die Beschränkung der Wechselwirkungen zwischen den Modulen sichergestellt.[95] Zusätzlich sollte bei der Schnittstellendefinition die Schaffung standardisierter Anschlussbedingungen für zukünftige Module etwa im Rahmen der Erweiterung des Angebotsspektrums durch erweiterte Module einen wesentlichen Entwicklungsfaktor darstellen.

---

zumindest innerhalb eines Spektrums, annehmen können. Dieses erhöht natürlich den Entwicklungsaufwand, da teilweise mit unbekannten Informationen gearbeitet werden muss.

94 Zur Zusammenstellung möglicher Effekte vgl. Koller, R. (1985).

95 Schnittstellen werden durch Signal-, Energie- und Kraftflüsse sowie Anschlussmaße und ggf. weiteren Anschlussbedingungen beschrieben.

Der Vorgang der Erstellung der physischen Produktarchitektur wird in der Praxis mehrmals durchlaufen. Im Ergebnis erhält man einen groben Gesamtentwurf des kundenindividuellen Produktes, dessen Einzelteile, Baugruppen und Module grob gestaltet sind, wobei sich die Module durch ihre Unabhängigkeit, Rekombinierbarkeit und Trennung zwischen Standardisierung, Variabilität und Individualität auszeichnen.

Phase 5: Detaillierung

Die Phase der Detaillierung besteht aus den beiden Aufgabenkomplexen Feingestaltung des Gesamtentwurfs der Phase 4 und der Produktdokumentation des entwickelten kundenindividuellen Massenprodukts.

Feingestaltung: Im Zuge der Feingestaltung werden die bereits grob gestalteten Einzelteile, Baugruppen und Module des Gesamtentwurfs detailliert ausgearbeitet und mit Hilfe von Berechnungs- und Simulationsverfahren optimiert.[96] Bei individuellen Massenprodukten ist hier insbesondere den Aspekten der Modularität, Kompatibilität, der Kapselung von Modulen und der Kopplung von Varianzmöglichkeiten besondere Aufmerksamkeit zu widmen. Im Zuge der Feingestaltung wird ebenfalls untersucht, ob die Schnittstellen zwischen den Modulen, basierend auf dem Gesamtkonzept der Phase 4, eingehalten werden können oder verändert werden müssen. Die Arbeitsergebnisse der Feingestaltung sind Input für die Teilphase Produktdokumentation.

Produktdokumentation: Aufgabe der Produktdokumentation ist das Dokumentieren der Ergebnisse aller Entwicklungsphasen. Darüber hinaus werden Regeln und Abläufe für Nutzung und Aufrechterhaltung des Produktionsprogramms des kundenindividuellen modularen Baukastensystems definiert.

Dazu wird im ersten Schritt der Gültigkeitsbereich des Produkts festgelegt, der durch vier Dimensionen beschrieben wird.[97] Die beiden Dimensionen Individualisierungs- und Standardisierungsspektrum dokumentieren zum einen die Variabilität des Produkts und zum anderen den Standardisierungsanteil auf Einzelteil-Baugruppen- und Modulebene. Aus der Produktionsperspektive werden mithilfe der dritten Dimension, dem Produktionsspektrum, die Bandbreite der definierten Vorzugstechnologien, mit der die jeweiligen Varianten gefertigt werden sollten, sowie die notwendigen Verfahrensflexibilitäten der Fertigungstechnologien dokumentiert. Die vierte Dimension, die zeitliche Stabilität, stellt u.a. die angestrebte Lebensdauer des Produktionsprogramms und damit bereits eine Generationsplanung dar.

---

96 Zur detaillierten Konstruktion vgl. etwa Roloff, H./Matek, W. (1994) sowie Beitz, W./Grote, K.-H. (2005).

97 Vgl. Gräßler, I. (2004), S. 142 f.

Ebenfalls findet in vielen Fällen eine softwareunterstützte Integration und anschließende Verwaltung standardisierter, variabler und individueller Einzelteile-, Baugruppen- und Module statt. Zusätzlich werden entsprechende Parametrisierungs- und Ableitungsmechanismen in die rechnerinternen Geometriemodelle integriert. Die dazu geeignete IT-Unterstützung besteht etwa in einer Kopplung von CAD, CAP, CAM und CAQ.[98] Je nach informationstechnischem Integrationsgrad können durch diese Vorgehensweise im Idealfall als Ergebnis der Dokumentationsphase u.a. variantenspezifische und damit sämtliche auf den modularen Baukasten basierende variable Einzelteil- und Zusammenbauzeichnungen, Stücklisten, Betriebanleitungen, Benutzerhandbücher, FMEAs, Schmierpläne, Arbeits- und Montagepläne sowie entsprechende NC-Programmierungen teilweise automatisch erzeugt werden.[99] Trotzdem ist gerade hierzu eine kontinuierliche Rückkopplung mit der nachfolgend dargestellten Produktionsprozessentwicklung notwendig.

3.6.3 Produktionsprozessentwicklung

Wie Abb. 15 zu entnehmen ist, setzt die eigentliche Produktionsprozessentwicklung, die auch als Produktionsprozessplanung bezeichnet wird, ab der Gestaltungsphase des Produktentwicklungs- bzw. Konstruktionsprozesses zeitlich parallel ein. Die Produktionsprozessentwicklung beinhaltet aus innerbetrieblicher Sicht einerseits die systematisch vorbereitete Festlegung der zeitlichen und örtlichen Reihenfolge von Aktionen (Be- und Verarbeitungs- sowie hiermit verbundene Transport- und Lagervorgänge) zur Durchführung von Produktionsaufträgen für Vor-, Zwischen- und Endprodukte bei grundsätzlich gegebenen Produktionsfaktorbestand unter Beachtung der Zielgrößen Zeit, Kosten und Qualität. Andererseits beinhaltet sie gleichzeitig die systematisch vorbereitete Festlegung des zeitlichen und örtlichen Einsatzes der Produktionsfaktoren bestimmter Qualität und Quantität zur Durchführung der in Reihenfolge festgelegten Aktionen, ebenfalls unter Beachtung der o.g. Zielgrößen.[100]

Bezogen auf die Herstellung kundenindividueller Massenprodukte, bedeutet dieses, dass im Rahmen der Produktionsprozessentwicklung zum einen die zur unternehmensinternen Herstellung von Einzelteilen, Unterbaugruppen, Baugruppen und Modulen notwendigen Fertigungsschritte einschließlich der Montage festgelegt und zu Fertigungsprozessfolgen verknüpft werden müssen. Zum anderen werden den Fertigungsschritten bzw. Arbeitsgangfolgen die entsprechenden qualitativen und quantitativen Kapazitäten an Betriebsmitteln und Personal zugeordnet sowie eine optimierte räumliche Anordnung der Produktionssysteme

98 Vgl. u.a. Kurbel, K. (1995), S. 316 ff.; Westkämper, E. (2006), S. 122.
99 Vgl. Kurbel, K. (1995), S. 316 f.
100 Vgl. Hahn, D./Lassmann, G. (1989), S.10 ff.

einschließlich ihrer logistischen Verkettung durch Lager- und Transportsysteme angestrebt. Das Ziel besteht darin, die prognostizierte Zahl individueller Massenprodukte in der vom Kunden gewünschten Lieferzeit und Qualität mit möglichst hohem betrieblichen Deckungsbeitrag zu realisieren.

Zur Herstellung des kundenindividuellen Massenprodukts entsprechend der in dieser Arbeit formulierten Krisenbewältigungsstrategie stehen ausschließlich die betrieblichen Überkapazitäten zur Verfügung und damit liegt, wie bereits erwähnt, eine Wechselproduktion vor, bei der das generelle Produktionsprogramm gegenüber dem des kundenindividuellen Massenprodukts Fertigungspriorität hat. Wie Abb. 17 zu entnehmen ist, müssen aufgrund dieser Restriktionen im Zuge der innerbetrieblichen Produktionsprozessentwicklung neben der üblichen Schnittstelle zur Produktentwicklung/Konstruktionen insbesondere die Schnittstellen zur Produktionsplanung und zur Fertigungssteuerung, die auch als Produktionssteuerung bezeichnet wird, berücksichtigt werden. Die Schnittstellen werden nachfolgend im Einzelnen näher untersucht und anschließend die wesentlichen Ergebnisse der Produktionsprozessentwicklung kundenindividueller Massenprodukte entsprechend der Strategieformulierung aus innerbetrieblicher Perspektive zusammengefasst.

Zum Verständnis der nachfolgenden Untersuchungen erfolgt vorab eine kurze Darstellung der wesentlichen Grunddaten, die zur Produktionsprozessentwicklung einschließlich der Schnittstellenbetrachtungen benötigt werden.

Abb. 17: Planungsschnittstellen der innerbetrieblichen Produktionsprozessentwicklung

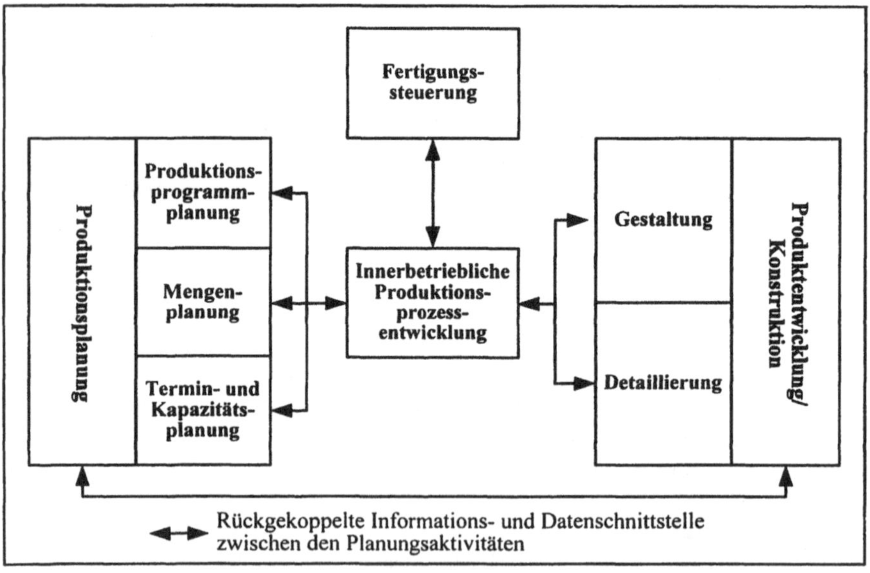

(Quelle: Eigene Darstellung)

3.6.3.1 Datengrundlage der Produktionsprozessentwicklung

Die wesentlichen Grunddaten, die zur Produktionsprozessentwicklung und den Planungsaktivitäten innerhalb der in Abb. 17 gezeigten Schnittstellen heranzuziehen sind, können je nach informationstechnischem Integrationsgrad dem betrieblichen Produktionsplanungs- und Steuerungssystem (PPS-System) entnommen werden. Hier sind in erster Linie etwa

- Teilestamm-, Erzeugnisstruktur- und Arbeitsplandaten der im Unternehmen hergestellten Produkte sowie
- Betriebsmittel-, Personal- und Fertigungsstrukturdaten

zu nennen.[101] Anzumerken ist, dass Teilestamm-, Erzeugnisstruktur- sowie Arbeitsplandaten nur bei Produkten vollständig vorliegen können, deren Produkt- und Produktionsprozessentwicklung bereits abgeschlossen ist. Betriebsmittel-, Arbeitsplatz- und Fertigungsstrukturdaten sind vom jeweiligen Produkt unabhängige Daten.

Teilestammdaten

Der Begriff „Teil" wird als Oberbegriff für Endprodukte, Baugruppen, Einzelteile, Rohmaterial etc. verwendet. Für jedes Teil, ob nun Endprodukt oder Einzelteil, existiert jeweils eine Teilestammdatei, in der etwa folgende wichtige Attribute über ein Teil gespeichert sind[102]:

- Teilenummer
- Variantenkennzeichen
- Teilebeschreibung
- Teileart (Endprodukt, Baugruppe, Einzelteil usw.)
- Dispositionsart (Eigen- und/oder Fremdfertigung)
- Zeichnungsnummer
- Konstruktionsdaten
- Wiederbeschaffungszeit
- Eigenfertigungs- oder Fremdbezugsteil
- Produktionsdaten (Durchlaufzeit usw.)
- Kalkulationskosten (Maschinenkosten, Lagerkostensatz usw.).

Erzeugnisstrukturdaten

In den Erzeugnisstrukturen wird die Zusammensetzung der Teile aus ihren Bestandteilen festgehalten. Hieraus geht hervor, welche Teile in welcher Menge in ein übergeordnetes Teil eingehen, sodass die logische Zusammensetzung eines gesamten Produkts und seiner Varianten datentechnisch erfasst wird. Abgebildet werden Erzeugnisstrukturen etwa mit Hilfe von Erzeugnisstrukturbäumen oder Gozinto-

---

101 Vgl. Kurbel, K. (1995), S. 61.
102 Vgl. Kurbel, K. (1995), S. 61 ff.

Graphen. Die wichtigsten Auswertungen, die auf der Grundlage der Erzeugnisstrukturdaten erfolgen, sind das Erstellen von Stücklisten und Teileverwendungsnachweisen. Bei Stücklisten ist hervorzuheben, dass sie eine listenförmige Darstellung einer Erzeugnisstruktur sind. Dem Zweck entsprechend, lassen sich etwa Konstruktionsstücklisten, Dispositionsstücklisten, Fertigungsstücklisten, Montagestücklisten oder Ersatzteilstücklisten aus den Erzeugnisstrukturdaten generieren.[103] Teileverwendungsnachweise werden aus den Stücklisten ermittelt und zeigen, in welche Endprodukte ein Teil in welcher Menge einfließt.[104]

Betriebsmittel- und Personaldaten

Betriebsmitteldaten können einerseits für sich allein oder auch zu Maschinengruppen zusammengefasst werden. Je nach der Tiefe der Integration mit anderen betrieblichen Anwendungssystemen, wie etwa CAD, CAPP und CAM, variiert die Anzahl der Attribute, die einem Betriebsmittel oder einer Betriebsmittelgruppe zugeordnet sind. Bedeutende Attribute sind etwa[105]:

- Nummer des Betriebsmittels oder der Gruppe
- Bezeichnung
- Standort
- Zugehörige Kostenstelle
- Technische Daten (z.B. Energieanschlusswerte)
- Kapazitätsangaben (Anzahl der Schichten, Kapazität pro Schicht)
- Personalangaben (z.B. erforderliche Personalkapazität, verantwortlicher Mitarbeiter, erforderliche Qualifikation)
- Nutzungsgrad (prozentuale Verfügbarkeit des Betriebsmittels unter Berücksichtung von Ausfallzeiten)
- Leistungsgrad (bei unterschiedlichen Einzelbetriebsmitteln, bezogen auf die durchschnittliche Kapazität pro Betriebsmittel einer Gruppe)
- Durchschnittliche Rüstzeit (für den Fall, dass keine arbeitsspezifischen Rüstzeiten verfügbar sind)
- Durchschnittliche Liegezeit eines Auftrags vor dem Betriebsmittel
- Maschinenstundensatz usw.

Korrespondierend zu den Betriebsmitteldaten werden auch die Personaldaten datentechnisch erfasst. Besonders hervorzuhebende Attribute sind etwa Name des Mitarbeiters, Qualifikation bzw. Spezialqualifikation, Kapazität und Stundenkostensatz.

Fertigungsstrukturdaten

Betriebsmittel stehen in der Regel für verschiedene Arbeitsgänge zur Verfügung. Auf der anderen Seite kann ein bestimmter Arbeitsgang auch auf ver-

---

103 Vgl. Glaser, H./Geiger, W./Rohde, V. (1992), S. 13 ff.

104 Vgl. Hering, E. (1999), S. 255.

105 Vgl. Kurbel, K. (1995), S. 102.

schiedenen Betriebsmitteln ausgeführt werden. Die Arbeitsgänge werden datentechnisch getrennt von den Betriebsmitteldaten erfasst. Etwa durch eine relationale Verknüpfung der Betriebsmitteldaten mit den Arbeitsgangdaten werden jedem Betriebsmittel die Arbeitsgänge zugeordnet, die es ausführen kann sowie jedem Arbeitsgang verschiedene Betriebsmittel. Diese Verknüpfung nennt man Fertigungsstruktur. Sie dient letztlich der Produktionsprozessentwicklung, dem Erstellen von Arbeitsplänen sowie der Kapazitäts- und Terminplanung im Rahmen der Produktionsplanung und -steuerung.[106] Ebenso kann eine Verknüpfung der Personaldaten mit den Arbeitsgangdaten erfolgen.

Arbeitsplandaten

Zu jedem Fertigungsteil, das intern hergestellt wird, existiert ein Arbeitsplan. Der Arbeitsplan gibt an, mit welchen Arbeitsvorgängen und in welcher Reihenfolge aus vorgegebenen Material unter Einsatz bestimmter Personal- und Betriebsmittelkapazitäten und festgelegter Arbeitsmethoden sowohl Rohstoffe und Teile als auch Gruppen und Erzeugnisse hergestellt werden. Zur Erstellung der Arbeitspläne werden die Teilstamm-, Erzeugnisstruktur-, Personal-, Betriebsmittel und Fertigungsstrukturdaten miteinander geeignet verknüpft.[107]

Arbeitspläne beinhalten etwa folgende Angaben[108]:

- Übergeordnete Angaben:
  Arbeitsplannummer
  Teil, auf das sich der Arbeitsplan bezieht
  Teile, die in das Teil eingehen (entsprechend den Erzeugnisstrukturdaten)
  Zeichnungsnummer
- Angaben zu den jeweiligen Arbeitsgängen:
  Nummer des Arbeitsgangs
  Arbeitsgangtext
  Daten zum Bearbeitungspersonal
  Betriebsmittel-/Arbeitsplatzangaben (z.B. Einzelbetriebsmittel, Betriebsmittelgruppe, Ausweichbetriebsmittel)
  Rüstzeit
  Bearbeitungszeit pro Mengeneinheit
  Durchschnittliche Wartezeit vor Beginn des Arbeitsgangs
  Durchschnittliche Übergangszeit zum nächsten Arbeitsgang
  Faktoren zur Durchlaufzeitverkürzung
  Durchschnittlicher Rüstausschuss.

106 Vgl. Kurbel, K. (1995), S. 103 f.
107 Vgl. REFA Teil 3 (1991), S. 134 ff.
108 Vgl. Kurbel, K. (1995), S. 95 f.

3.6.3.2 Schnittstelle Produktionsprozessentwicklung und Gestaltung/ Detaillierung

Wie bereits in Abb. 15 gezeigt, verlaufen die Produktionsprozessentwicklung und die in Kapitel 3.6.2 beschriebenen Phasen Gestaltung/Detaillierung zeitlich parallel zueinander. Die Schnittstelle zwischen der Produktionsprozessentwicklung und der Gestaltung/Detaillierung beinhaltet hier die für diese Arbeit relevanten Planungsaufgaben, die in Abb. 18 aufgezeigt sind. Die Planungsaufgaben werden nicht sukzessiv, sondern zeitlich parallel in einem rückgekoppelten Prozess abgearbeitet, wobei die jeweiligen Ergebnisse, ausgehend vom Beginn der Gestaltungsphase hin zum Abschluss der Detaillierung des individuellen Massenproduktes, zunehmend konkreter werden.

Abb. 18: Planungsaufgaben zwischen Produktionsprozessentwicklung und Gestaltung/ Detaillierung

(Quelle: Eigene Darstellung)

Planung der fertigungstechnischen Umsetzbarkeit

Auf der Grundlage der im Rahmen Gestaltung/Detaillierung definierten geometrischen, stofflichen und qualitativen Eigenschaften der konzipierten und konstruierten Einzelteile, Baugruppen und Module ist vorab eine Prüfung auf Basis der generierten Teilestammdaten und Stücklisten vorzunehmen, die Auskunft darüber gibt, ob auf Basis der qualitativen Kapazitäten der innerbetrieblich vorhandenen Produktionssysteme überhaupt eine Fertigung der Konstruktionsteile möglich ist. Hierzu sind u.a. die Betriebsmittel- und Personaldaten sowie die Fertigungsstrukturdaten heranzuziehen.[109] Die Prüfung bezieht sich auch auf die Bauteile, die zukünftig als Varianten und individualisiert gefertigt werden. Da vor allem der Individualisierungsgrad der kundenindividuell zu gestaltenden Teile, deren konstruktive Umsetzung einschließlich zu erstellender Fertigungsunterlagen

109 Vgl. Kapitel 3.6.3.1.

erst bei Auftragseingang detailliert erfolgen können, muss hier zwangläufig mit ungenauen Eingangsinformationen geplant werden. Die Ergebnisse der Prüfung auf fertigungstechnische Umsetzbarkeit fließen zurück in die Produktentwicklung, in der eventuell entsprechende Modifikationen an den Bauteilkonstruktionen vorgenommen werden.[110] Eingearbeitete Änderungen werden anschließend erneut auf fertigungstechnische Umsetzbarkeit begutachtet und gegebenenfalls weitere Änderungen der Konstruktion übermittelt.

Auswahl der Fertigungstechnologien

Neben der Prüfung auf fertigungstechnische Umsetzbarkeit werden gleichzeitig die Fertigungstechnologien, die zur Herstellung der Produktkomponenten heranzuziehen sind, auf Basis der Betriebsmittel- und Fertigungsstrukturdaten definiert. Hierbei ist zwischen Vorzugs- und Alternativtechnologien zu unterscheiden. Vorzugstechnologien zeichnen sich dadurch aus, dass mit ihnen die zu fertigenden Teile in der geforderten Qualität, bei kurzen Durchlaufzeiten und niedrigen Stückkosten bei gleichzeitig hoher Fertigungsflexibilität hergestellt werden können. Da in den meisten Fällen gerade Vorzugstechnologien im Unternehmen einen kapazitätsbedingten Engpassfaktor darstellen, müssen parallel da zu Alternativtechnologien identifiziert werden, die zwar in den meisten Fällen nicht das Leistungsniveau der Vorzugstechnologien bieten, aber trotzdem zur Herstellung der Bauteile herangezogen werden können. [111]

Planung Fertigungsschritte/Fertigungsprozessfolgen/Betriebsmittel/Fertigungspersonal

Jedes Bauteil eines individuellen Massenprodukts bedarf zur Herstellung eine Aneinanderkettung spezifischer Fertigungs- bzw. Arbeitsschritte zu Fertigungsprozessfolgen. Die Arbeitsschritte werden mit Hilfe der vorab festgelegten Vorzugs- und Alternativtechnologien sowie durch Fertigungspersonal, das die notwendige Qualifikation aufweist, ausgeführt. Zu betonen ist, dass im Prinzip zu jedem Arbeitsgang auch Alternativen bestehen, sodass ein Bauteil durch unterschiedliche Arbeitsgangfolgen hergestellt werden kann. Als Beispiel wäre das Erzeugen eines Lochs in einem Blech anzuführen, da es sich etwa durch die alternativen Arbeitsgänge Bohren oder Stanzen realisieren ließe.[112] Der Sachverhalt bzgl. alternativer Arbeitsgänge wird nachfolgend jedoch nicht weiter betrachtet.

Hier sind einerseits von Interesse die Verknüpfung bzw. der Abgleich der identifizierten und bewerteten Vorzugs- und Alternativtechnologien sowie der notwendigen Qualifikationen des Fertigungspersonals mit den innerbetrieblich vorhanden Betriebsmitteln und Mitarbeitern, wobei im Weiteren dieser Arbeit pri-

---

110 Vgl. Eversheim, W./Schuh, G./Assmuss, D. (2005), S. 16 ff.

111 Vgl. Gräßler, I. (2004), S. 142; Eversheim, W. et al. (2005), S. 170 ff.

112 Vgl. Kurbel, K. (1995), S. 97 f.

mär die technischen Betriebsmittel betrachtet werden. Andererseits ist deren Zuordnung zu den verschiedenen Arbeitsschritten eines jeden Fertigungsteils des kundenindividuellen Massenproduktes zu konfigurieren.

Anschließend erfolgt die Verkettung der einzelnen Fertigungsschritte und damit auch der sie beinhaltenden betrieblichen Produktionsfaktoren zu Fertigungsprozessfolgen. Dieses beinhaltet unter Berücksichtigung des fertigungstechnischen Ablaufs des generellen betrieblichen Produktionsprogramms, das entsprechend der formulierten Krisenbewältigungsstrategie dieser Arbeit in Wechselproduktion hergestellt wird, auch die logistische Verkettung der Arbeitsschritte innerhalb der Fertigungsprozessfolgen.[113] Hierbei werden die Betriebsmittel, auf deren Basis die konfigurierten Fertigungsprozessfolgen durchgeführt werden, zu den in Kapitel 3.2 analysierten Organisationstypen der Produktion einer kundenindividuellen Massenproduktion räumlich angeordnet. Ziel ist dabei in erster Linie die Steigerung der Flexibilität, der Produktivität, der Kundenspezifität und nicht zuletzt eine Optimierung des Materialflusses zwischen den Fertigungsschritten und damit eine Verkürzung der Durchlaufzeiten.[114]

Für die nachfolgenden Ausführungen gilt, dass die Verkettung mehrerer Fertigungs- bzw. Arbeitsschritte, die zur vollständigen Bearbeitung eines Bauteils notwendig sind, eine Fertigungsprozessfolge darstellen. Betrachtet man innerhalb dieser gesamten Fertigungsprozessfolge die Verkettung von mindestens zwei Fertigungsschritten, wird von einem Fertigungsprozessfolgeausschnitt gesprochen.

Für ein Bauteil lassen sich entsprechend der identifizierten Vorzugs- und Alternativtechnologien, mit denen es gefertigt wird, für jeden Arbeitsgang neben optimalen auch alternative Betriebsmittel sowie alternatives Fertigungspersonal zuordnen und so zu alternativen Fertigungsprozessfolgen zusammenstellen.[115] Alternative Fertigungsprozessfolgen sind von daher notwendig, um etwa im Fall der bereits angesprochenen kapazitätsbedingten Engpässe bei Betriebsmitteln, die den Vorzugs- aber auch den Alternativtechnologien entsprechen, sowie bei Maschinen- und Personalausfällen oder sonstiger Prozessstörungen den geforderten Output an Fertigungsteilen durch eine homogen (multiple) und/oder selektiv quantitative Kapazitätsanpassung flexibel gewährleisten zu können.[116] Die alternativen Fertigungsprozessfolgen sind natürlich dahingehend zu bewerten, ob mit ihnen die geforderte Fertigungsqualität, der notwendige quantitative Output sowie die Fertigungskosten den Planwerten entsprechen. Eine alternative Fertigungsprozessfolge über mehrere Fertigungsschritte muss nicht zwangläufig Produktionsfaktoren beinhalten, die nicht Teil der optimalen Fertigungsprozessfolge sind. Sie kann auch einen Teil der optimalen Prozessfolge mit einschließen. Abb. 19

113 Vgl. Brecher, C. et al. (2005), S. 213 f.
114 Vgl. Jünemann, R./Beyer, A. (1998).
115 Vgl. Brecher, C. et al. (2005), S. 208 ff.
116 Zur quantitativen Kapazitätsanpassung vgl. Kapitel 3.5.2.

zeigt beispielhaft einen Ausschnitt optimaler und alternativer Fertigungsprozessfolgen zur Fertigung eines Bauteils durch technische Aggregate auf.

Wesentliche Ergebnisse der hier dargestellten Planungsaufgaben zwischen der Produktionsprozessentwicklung und der Gestaltung/Detaillierung sind die Arbeits- und Montagepläne sowie deren Alternativen, die angeben, durch welche Arbeitsgänge und in welcher Reihenfolge aus vorgegebenem Material Einzelteile, Unterbaugruppen, Baugruppen und Module und somit das gesamte kundenindividuelle Massenprodukt unter Einsatz optimaler und alternativer Personal- und Betriebsmittelkapazitäten herzustellen sind. Außerdem in einem nachfolgenden Schritt die auf dieser Informationsbasis konfigurierten Fertigungssysteme und nicht zuletzt generierte NC-Programme, sofern diese nicht bereits im Rahmen der Gestaltung/Detaillierung automatisch erzeugt werden können.

Abb. 19: Optimale und alternative Fertigungsprozessfolgen

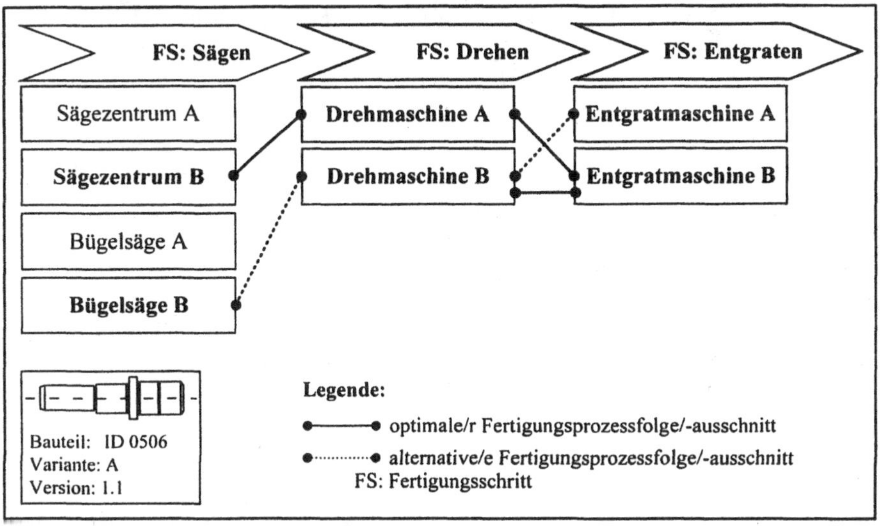

(Quelle: Brecher, C. et al. (2005), S. 211)

Hier ist jedoch zu betonen, dass die Arbeits- und Montagepläne sowie NC-Programme nur für standardisierte und variable Teile exakt konfiguriert werden können. Für die individuellen Komponenten lassen sich diese erst nach der Spezifizierung des individuellen Kundenwunsches exakt bestimmen. In Abhängigkeit des Individualisierungsspektrums können jedoch bereits auch in der hier betrachteten Phase eine grobe Arbeits- und Montageplanerstellung sowie eine grobe NC-Programmierung bzgl. individueller Komponenten erfolgen, sofern etwa die ungefähre Bauteilgeometrie, die Materialart und die notwendigen Arbeitsschritte vorab bestimmt werden können.

Die Planung, Bewertung und datentechnische Abb. von Fertigungsprozessfolgen, Arbeits- und Montageplänen sowie die NC-Programmierung werden in der Praxis durch verschiedene Prozessplanungssysteme unterstützt, die mit dem betrieblichen PPS-System verknüpft sind. Insbesondere sind hier CAP-Systeme (Computer Aided Process Planning), integriert in eine CAD (Computer Aided Design)-CAM (Computer Aided Manufacturing)-Umgebung zu nennen.[117] Die Verknüpfung der vom Produkt ausgehenden Anforderungsmerkmale mit den Eigenschaften der betrieblich vorhandenen Fertigungstechnologien erfährt jedoch derzeit noch keine ausreichende Unterstützung durch diese Systeme. Vielmehr muss auf das Erfahrungswissen von Konstrukteuren und Fertigungsprozessplanern zurückgegriffen und ihre integrierte, zeitlich parallele Zusammenarbeit sichergestellt werden.[118]

3.6.3.3 Schnittstelle Produktionsprozessentwicklung und Produktionsplanung

Die Konfiguration der Fertigungsprozessfolgen zur Herstellung und Montage aller Einzelteile, Unterbaugruppen, Baugruppen und Module des individuellen Massenprodukts bedarf der Berücksichtigung des gesamten, vorab planbaren kundenneutralen und -spezifischen Produktionsprogramms innerhalb des betreffenden Unternehmens, das auf Basis derselben Produktionssysteme gefertigt wird.[119]

Dieses begründet sich daraus, dass entsprechend der formulierten Strategie für die Produktsparte des kundenindividuellen Massenprodukts kein geschlossener Fertigungs- und Montagebereich mit ausschließlich zugeordneten Personal- und Betriebsmitteln zur Verfügung steht. Zwangläufig lässt es sich nicht vermeiden, dass die produktspezifischen Fertigungsprozessfolgen zur Herstellung und Montage der jeweiligen Bauteile verschiedener Produkte und die des kundenindividuellen Massenprodukts sich in der Regel überlagern oder teilweise sogar vollständig übereinstimmen.

Es liegen im Rahmen der Fertigung des kundenindividuellen Massenprodukts somit keine Parallel-, sondern eine Wechselproduktion vor, sodass die quantitativen Kapazitäten der Produktionsfaktoren durch die verschiedenen Produktionsprogramme gemeinsam in Anspruch genommen werden.[120] Da entsprechend der Strategieformulierung zur Herstellung des kundenindividuellen Massenprodukte ausschließlich die verbleibenden Überkapazitäten der Produktionssysteme zur Verfügung stehen, kann dieses zu personellen und betriebsmittelbedingten Fertigungsengpässen führen. Zusätzlich hat das generelle Produktionsprogramm Fertigungspriorität, woraus insgesamt eine potenzielle Gefährdung des geplanten Outputs bzgl. individueller Massenprodukte resultiert.

---

117 Vgl. etwa Vahrenkamp, R. (1998), S. 308 ff.
118 Vgl. Brecher, C. et al. (2005), S. 209.
119 Vgl. Eversheim, W. et al. (2005), S. 15.
120 Zu den Inhalten der Wechselproduktion vgl. Schneider, H. (2000), S. 232.

Bereits während der Phase der Produktionsprozessentwicklung kundenindividueller Massenprodukte ist deshalb im Rahmen der Produktionsplanung zu prüfen, ob derartige Probleme zukünftig auftreten können und es sind entsprechende Gegenmaßnahmen etwa durch eine geeignete Kapazitätskonfiguration zu planen.

Die Schnittstellenaufgaben zwischen der Produktionsprozessentwicklung und der Produktionsplanung müssen hinsichtlich der Herstellung eines neuen kundenindividuellen Massenprodukts auf der Basis von Überkapazitäten folgende Planungsschwerpunkte beinhalten:

- Produktionsplanung des auftragsneutralen Produktionsprogramms einschließlich der standardisierten und variablen Einzelteile, Unterbaugruppen, Baugruppen und Module des kundenindividuellen Massenprodukts
- Produktionsplanung des kundenindividuellen Produktionsprogramms einschließlich der individuellen Einzelteile, Unterbaugruppen, Baugruppen und Module des kundenindividuellen Massenprodukts

Die sich dabei ergebende Problematik besteht darin, dass zu einer detaillierten Produktionsplanung die Produkt- und Produktionsprozessentwicklung des kundenindividuellen Massenprodukts vollständig abgeschlossen sein müssen, da sämtliche Konstruktions- und Fertigungsprozessdaten die Eingangsgrößen der Produktionsplanung darstellen. Die Produktionsplanung kann somit erst auf grober Datengrundlage durchgeführt werden und parallel zum Fortschritt der Produkt- und Produktionsprozessentwicklung des kundenindividuellen Massenprodukts sukzessiv verfeinert werden.

Nachfolgend wird der Produktionsplanungsprozess auf der Grundlage vollständig vorliegender Produktdaten zumindest für die kundenauftragsneutralen Komponenten des kundenindividuellen Massenprodukts aufgezeigt, was zwangsläufig erst nach Abschluss der Produktentwicklung und, zeitlich gesehen, erst kurz vor Beendigung der Produktionsprozessentwicklung erfolgen kann.

Produktionsplanung des auftragsneutralen Produktionsprogramms einschließlich der standardisierten und variablen Einzelteile, Unterbaugruppen, Baugruppen und Module des kundenindividuellen Massenprodukts, das in Wechselproduktion hergestellt wird

Die Kernaufgaben im Sinne der klassischen Produktionsplanung auftragsneutral gefertigter Bauteile setzen sich aus Sicht eines einzelnen Unternehmens im Sinne einer Programm- und Lagerfertigung grundsätzlich aus den nachfolgend kurz dargestellten Planungsaufgaben Produktionsprogrammplanung, Mengenplanung bzw. Materialbedarfsplanung sowie der Termin- und Kapazitätsplanung zusammen.[121]

Diese Planungsaufgaben werden sukzessiv rückgekoppelt abgearbeitet. Die Produktionsplanung folgt dabei grundsätzlich einer Planungslogik, die im amerika-

---

121 Vgl. Kurbel, K. (1995), S. 117 f.

nischen Raum als MRP II (Manufacturing Resource Planning) bezeichnet wird und eine Erweiterung des früheren MRP-Konzepts darstellt, bei dem MRP noch für Material Requirements Planning stand.[122]

Produktionsprogrammplanung (langfristig)

Die Produktionsprogrammplanung stellt die oberste Planungsebene der Produktionsplanung dar. Ausgangspunkt der Planungen ist eine nach der Art der Produkte vorgegebene Palette an Endprodukten und/oder verkaufsfähigen Zwischenprodukten sowie die betrieblich gegebene Kapazitätsausstattung mit Betriebsmitteln und Personal. Sie beinhaltet die Planungsaufgaben Absatzplanung, Primärbedarfsplanung und Ressourcengrobplanung.[123]

Die Aufgabe besteht einerseits darin, festzulegen, welcher Primärbedarf und somit welche Mengen der einzelnen Produktarten im Planungszeitraum hergestellt werden sollen und andererseits darin, den Zeitpunkt des Fertigungsbeginns jeder Produktart sowie dessen spezifischen Fertigungszeitraum unter Berücksichtigung grober Kapazitätsrestriktionen im Rahmen der Ressourcengrobplanung zu definieren.[124]

Die Eingangsgröße der Planungsaufgaben stellt das Absatzvolumen für jede Produktart dar. Dieses wird im Rahmen der Absatzplanung mit Hilfe verschiedener Prognoseansätze geschätzt, wobei die wesentliche Eingangsgröße für derartige Verfahren in den meisten Fällen die Verkaufszahlen der Vergangenheit sind.[125] Da für das neu einzuführende kundenindividuelle Massenprodukt noch keine Verkaufszahlen aus vergangenen Perioden existieren, muss etwa auf der Basis von Nachfrageprognosen, die auf Informationen aus dem Vertrieb (etwa Verkäufer, Vertreter, Handelsorganisationen), aus eigenen und fremden Marktanalysen, Konjunkturberichten und/oder auf statistischen Prognosemodellen basieren, das zukünftige Absatzvolumen des kundenindividuellen Massenprodukts und seiner Variationen grob determiniert werden.[126]

Im Rahmen der Primärbedarfsplanung und der Ressourcengrobplanung werden anschließend die herzustellenden Mengen der möglichen Produktarten so konfiguriert, dass unter bestimmten Nebenbedingungen, wie etwa den maximal möglichen Absatzmengen, Kapazitätsrestriktionen und minimalen Umweltemissionen, ein optimaler Gewinn erzielt wird.[127]

---

122 Vgl. Kurbel, K. (1999), S. 112.
123 Vgl. Schuh, G. (2006), S. 701.
124 Vgl. Kurbel, K. (1995), S. 119 ff.
125 Vgl. Vahrenkamp, R. (1998), S. 105 ff.; Schuh, G. (2006), S. 702.
126 Vgl. Piller, F. T. (1999), S. 318.
127 Vgl. Haasis, H.-D. (1996), S. 67 ff.; Franke, S./Tuma, A./Haasis, H.-D. (1999), S. 3; Schuh; G. (2006), S. 42.

Die Produktionsprogrammplanung wird dabei in der Regel mit einer mittelfristigen Perspektive von 12 bis 18 Monaten durchgeführt und durch die rollierende Planungsmethodik kontinuierlich aktualisiert.[128] Wird, wie im hier vorliegenden Fall, ein kundenindividuelles Massenprodukt entwickelt und dessen Produktion vorbereitet, muss speziell für den Zeitpunkt, ab dem die Produktion des neuen Produktes beginnt, eine Produktprogrammplanung durchgeführt werden.

Ergebnis der Produktionsprogrammplanung ist die festgelegte Menge der jeweils zu fertigenden Produktarten einschließlich des in Wechselproduktion hergestellten kundenindividuellen Massenprodukts sowie deren Fertigungsbeginn und Fertigungszeitraum innerhalb einer festgelegten Zeitspanne.

Das in dieser Phase festgelegte Produktionsprogramm stellt die Grundlage für die Mengenplanung bzw. Materialbedarfsplanung dar.

Mengenplanung/Materialbedarfsplanung (mittelfristig)

Im Rahmen der mittelfristigen Mengenplanung, auch als Material- oder Produktionsbedarfsplanung bezeichnet[129], werden, ausgehend von den aus der Produktionsprogrammplanung resultierenden Primärbedarfe, für die betrachtete Periode durch Bedarfsauflösung die erforderlichen Sekundärbedarfe an kundenauftragsneutralen Einzelteilen, Unterbaugruppen, Baugruppen und Modulen in Abhängigkeit der betrachteten Erzeugnisstrukturebene bestimmt.[130] Ebenfalls werden hier auch die Mengen der Roh- Hilfs- und Betriebsstoffe, der so genannte Tertiärbedarf, geplant, wobei dieser nachfolgend nicht weiter betrachtet wird.[131]

Für die Bestimmung des Sekundärbedarfs kommen grundsätzlich zwei verschiedene Vorgehensweisen in Betracht, die sich im Rechenaufwand und in der Genauigkeit unterscheiden. Hier sind die verbrauchsgesteuerte (stochastische) Disposition und die bedarfsgesteuerte (programmgesteuerte, deterministische) Disposition voneinander abzugrenzen. Während bei der verbrauchsgesteuerten Disposition eine Schätzung der Sekundärbedarfe anhand des in der Vergangenheit beobachteten Materialverbrauchs stattfindet, erfolgt bei der bedarfsgesteuerten Disposition über verschiedene Schritte der Stücklistenauflösung die Bestimmung genau derjenigen Mengen an untergeordneten Teilen, die zur Herstellung des Primärbedarfs erforderlich sind.[132] Obwohl der erste Weg zwar weniger Aufwand bereitet, ist dieser zum einen mit Ungenauigkeiten behaftet und zum anderen stehen im Rahmen der erstmaligen Herstellung eines kundenindividuellen Massenprodukts Vergangenheitswerte zum Verbruch an Materialien nicht

128 Vgl. Kurbel, K (1995), S. 119.
129 Vgl. Schuh, G. (2006), S. 43 f.
130 Eine Unterscheidung in Brutto- und Nettosekundärbedarfe erfolgt im Rahmen dieser Arbeit nicht.
131 Vgl. Kurbel, K. (1995), S. 124.
132 Vgl. Kurbel, K. (1999), S. 122 f.

zur Verfügung. Deshalb muss zwangsläufig, zumindest für das kundenindividuelle Massenprodukt, eine bedarfsgesteuerte Disposition stattfinden.

Nach Festlegung des Sekundärbedarfs wird eine Beschaffungsartenzuordnung vorgenommen. Hieraus resultieren der Eigenfertigungs- und der Fremdbezugsanteil der auftragsneutralen Sekundärbedarfe. Der Eigenfertigungsanteil wird im eigenen Unternehmen hergestellt und der Fremdbezugsanteil wird durch externe Unternehmen gefertigt und geliefert.[133]

Mit dem Ziel der Minimierung der Herstellkosten und unter grober Berücksichtigung notwendiger Kapazitätsbedarfe und exakt einzuhaltender Vorlaufzeiten für die untergeordneten Sekundärbedarfe bzw. die daraus abzuleitenden Nettosekundärbedarfe[134] erfolgt im Anschluss für jede Fertigungsstufe die Bildung optimaler Fertigungs- und Bestelllose, die innerhalb bestimmter Teilperioden der gesamten betrachteten Periode innerbetriebliche Fertigungsaufträge bzw. Beschaffungsaufträge auf externen Beschaffungsmärkten darstellen.[135]

Da sich die hieran anschließenden Aktivitäten der Termin- und Kapazitätsplanung insbesondere auf den Eigenfertigungsanteil beziehen, erfolgt bereits an dieser Stelle eine Übergabe der Daten des fremd zu beschaffenden Sekundärbedarfs an die Fremdbezugsplanung und -steuerung[136], die in Kapitel 3.10 für die in dieser Arbeit formulierte Strategie konzeptualisiert werden. Trotz der Übergabe muss ein rückgekoppelter Informationsprozess zwischen der Termin- und der Kapazitätsplanung bzgl. des Eigenfertigungsanteils und der Fremdbezugsplanung und -steuerung stattfinden.

Termin- und Kapazitätsplanung (mittelfristig)

Insbesondere zur Durchführung der in der Mengenplanung festgelegten Eigenfertigungsaufträge wird im Rahmen der Termin- und Kapazitätsplanung ein genaues Zeitgerüst konfiguriert und die Belegung der internen Betriebsmittel sowie der anderen Arbeitsplätze in Einklang mit den verfügbaren Kapazitäten geplant.[137] Die hierzu erforderlichen Grunddaten sind neben den definierten Eigenfertigungsaufträgen die dazugehörigen Arbeitspläne, die u.a. die jeweilige Bearbeitungszeit pro Mengeneinheit der zu fertigenden Teile, die Fertigungsprozessfolgen sowie die Betriebsmitteldaten, denen die Kapazitäten entnommen werden können, enthalten.[138] Insbesondere ist an dieser Stelle eine intensive Rückkopplung mit der Produktionsprozessentwicklung des kundenindividuellen Massenprodukts durchzuführen.

---

133 Vgl. Schuh, G. (2006), S. 45 f.
134 Zur Berechnung des Nettobedarfs vgl. etwa Eversheim, W./ Schuh, G. (1999), Kap. 14 S. 22 ff.
135 Vgl. Vahrenkamp, R. (1998), S. 131.
136 Vgl. Schuh, G. (2006).
137 Vgl. Schuh, G. (2006), S. 47.
138 Vgl. Kurbel, K. (1995), 147 ff.

Aufgabe der Terminplanung, auch bezeichnet als Durchlaufterminierung, ist es, die Arbeitsgänge der Fertigungsaufträge mit Start- und Endterminen zu versehen, wobei hier noch keine Rücksicht auf die Kapazitätsrestriktionen genommen wird. Mit dem Ziel der Einhaltung der Terminvorgaben aus der Mengenplanung werden für jeden Fertigungsauftrag mit Hilfe einer Rückwärts- bzw. Vorwärtsterminierung der zugehörigen Arbeitsgänge, deren Dauer auf Basis der Auftragsgröße sowie der Transport-, Rüst-, Bearbeitungs- und Wartezeiten abgeschätzt wird, die Start- und Endtermine berechnet.[139] Damit erhält man ein Netz von Arbeitsgängen und Aufträgen, das letztlich die Erzeugnisstrukturen widerspiegelt. Im Fertigungsauftragsnetz können die Aufträge getrennt voneinander oder unter Berücksichtigung von Dispositionsstufen oder Bedarfslosen gemeinsam terminiert werden.[140]

Oftmals tritt im Rahmen der Durchlaufterminierung der Effekt auf, dass die verfügbare Zeitspanne nicht genügt, um das Auftragsnetz ohne Verletzung von Terminrestriktionen zu realisieren, sodass Maßnahmen zur Durchlaufzeitverkürzung getroffen werden müssen. Als Maßnahmen sind hier etwa Lossplitting, Losüberlappung und Verkürzung der Wartezeiten durch veränderte Auftragsprioritäten zu nennen.[141] Sollten die Maßnahmen nicht greifen, muss das Produktionsprogramm geändert und/oder die Mengenplanung revidiert werden. In beiden Fällen ist die Sukzessivplanung gescheitert, da Rücksprünge im Planungsablauf notwendig sind.[142]

Das Ziel der sich anschließenden Kapazitätsplanung, der im Rahmen dieser Arbeit besondere Bedeutung zukommt, besteht in einer gleichmäßigen Auslastung bzw. Nutzung der betrieblich vorhandenen Betriebsmittel und Arbeitsplätze. Zu diesem Zweck wird nach erfolgreicher Terminierung der Kapazitätsbedarf für die Durchführung der zeitlich festgelegten Arbeitsgänge zur Herstellung und Montage der Bauteile des kundenindividuellen Massenprodukts dem Kapazitätsangebot etwa auf der Basis von Kapazitätsbelastungsprofilen gegenübergestellt.[143] Prinzipiell kann für jede Kapazitätseinheit ein Kapazitätsbelastungsprofil erstellt werden. Angesichts der großen Zahl von Betriebsmitteln und Arbeitsplätzen wäre dieses einerseits sehr aufwändig und andererseits stellt die Kapazitätsplanung aufgrund ihres mittelfristigen Charakters letztlich immer noch eine grobe Planungsebene dar. Deshalb erstellt man Belastungsprofile eher für gröbere Kapazitätseinheiten, wie etwa Betriebsmittelgruppen oder Werkstätten, und/oder für im Unternehmen bekannte Engpassaggregate und -arbeitsplätze, auf denen das kundenindividuelle Massenprodukt gefertigt wird.[144] Die Belastungsprofile geben

139 Vgl. Claus, T. (2006), S. 37 f.
140 Vgl. Kurbel, K. (1995), S. 148 f.
141 Vgl. Zäpfel, G. (1996), S. 190 ff.
142 Vgl. Claus, T. (2006), S. 38.
143 Vgl. REFA Teil 6 (1993), S. 70; Claus, T. (2006), S. 38.
144 Vgl. Kurbel, K. (1999), S. 155 f.

darüber Auskunft, bzgl. welcher Betriebsmittel und Arbeitsplätze in den geplanten Teilperioden Über- bzw. Unterauslastungen vorliegen.

Wie bereits in Kapitel 3.5.2 dargestellt, lässt sich die Divergenz zwischen Kapazitätsangebot und Kapazitätsbedarf beseitigen, indem einerseits im Rahmen der Belastungsanpassung der Kapazitätsbedarf dem Kapazitätsangebot und/oder andererseits im Rahmen der sog. (d,t,q)-Anpassungsmaßnahmen das Kapazitätsangebot dem Kapazitätsbedarf angepasst wird.[145]

Um Engpassaggregate zu entlasten, müssen hier insbesondere auch die im Rahmen der Produktionsprozessentwicklung alternativ konfigurierten Fertigungsprozessfolgen zur Herstellung der kundenauftragsneutralen Bauteile des kundenindividuellen Massenprodukts berücksichtigt werden und somit direkt in die Anpassungsmaßnahmen einfließen.[146]

Besteht trotz Planung innerbetrieblicher Anpassungsmaßnahmen ein Kapazitätsdefizit, das sich zu Lasten des hier betrachteten Outputs auftragsneutraler Komponenten des kundenindividuellen Massenprodukts auswirkt, kann, wie bereits in Kapitel 3.5.3 untersucht, eine zwischenbetriebliche Kapazitätsanpassung im Rahmen der sog. alternierenden Fremdvergabe durchgeführt werden. Die alternierende Fremdvergabe im Rahmen einer kundenindividuellen Massenproduktion auf der Basis von Überkapazitäten wird in Kapitel 3.8 konzeptualisiert.

Besteht nicht die Möglichkeit einer alternierenden Fremdvergabe, um ein Kapazitätsdefizit zu beseitigen, ist ebenfalls, wie beim eventuellen Scheitern der Durchlaufterminierung, ein erneutes sukzessives Durchlaufen der Produktionsplanungsschritte unvermeidbar.[147]

Sämtliche Informationen der Mengen-, Termin- und Kapazitätsplanung fließen in die sich anschließende Produktions- bzw. Fertigungssteuerung ein, die bzgl. des Eigenfertigungsanteils als Eigenfertigungsplanung und -steuerung und bzgl. des Fremdbezugsanteils als Fremdbezugsplanung und -steuerung bezeichnet wird.[148] Im Fall einer alternierenden Fremdvergabe sind diese Informationen ebenfalls der in dieser Arbeit im Weiteren als Fremdvergabeplanung und -steuerung bezeichneten Untergruppe der Fremdbezugsplanung und -steuerung zuzuführen.

Produktionsplanung des kundenindividuellen Produktionsprogramms einschließlich der individuellen Einzelteile, Unterbaugruppen, Baugruppen und Module des kundenindividuellen Massenprodukts

Aufgrund mangelnder Informationen kann eine, wie oben dargestellt, Produktionsplanung kundenindividuell zu fertigender Produkte bzw. Produktbestandteile

---

145 Vgl. Glaser, H./Geiger, W./Rohde, V. (1992), S. 180 f.
146 Vgl. Kapitel 3.6.3.2.
147 Vgl. Claus, T. (2006), S. 38 f.
148 Vgl. Much, D./Nicolai, H./Schotten, M. (1998), S. 7.

einschließlich der individuellen Einzelteile, Unterbaugruppen, Baugruppen und Module des individuellen Massenprodukts erst ab dem jeweiligen Auftragseingang exakt durchgeführt werden, da vorab weder die „Endproduktarten" noch die Kundennachfrage vollständig bekannt sind. Damit verläuft sie zeitlich parallel zur Produktionssteuerung und wird deshalb u.a. im Kapitel 3.7.3 noch einmal aufgegriffen, das sich mit der Auftragsabwicklung im kundenauftragsspezifischen Fertigungsbereich auseinandersetzt.

Trotzdem muss zumindest auf höherer Betrachtungsebene ebenfalls eine mittelfristige Produktionsplanung greifen.[149] Diese mittelfristige Planung verfolgt letztlich die gleichen Ziele wie die Planung des auftragsneutralen Programms. Sie dient etwa der mittelfristigen Termin- und Kapazitätsplanung, die im Rahmen dieser Arbeit von besonderer Bedeutung sind, sowie der Fremdbezugs- und Eigenfertigungsplanung und -steuerung für Vor- und Zwischenprodukte.

Eine langfristige Primärbedarfsplanung sowie die sich anschließende mittelfristige Mengen- bzw. Produktionsbedarfs-, Termin- und Kapazitätsplanung kundenindividueller Produkte- und Produktbestandteile beruhen auf den Überlegungen, dass einerseits in den wenigsten Fällen Erzeugnisse hergestellt werden, deren Erzeugnisstruktur sich vollständig von bereits entwickelten und gefertigten unterscheidet. Andererseits lassen sich auch Prognosemethoden zur Bestimmung des Primärbedarfs anwenden und so sukzessiv eine grobe Mengen-, Termin- und Kapazitätsplanung einleiten.[150]

Bzgl. der lang- bzw. mittelfristigen Produktionsplanung kundenindividuell zu fertigender Produktbestandteile des kundenindividuellen Massenprodukt ist zu betonen, dass in Abhängigkeit der Varianz des Individualisierungsgrads und der Erfahrungen hinsichtlich der Spezifikationswünsche der Kunden, langfristig betrachtet, die mittelfristigen Produktionsplanungsdaten zunehmend exakter werden und damit teilweise auftragsunabhängig planbar sind. Eine neutrale Vorproduktion auch kundenindividueller Produktbestandteile wird somit in Grenzen möglich.

Im Weiteren steht ausschließlich die mittelfristige Produktionsplanung im Rahmen der Produktionsprozessentwicklung des kundenindividuellen Anteils am individuellen Massenprodukt im Vordergrund.

Die wichtigsten Eingangsgrößen der Mengen-, Termin- und Kapazitätsplanung bzgl. der individuellen Anteile am kundenindividuellen Massenprodukt sind:

- Das langfristige Produktionsprogramm und damit der Primärbedarf des kundenindividuellen Massenprodukts einschließlich seiner standardisierten Varianten
- Die im Rahmen der Gestaltung/Detaillierung und Produktionsprozessentwicklung generierten Daten zu den individuellen Einzelteilen, Unterbaugruppen,

149 Vgl. Kurbel, K. (1995), S. 205.
150 Vgl. Kurbel, K. (1995), S. 205.

Baugruppen und Modulen, wie etwa Erzeugnisstrukturdaten, Stücklisten, Konstruktionszeichnungen sowie Arbeitspläne, die teilweise exakt, teilweise aber nur grob vorliegen

- Die Betriebsmittel-, Personal und Fertigungsstrukturdaten[151].

Mengenplanung/Materialbedarfsplanung (mittelfristig)

Da der Individualisierungsrad nur innerhalb eines gewissen Spektrums variieren sollte, kann ausgehend vom festgelegten Primärbedarf des kundenindividuellen Massenprodukts und seiner Varianten die Menge und Ausprägung an individuellen Einzelteilen, Unterbaugruppen, Baugruppen und Modulen grob abgeschätzt werden. Die Exaktheit dieser Abschätzungen ist selbstverständlich von den zur Verfügung stehenden Eingangsinformationen bzgl. der individuellen Bauteile abhängig, die im Rahmen der Gestaltung/Detaillierung und der Produktionsprozessentwicklung generiert werden. Diese Informationen sind etwa zugehörige Erzeugnisstrukturdaten, Stücklisten und Konstruktionszeichnungen sowie Angaben zu Kombinationsmöglichkeiten zwischen den Bauteilen. Zwangläufig variiert die Planungsgenauigkeit in Abhängigkeit des Individualisierungsspektrums eines kundenindividuellen Massenprodukts.

Die Mengenplanung bzw. Materialbedarfsplanung baut entsprechend auf dieser Abschätzung auf, sodass der Sekundärbedarf der individuellen Anteile relativ genau determiniert werden kann. Dieser kann anschließend wiederum in Fremdbezugs- und Eigenfertigungsteile unterschieden werden.

Sind die Daten bzgl. der individuellen Ausprägungen der kundenspezifischen Anteile, wie etwa ihr Zuschnitt oder ihre Dimensionierung, erst bei Eingang eines Kundenauftrags exakt ermittelbar bzw. sind entsprechende Anpassungen der Bauteilkonstruktion oder sogar eine Neukonstruktion erforderlich, können im Gegensatz zur auftragsneutralen Produktionsplanung vorab keine Bestell- bzw. Eigenfertigungsaufträge generiert werden.[152]

Enthalten die zu individualisierenden Unterbaugruppen, Baugruppen und Module standardisierte Komponenten, werden diese der auftragsneutralen Produktionsplanung zugeführt und dort entsprechende neutrale Eigenfertigungs- und Fremdbezugsaufträge generiert.

Neben der Mengenplanung des Sekundärbedarfs werden hier ebenfalls wie bei der auftragsneutralen Produktionsplanung die Mengen an Roh- Hilfs- und Betriebsstoffen, die zur Herstellung der individuellen Bauteile benötigt werden, geplant und zu entsprechenden Bestellaufträgen zusammengefasst.[153]

---

151 Vgl. Kapitel 3.6.2 und Kapitel 3.6.3.2.

152 Vgl. Kurbel, K. (1995), S. 197 ff.

153 Vgl. Kurbel, K. (1999), S. 192 ff.

Termin- und Kapazitätsplanung (mittelfristig)

Eine Terminplanung, also die zeitliche Einplanung der Fertigung auftragsspezifischer Produktanteile, über die gesamte betrachtete Periode kann wie im Rahmen des auftragsneutralen Produktionsprogramms zwangläufig nicht vor Kundenauftragseingang erfolgen, da nicht determiniert werden kann, welche Kundenspezifikation zu welchem Zeitpunkt zu fertigen ist. Dieses schließt ebenfalls auch eine Losbildung aufgrund der Unterschiedlichkeit der Teile in den meisten Fällen aus.[154] Somit wird die zeitliche Einplanung der zu fertigenden individuellen Bauteile frühestens ab Kundenanfrage möglich, indem die zu diesem Zeitpunkt bestehenden und potenziellen Fertigungsaufträge zu einem rollierend zu aktualisierenden Auftragsnetz zusammengefasst werden. Die entsprechende Vorgehensweise ist somit Teil der Produktionssteuerung und damit des Auftragsabwicklungsprozesses, der in Kapitel 3.7.3 behandelt wird.

Da die Terminplanung Voraussetzung einer Kapazitätsplanung darstellt, kann zwangsläufig die Planung der Kapazitäten ebenfalls frühestens ab Kundenanfrage durchgeführt stattfinden. Trotzdem ist es notwendig, die Kapazitätssituation, die sich mit Herstellung des kundenindividuellen Massenprodukts auf der Basis von Überkapazitäten zukünftig einstellt, abschätzen zu können. Ziel ist es hier, bereits im Vorfeld die kapazitiven Engpässe beim Personal und den Betriebsmitteln zu identifizieren und entsprechende Anpassungsmaßnahmen zu planen.

Basis der Kapazitätsplanung im Rahmen der Produktionsprozessentwicklung ist der aus der Mengenplanung vorab geschätzte Sekundärbedarf an individuellen Bauteilen des kundenindividuellen Massenprodukts sowie die entsprechend dazugehörigen, teilweise exakt und/oder grob vorliegenden Arbeitspläne und deren Alternativen. Weiterhin sind die Betriebsmittel-, Personal- und Fertigungsstrukturdaten bereitzustellen. Aus diesen Informationen kann in etwa die durchschnittliche Kapazitätsbelastung bzgl. der zukünftig in Anspruch genommenen Arbeitsplätze bestimmt werden. Hierbei sollten ebenfalls nur auf höherer Betrachtungsebene Kapazitätseinheiten, wie etwa Betriebsmittelgruppen oder Werkstätten, und/oder für im Unternehmen bekannte Engpassaggregate und -arbeitsplätze Berücksichtigung finden.[155]

Durch Addition des Kapazitätsbedarfs auftragsspezifischer Sekundärbedarfe des kundenindividuellen Massenprodukts mit dem Kapazitätsbedarf der spezifischen Sekundärbedarfe des generellen Produktionsprogramms, das in Wechselproduktion hergestellt wird, lassen sich, wie bereits im Rahmen der auftragsneutralen Produktionsplanung dargestellt, Kapazitätsbelastungsprofile für die betroffenen Kapazitätseinheiten grob erstellen. Ist der Kapazitätsbedarf unter Berücksichtigung alternativer Arbeitspläne bzw. alternativer Fertigungsprozessfolgen an den jeweils betrach-

154 Vgl. Kurbel, K. (1995), S. 197 ff.
155 Vgl. Kurbel, K. (1999), S. 155 f.

teten Arbeitsplätzen höher als das Angebot, können wie bei der auftragsneutralen Produktionsplanung wiederum Belastungsanpassungen und/oder innerbetriebliche, aber auch im Rahmen einer alternierenden Fremdvergabe zwischenbetriebliche Kapazitätsanpassungsmaßnahmen mittelfristig geplant werden.[156]

3.6.3.4 Schnittstelle Produktionsprozessentwicklung und Fertigungssteuerung

Die sich aus innerbetrieblicher Perspektive an die mittelfristige Produktionsplanung anschließende Eigenfertigungsplanung und -steuerung zur Herstellung und Montage der kundenauftragsneutralen und -spezifischen Produktbestandteile des kundenindividuellen Massenprodukts bedürfen bereits im Rahmen der Produktionsprozessentwicklung der Planung und Implementierung geeigneter Fertigungssteuerungsarten. Nachfolgend werden deshalb insbesondere vor dem Hintergrund der in Kapitel 2.8 formulierten Strategie bzgl. einer kundenindividuellen Massenproduktion auf der Basis von Überkapazitäten und der damit einhergehenden Restriktionen eine Analyse sowie eine begründete Festlegung der Fertigungssteuerungsarten innerhalb des kundenauftragsneutralen und -spezifischen Fertigungsbereichs stattfinden.

3.6.3.4.1 Fertigungssteuerung im kundenauftragsneutralen Fertigungsbereich

Es lassen sich für den kundenauftragsneutralen Fertigungsbereich, in dem die operative Eigenfertigungsplanung, -steuerung und -kontrolle der Herstellung kundenneutraler Produktkomponenten und -varianten des kundenindividuellen Massenprodukts stattfinden, zwei potenziell verschiedene Möglichkeiten der Fertigungssteuerung implementieren. Die eine Möglichkeit ist die zentrale, bereichsinterne nach dem klassischen MRP II-Prinzip und die andere ist die dezentrale Fertigungssteuerung.[157]

Die klassische zentrale Fertigungssteuerung nach dem Prinzip von MRP II wird als Shop Floor Control bezeichnet und durch die gängigen PPS-Systeme unterstützt.[158] Durch eine sukzessive Verfeinerung der mittelfristigen Produktionsplanungsdaten werden die einzelnen Produktionsaufträge zentral, bereichsintern in die Fertigung eingelastet und koordiniert.[159] Diese Art der Steuerung entspricht einer Push-Steuerung (Drucksteuerung), da die einzelnen Fertigungsaufträge entlang der Fertigungsprozessfolgen durch die Fertigungs- und Montagestationen des kundenauftragsneutralen Fertigungsbereichs geschoben werden.[160]

---

156 Vgl. Kapitel 3.5.3 und Kapitel 3.8.

157 Vgl. Piller, F. T. (1999), S. 315 ff.; Schneider, H. (2000), S. 255 ff.; Kurbel, K. (2005), S. 162 ff.

158 Vgl. Busch, U. (1987), S. 53; Kurbel, K. (2005), S. 138 f.

159 Zur mittelfristigen Produktionsprogrammplanung vgl. Kapitel 3.6.3.3.

160 Zum Push-Prinzip vgl. u.a. Günter, H.-O./Tempelmeier, H. (1994), S. 276 f.

Vorteile bietet dieses Fertigungssteuerungskonzept vor allem dahingehend, dass eine Vielzahl unterschiedlicher Komponenten verschiedener Produkte, also ein Produktmix, auf der Basis von MRP II innerhalb des auftragsneutralen Bereichs produziert werden kann.[161]

Nachteile dieses Steuerungsverfahrens ergeben sich insbesondere aufgrund der Komplexität der zentralen bereichsinternen Planungs- und Steuerungsaufgaben. Um diese zu reduzieren, existieren spezialisierte Teilplanungsansätze, wie etwa Optimized Production Technology (OPT)[162], die Belastungsorientierte Auftragsfreigabe (BOA)[163] und die Retrograde Terminierung (RT)[164], wodurch die Verknüpfung der MRP II-Teilfunktionen der mittelfristigen Produktionsplanung mit denen der operativen Fertigungssteuerung stattfindet.[165] Auf eine weitere Darstellung dieser Planungsansätze wird jedoch im Rahmen dieser Arbeit verzichtet.

Ein weiterer Nachteil des Fertigungssteuerungskonzeptes besteht aufgrund des Risikos von Fehlprognosen. Diese erscheinen vor allem in den ersten Planperioden nach Produkteinführung eines kundenindividuellen Massenprodukts symptomatisch, da der Primärbedarf ausschließlich auf Schätzungen basiert. In den Folgeperioden kann jedoch durch reale Verkaufszahlen aus vorangegangenen Perioden der Primärbedarf relativ genau prognostiziert werden.

Dezentrale Fertigungssteuerungskonzepte verfolgen zum einen die Absicht, die komplexen Planungsaktivitäten einer zentralen Fertigungssteuerung nach MRP II zu reduzieren, indem Steuerungsmechanismen implementiert werden, durch die auf der Basis der mittelfristigen Produktionsplanungsdaten eine operative Fertigungsplanung- und -steuerung dezentral durchgeführt wird. Zum anderen können Lagerbestände und damit das Umlaufvermögen reduziert, aber auch Fehlprognosen vermieden werden, da im Idealfall die quantitative Ausbringungsmenge der Kundennachfrage direkt angepasst werden kann.[166] Die bedeutendsten Konzeptionen der dezentralen Fertigungssteuerung sind das Kanban-Prinzip, das Constant Work-in-Process-Verfahren (ConWIP) und das Fortschrittskennzahlenkonzept.[167] Sie werden nachfolgend kurz dargestellt.

Bezogen auf die kundenindividuelle Massenproduktion innerhalb des auftragsneutralen Fertigungsbereichs, würden beim Kanban-Prinzip die Abrufimpulse durch die verbrauchenden Stellen (Senken) des kundenspezifischen Bereichs den Impuls zur Initiierung der Fertigung/Montage im kundenneutralen Bereich

161 Vgl. u.a. Höck, M. (1998); Kurbel, K. (1999); Piller, F. T. (1999).

162 Zur Optimized Production Technologie (OPT) vgl. ausführlich Green, T. J. et al. (1997).

163 Zur Belastungsorientierten Auftragsfreigabe (BOA) vgl. ausführlich Wiendahl, H.-P. (1987).

164 Zur Retrograden Terminierung (RT) vgl. ausführlich Adam, D. (2001).

165 Vgl. Höck, M. (1998), S. 152; Schneider, H. (2000), S, 257 ff.

166 Vgl. Piller, F. T. (1999), S. 326.

167 Vgl. Schneider, H. (2000), S, 255 ff.

auslösen. Die jeweils nachgelagerten Fertigungs-/Montagestufen im kundenneutralen Fertigungsbereich fordern entsprechend bei den jeweils vorgelagerten (Quellen) die benötigten Teile an. Diese Kette setzt sich gegebenenfalls bis zum Rohmateriallager bzw. dem Einkauf fort. Es besteht folglich zwischen jeder vor- und nachgelagerten Bearbeitungsstation ein dezentraler, bestandsgeregelter Kanban-Regelkreis, was jeweils die Implementierung eines Pufferlagers zwischen den einzelnen Fertigungs-/Montagestationen beinhaltet.[168] Durch Kanban wird das Hol-Prinzip realisiert, da im Sinne einer Pull-Steuerung die Fertigungsaufträge aus Richtung der nachgelagerten Fertigungs-/Montagestufen durch den Fertigungsbereich „gezogen" werden.[169]

Das ConWIP-Verfahren stellt eine Vereinfachung von Kanban dar. Hierbei werden einzelne Bearbeitungsstationen organisatorisch zu mehrstufigen Fertigungssystemen zusammengefasst. Die Kanban-Regelkreise werden nur noch zwischen den vor- und nachgelagerten Fertigungssystemen sowie zwischen der ersten und letzten Fertigungs-/Montagestation innerhalb eines Systems implementiert, sodass die Anzahl aufeinander abzustimmender Regelkreise merklich gesenkt werden kann.[170] Gegenüber dem klassischen Kanban steigt damit die Toleranz bei einem Wechsel im Produktmix und Produktionsvolumen, da weniger Regelkreise aufeinander abzustimmen sind. Zwischen den Systemen liegt wie beim konventionellen Kanban eine Pull-Steuerung vor. Innerhalb der Systeme werden die einzelnen Fertigungsaufträge nach dem Prinzip einer Push-Steuerung (Drucksteuerung) entlang der Fertigungsprozessfolgen geschoben.[171]

Beim Fortschrittskennzahlenkonzept wird der kundenauftragsneutrale Fertigungsbereich sowie die erste/n Fertigungs-/Montagestufen, die direkt mit Material durch den auftragsneutralen Fertigungsbereichs versorgt werden, in mehrere Kontrollblöcke eingeteilt. Die Blöcke können je nach Detaillierungsgrad Fertigungsstufen, Maschinengruppen, Einzelmaschinen u.ä. umfassen.[172] Jeder Kontrollblock entspricht damit einem Input-Outputsystem, dem jeweils zwei Kennzahlen zugeordnet werden. Zum einen die Soll-Fortschrittszahl, die, abgeleitet aus der zentral durchzuführenden Mengenplanung, die kumulierte Menge an Einzelteilen, Unterbaugruppen, Baugruppen und Modulen angibt, die innerhalb eines definierten Zeitintervalls zu fertigen, bereitzustellen bzw. an den/die nachfolgenden Kontrollblock/e zu liefern ist.[173] Der Soll-Fortschrittszahl wird die Ist-Fortschrittszahl gegenüber gestellt, welche die tatsächlich durch den Kontroll-

168 Vgl. Wildemann, H. (1990), S. 39 ff.; Kurbel, K. (1995), S. 179 ff.; Vahrenkamp, R. (1998), S. 282; Piller, F. T. (1999), S. 325 ff.

169 Vgl. Kurbel, K. (2005), S. 176. Zum Pull-Prinzip vgl. u.a. Günter, H.-O./Tempelmeier, H. (1994), S. 280 f.

170 Vgl. Spearman, M. L. et al. (1990), S. 883 ff.

171 Vgl. Piller, F. T. (1999), S. 327.

172 Vgl. Kurbel, K. (2005), S. 175 ff.

173 Vgl. Schönsleben, P. (2000), S. 230 f.

block realisierten Produktionsmengen beinhaltet. Aus der Differenz zwischen Soll- und Ist-Fortschrittskennzahl können Rückschlüsse auf einen möglichen Produktionsrückstand bzw. -vorlauf gezogen und entsprechende Steuerungsmaßnahmen abgeleitet werden.[174]

Dezentrale Fertigungssteuerungskonzepte können potenziell auch parallel innerhalb des kundenauftragsneutralen Fertigungsbereichs implementiert werden, falls dieses zweckmäßig erscheint. So kann etwa ein Fertigungssegment innerhalb des Bereichs nach dem Kanban-Prinzip, ein weiteres im Sinne des ConWIP-Verfahrens und ein drittes wiederum mit dem Fortschrittskennzahlenkonzept gesteuert werden.[175] Fertigungssegmente zeichnen sich dadurch aus, dass sie eine Zusammenfassung produktionsorientierter Organisationseinheiten darstellen, die mehrere Stufen der logistischen Kette etwa zur Fertigung der hier relevanten kundenauftragsneutralen Produktkomponenten umfassen.[176]

Zu erwähnen ist an dieser Stelle, dass die Implementierung dezentraler Steuerungskonzepte und deren Abstimmung untereinander hohe Planungsaufwendungen verursachen. Notwendig ist zudem eine kontinuierliche Informationsrückkopplung mit der zentralen, auf MRP II basierten lang- und mittelfristigen Produktionsplanung, um einerseits die Produktionssysteme entsprechend der geplanten, zu produzierenden Menge zu konfigurieren. Zum anderen, um bei Störungen, die sich etwa in Ausfällen und/oder Überlastungen der Produktionssysteme innerhalb der dezentralen Steuerungsbereiche darstellen, zentrale Steuerungsmaßnahmen zu deren Beseitigung ergreifen zu können.[177]

Nicht zuletzt ist zu betonen, dass die Implementierung dieser Steuerungskonzepte an zahlreiche Restriktionen gebunden ist. Etwa im Fall von Kanban, aber auch abgeschwächt bei ConWIP und dem Fortschrittskennzahlenkonzept, müssen das gesamte Produktionsprogramm innerhalb des kundenauftragsneutralen Fertigungsbereichs standardisierte Teile mit einem geringen Variantenspektrum beinhalten, ein kontinuierlicher und konstanter Teileverbrauch gewährleistet sein sowie Arbeitsgeschwindigkeiten und Arbeitstakte im gesamten Produktionsbereich angeglichen werden. Kurze Rüstzeiten und geringe Rüstkosten der Betriebsmittel stellen ebenfalls eine wesentliche Voraussetzung dar.[178] Allen drei Konzepten ist zudem gemein, dass eine hohe Kapazitätsverfügbarkeit der Produktionsfaktoren vorliegen muss, sodass flexibel auf Produktionsschwankungen reagiert werden kann.[179] Obwohl das Potenzial zur Fertigungssteuerung verschiedener Komponenten unterschiedlicher Produkte, also der Produktmix, beim

174 vgl. Höck, M. (1998), S. 108 f.; Schneider, H. (2000), S. 255 ff.
175 Vgl. Höck, M. (1998).
176 Vgl. Wildemann, H. (1998), S. 47 ff.; Eversheim, W./Schuh, G. (1999), Kap. 15, S. 62 ff.
177 Vgl. Schneider, H. (2000), S. 264 ff.
178 Vgl. Kurbel, (1995) S. 181; Corsten, H. (2004), S. 570.
179 Vgl. Schneider, H. (2000), S. 264 ff.

Fortschrittskennzahlenkonzept und beim ConWiP-Verfahren deutlich größer als beim klassischen Kanban ist, kann die Höhe des durch MRP II fertigungstechnisch realisierbaren Produktmix durch diese dezentralen Steuerungsverfahren nicht annähernd realisiert werden.[180]

Zentrale versus dezentrale Fertigungssteuerung im kundenauftragsneutralen Fertigungsbereich unter besonderer Berücksichtigung der Restriktionen der Strategieformulierung

Wie in Kapitel 2.8 als Restriktion festgelegt, stehen zur Herstellung der kundenindividuellen Massenprodukte im kundenauftragsneutralen und auch im kundenspezifischen Fertigungsbereich ausschließlich die quantitativen Kapazitäten in ihrer qualitativen Ausprägung zur Verfügung, die nicht durch das generelle Produktionsprogramm genutzt werden mit dem Ziel, die Restkapazitäten in der Art auszuschöpfen, dass die Fertigungssysteme im besten Fall voll ausgelastet werden. Dies bedeutet, dass die auftragsneutralen Komponenten des kundenindividuellen Massenprodukts mit denselben Produktionsfaktoren und damit auf den eigens für diese Produktsparte teilweise umgestalteten Fertigungssystemen, wie dem generellen Fertigungsprogramm, produziert werden.[181] Es handelt sich somit um einen Produktmix, der in Wechselproduktion mit den eingerichteten Fertigungssystemen herzustellen ist. Dieses impliziert, dass im Rahmen der praktischen Strategieimplementierung davon auszugehen ist, dass die standardisierten Bauteile hinsichtlich ihrer Bauteilgeometrie und weiterer spezifischer Ausprägungen, wie im Maschinen- und Anlagenbau üblich, ein breites Spektrum abdecken.[182] Zudem ist zu berücksichtigen, dass für das generelle betriebliche Produktionsprogramm eine höhere Fertigungspriorität besteht und damit eine Verschiebung der Fertigungstermine und/oder quantitative Erhöhung der Fertigungsmengen zur Anpassung der geplanten Fertigungstermine und -mengen des Mass-Customization-Produkts zum Vorteil des generellen Produktionsprogramms führen, falls die Flexibilität der Produktionssysteme diese Änderungen nicht ohne Weiteres auffangen kann.

Diskutiert man diese Restriktionen im Zusammenhang mit dem Einsatz dezentraler Steuerungskonzepte, folgt, dass eine produktionssynchrone Umrüstung der einzelnen Produktionssysteme aufgrund des breiten Komponentenspektrums zu langen Rüstzeiten bzw. Durchlaufzeiten und hohen Rüstkosten führt. Die produktionssynchrone, bestands- bzw. verbrauchsgeregelte Umstellung der Betriebsmittel ist damit weder wirtschaftlich noch hinsichtlich der damit einhergehenden verlängerten Durchlaufzeiten zu rechtfertigen. Aufgrund der beabsichtigten Nutzung der Fertigungskapazitäten nahe der Vollauslastungsgrenze ist

180 Vgl. Kurbel, K (1999); Schneider, H. (2000); Piller, F. T. (1999).

181 Vgl. hierzu Kapitel 3.6.3.5.

182 Vgl. Kapitel 2.6.1.

zudem die Flexibilität der Produktionssysteme im kundenauftragsneutralen Fertigungsbereich hinsichtlich zeitlicher und quantitativer Verschiebungen innerhalb des gesamten Produktionsprogramms eingeschränkt. Da für das generelle Produktionsprogramm eine höhere Fertigungspriorität besteht, käme es somit beim derartigen Verschieben zu kontinuierlichen Störungen des Fertigungsfortschritts der Komponenten des kundenindividuellen Massenprodukt. Ein weiterer Aspekt ist, dass aufgrund der Unterschiedlichkeit der verschiedenen Produktkomponenten eine Angleichung der Arbeitsgeschwindigkeiten und Arbeitstakte auszuschließen ist.

Somit ist festzustellen, dass sich dezentrale Steuerungskonzepte innerhalb des kundenauftragsneutralen Fertigungsbereichs nur eingeschränkt für die in dieser Arbeit verfolgte Strategie eignen. Dieses begründet sich daraus, dass die mit den hier definierten Restriktionen einhergehenden Auswirkungen auf das gesamte Produktionssystem in großen Teilen gegen die o.g. Voraussetzungen zur Implementierung dezentraler Steuerungskonzepte verstoßen. Aus diesem Grund wird für die weiteren Untersuchungen dieser Arbeit festgelegt, dass die Fertigungssteuerung innerhalb des kundenauftragsneutralen Fertigungsbereichs, in dem die kundenauftragsneutralen Fertigungskomponenten des kundenindividuellen Massenprodukts hergestellt werden, dem zentralen Shop Floor Control-Konzept nach MRP II folgt.

Sollten im praktischen Einsatz der Strategie dennoch die Voraussetzungen einer dezentralen Fertigungssteuerung innerhalb des kundenauftragsneutralen Fertigungsbereichs etwa aufgrund eines geringen Teilespektrums und genügender Flexibilität der Produktionssysteme bestehen oder bereits eine dezentrale Steuerung des generellen Programms vorliegen, kann eine Umstellung zur dezentralen Steuerung des gesamten Produktionsprogramms bzw. eine Implementierung der Fertigung des kundenindividuellen Massenprodukts in die bereits vorhandene dezentrale Steuerung stattfinden. Dieses hat für den weiteren Verlauf dieser Arbeit insofern keine Auswirkung, da trotz einer dezentralen Steuerung zwischenbetriebliche Kapazitätsanpassungsmaßnahmen entsprechend der zentral bereichsinternen Fertigungssteuerung zentral geplant und koordiniert werden müssen.

3.6.3.4.2 Fertigungssteuerung im kundenauftragsspezifischen Fertigungsbereich

Im kundenauftragsspezifischen Fertigungsbereich findet die operative Eigenfertigungsplanung, -steuerung und -kontrolle der Herstellung kundenauftragsspezifischer Produktkomponenten des kundenindividuellen Massenprodukts statt.

Wie in Kapitel 3.2 ausführlich dargestellt, erfolgt im kundenauftragsspezifischen Fertigungsbereich aufgrund des dort vorherrschenden hohen Individualisierungsniveaus der Produktionssysteme die Herstellung und Montage individueller Komponenten dem Verrichtungsprinzip im Sinne einer auftragsungebundenen und ablaufgebundenen Werkstattfertigung. Gleichermaßen findet das Gruppen- und Zentrenprinzip Anwendung, wobei innerhalb der gebildeten Funktionsgruppen das Flussprinzip und zwischen ihnen wiederum das Verrichtungsprinzip vorherrschen.[183]

Die Änderungsdynamik der Planungsbedingungen im kundenauftragsspezifischen Fertigungsbereich, die aus dem Individualisierungsgrad der im kundenauftragsspezifischen Fertigungsbereich herzustellenden Komponenten des kundenindividuellen Massenprodukts und der des generellen kundenspezifischen Fertigungsprogramms resultiert, steht einer Prozessstandardisierung entgegen.

Die konfigurierten Werkstätten, Bearbeitungszentren, Fertigungssysteme und -zellen innerhalb und zwischen den Fertigungssegmenten des auftragsspezifischen Fertigungsbereichs[184] sind somit zeitlich und prozessual voneinander entkoppelt, da sich die Fertigungsprozessfolgen auftragsspezifisch ändern. Dieses schließt auch eine kontinuierliche Änderung der Arbeitsgänge und Bearbeitungszeiten auf den konfigurierten Produktionssystemen mit ein. Daraus ergeben sich auftragsspezifisch ändernde, multipel vernetzte Materialflussstrukturen zwischen den einzelnen Produktionssystemen, zahlreiche Rüstvorgänge sowie ungleiche Arbeitsgeschwindigkeiten und -takte.

Im Rahmen der Fertigungssteuerung besteht deshalb das Ziel, die Produktionsprozesse auf und zwischen den vor- und nachgelagerten Fertigungssystemen innerhalb der verschiedenen Fertigungssegmente, aber auch zwischen den Segmenten in zeitlicher und kapazitiver Hinsicht aufeinander abzustimmen sowie die sich dynamisch ändernden vernetzten Materialflüsse sicherzustellen.[185] Zudem ist aufgrund der dynamischen Planungssituation und der prinzipiell hohen Wahrscheinlichkeit von Störungen bzw. Planabweichungen im Fertigungsablauf eine kontinuierliche Überwachung der Produktionsfortschritte und ein gezieltes, zentrales Einwirken zur Optimierung des Gesamtsystems notwendig. Planabweichungen sind den nachfolgenden Fertigungsstufen ebenfalls weiterzuleiten.[186]

Zusammenfassend kann somit festgestellt werden, dass die Voraussetzungen der Fertigungssituation und die sich daraus ergebenden Aufgabeninhalte der Fertigungssteuerung im kundenauftragsspezifischen Fertigungsbereich die Implementierung dezentraler Fertigungssteuerungskonzepte ausschließen.[187] Vielmehr kann nur durch einen zentralen Planungsansatz der gesamte auftragsspezifische Fertigungsbereich koordiniert werden. Wie auch für den kundenauftragsneutralen Fertigungsbereich begründet sich somit folglich die Implementierung der Planungs-

---

183 Zum Verrichtungsprinzip sowie zum Gruppen- und Zentrenprinzip und ihr Beitrag zur Mass Customization vgl. Kapitel 3.2.

184 Zu denen im kundenauftragsspezifischen Fertigungsbereich konfigurierten Produktionssystemen siehe Kapitel 3.2.4.

185 Vgl. Love, D./Barekat, M. (1989), S. 78 ff.

186 Vgl. Piller, F. T. (1999), S. 330 f.

187 Zu den Voraussetzung einer dezentralen Steuerung sowie zu den entsprechenden dezentralen Steuerungskonzepten vgl. ausführlich Kapitel 3.6.3.4.1.

und Steuerungslogik Shop Floor Control auf Basis von MRP II[188], sodass durch eine sukzessive Verfeinerung der Produktionsplanungsdaten[189] die einzelnen Produktionsaufträge zentral bereichsintern in die Fertigung eingelastet und koordiniert werden.[190] Hier können, wie bereits in Kapitel 3.6.3.4.1 angesprochen, ebenfalls die spezialisierten Teilplanungsansätze OPT, BOA und RT zur Komplexitätsreduzierung der zentralen Fertigungssteuerung ergänzend implementiert werden.

Trotzdem eine zentrale Disposition der auftragsspezifischen sowie der auftragsneutralen Fertigung erfolgt, können zur Optimierung der Materialflusssteuerung die kundeneutralen Komponenten, die im kundenauftragsspezifischen Fertigungsbereich weiterbearbeitet bzw. montiert werden, mittels eines dezentralen Kanban-Regelkreises aus dem kundenauftragsneutralen Lager des auftragsneutralen Fertigungsbereichs dezentral abgerufen werden.[191]

3.6.3.5 Zusammenfassung der Ergebnisse der innerbetrieblichen Produktionsprozessentwicklung

In Abb. 20 sind die wesentlichen Ergebnisse der innerbetrieblichen Produktionsprozessentwicklung bzgl. der kundenauftragsneutralen und -spezifischen Produktbestandteile eines kundenindividuellen Massenprodukts unter besonderer Berücksichtigung der Restriktion der in dieser Arbeit formulierten Krisenbewältigungsstrategie als Grundlage für die weiteren Ausführungen zusammengefasst dargestellt.

Die Datenschnittstellen zu entsprechenden CIM-Komponenten, die in Abhängigkeit des innerbetrieblichen Integrationsgrads von CIM die Generierung der Produktionsprozessentwicklungsergebnisse mehr oder weniger unterstützen, können Abb. 20 ebenfalls entnommen werden.

Die Ergebnisse, die auf den Planungsschnittstellen zwischen der innerbetrieblichen Produktionsprozessentwicklung und der Produktentwicklung, der Produktionsplanung sowie der Fertigungssteuerung beruhen, wurden ausführlich in Kapitel 3.6 abgeleitet, sodass hier auf eine wiederholte Darstellung verzichtet werden kann.

Weitere relevante Produktionsprozessentwicklungsergebnisse sind die Konfiguration der Fertigungssysteme, des Fertigungsleitsystems und des Fertigungsleitstands.[192]

Für die kundenauftragsneutrale Fertigung und Vormontage werden hierbei entsprechend dem Fließprinzip starre/flexible Transferlinien bis hin zu flexiblen Fertigungssystemen neu gestaltet bzw. bereits bestehende Systeme ggf. umgestaltet. Zur

---

188 Zum Shop Floor Control als sukzessive Verfeinerung der mittel-langfristigen Produktionsplanung nach MRP II vgl. Kapitel 3.6.3.4.1.

189 Zur mittelfristigen Produktionsprogrammplanung vgl. Kapitel 3.6.3.3.

190 Vgl. Busch, U. (1987), S. 52 f.; Höck, M. (1998), S. 151 f.; Piller, F. T. (1999), S. 330; Kurbel, K. (2005), S. 234 ff.

191 Vgl. Piller, F. T. (1999), S. 325.

192 Vgl. REFA Teil 3 (1991), S. 139 ff.

Fertigung des kundenauftragsspezifischen Produktanteils und der Montage der neutralen und spezifischen Komponenten zum individuellen Massenprodukt erfolgt die Konzeption der Fertigungssysteme, soweit dieses auf Basis der in Teilen noch unbekannten Informationen möglich ist, durch die Neu- bzw. Umgestaltung flexibler Fertigungssysteme/-zellen und Bearbeitungszentren und auch durch Konfiguration einer ablaufgebundenen und auftragsungebundenen Werkstattfertigung.[193]

Sowohl die konfigurierten Fertigungs- und Montagesysteme des neutralen und auch des spezifischen Bereichs werden ggf. zu verschiedenen Fertigungssegmenten zusammengefasst. Fertigungssegmente zeichnen sich dadurch aus, dass sie eine Zusammenfassung produktionsorientierter Organisationseinheiten darstellen, die mehrere Stufen der logistischen Kette etwa zur Fertigung des hier relevanten kundenindividuellen Massenprodukts umfassen. Bezogen auf den in dieser Arbeit dargestellten Fall, kann durch eine Fertigungssegmentierung eine Spezialisierung und Flexibilisierung innerhalb der in Teilen eigenverantwortlichen Segmente realisiert werden, wodurch die Verfolgung der Mass Customization-Strategie auf der Ebene des Gesamtsystems optimiert werden kann.[194]

Zur Steuerung des automatisierten Ablaufs im auftragsneutralen Fertigungs- und Montagebereich erfolgt abschließend die Anpassung des bereits bestehenden bzw. die Auslegung des Fertigungsleitsystems. Dessen Kernaufgaben sind die dezentrale Unterstützung der Feinterminierung, die Steuerung und Überwachung aller automatisierten Materialflüsse, die Ressourcenverwaltung, die Bestandsverwaltung und -steuerung, die Auftragssteuerung, die Materialverfolgung sowie die Betriebs- und Maschinendatenerfassung.[195] Im auftragsspezifischen Fertigungs- und Montagebereich sind eine Anpassung bzw. die Implementierung eines Fertigungsleitstands durchzuführen, wobei die Aufgaben des Leitstands u.a. in der terminlichen und kapazitiven Einplanung der Fertigungsprozessfolgen/-ausschnitte bzw. Arbeitsschritte auf den konfigurierten Fertigungssystemen, der Entgegennahme und Behandlung von Rückmeldungen aus der Produktion (etwa Beginn, Ende und Störung von Arbeitsgängen) sowie in der Auftragsfortschrittskontrolle bestehen.[196]

Nach Abschluss der o.g. Planungs- und Implementierungsmaßnahmen ist die Produktionsprozessentwicklung als Voraussetzung zur Herstellung eines kundenindividuellen Massenprodukts abgeschlossen und somit eine Überleitung in die Auftragsabwicklungsphase möglich, die aus innerbetrieblicher Sichtweise nachfolgend in Kapitel 3.7 konzeptualisiert wird.

---

193 Zu den Organisationstypen der Produktion und ihr Einsatz im Rahmen einer Mass Customization vgl. Kapitel 3.2.4.

194 Vgl. Wildemann, H. (1998), S. 47 ff.; Eversheim, W./Schuh, G. (1999), Kap. 15, S. 62 ff.

195 Vgl. Eversheim, W. et al. (2005), S. 16.

196 Zur Unterstützung der Fertigungssteuerung durch Fertigungsleitsysteme und -stände vgl. Kapitel 3.7.2 und 3.7.3.

Abb. 20: Wesentliche Ergebnisse der innerbetrieblichen Produktionsprozessentwicklung

Innerbetriebliche Produktionsprozessentwicklung			
Planungs-schnittstellen	**Produktionsprozessentwicklung bzgl. kundenauftragsneutraler Produktbestandteile (standardisiert/standardisierte Varianten): Einzelteile/Unterbaugruppen/Baugruppen/Module**	**Produktionsprozessentwicklung bzgl. kundenauftragsspezifischer Produktbestandteile (Nicht standardisiert/Varianz im Detaillierungsgrad): Einzelteile/Unterbaugruppen/Baugruppen/Module**	
Produkt-entwicklung: Gestaltung/ Detaillierung	**Konfiguration Fertigungsprozessfolgen/alternative Fertigungsprozessfolgen**	**Grobe Konfiguration Fertigungsprozessfolgen/alternative Fertigungs-prozessfolgen (Varianz im Detaillierungsgrad)**	
	Konfiguration Arbeitspläne/alternative Arbeitspläne	**Grobe Konfiguration Arbeitspläne/alternative Arbeitspläne (Varianz im Detaillierungsgrad)**	
	Konfiguration Montagepläne	**Grobe Konfiguration Montagepläne (Varianz im Detaillierungsgrad)**	
	NC-Programmierung	**Grobe NC-Programmierung (falls grobe Konstruktionsdaten vorliegen)**	
Produktions-planung	**Programmplanung (langfristig) unter Berücksichtigung des generellen auftragsneutralen und -spezifischen Produktionsprogramms, das in Wechselproduktion hergestellt wird:** Absatzplanung – Primärbedarfsplanung – Ressourcengrobplanung		
	Mengenplanung/Materialbedarfsplanung (mittelfristig) unter Berücksichtigung des generellen Produktionsprogramms, das in Wechselproduktion herge-stellt wird: Nettosekundärbedarfsermittlung insbesondere bzgl. Eigenfertigungsanteil	**Grobe Mengenplanung/Materialbedarfsplanung (mittelfristig) unter Berücksichtigung des generellen Produktionsprogramms, das in Wechselproduktion hergestellt wird (Varianz im Detaillierungsgrad):** Nettosekundärbedarfsermittlung insbesondere bzgl. Eigenfertigungsanteil	CAD
	Termin- und Kapazitätsplanung (mittelfristig) unter Berücksichtigung des generellen Produktionsprogramms, das in Wechselproduktion hergestellt wird: Durchlaufterminierung; Kapazitätsbedarfsermittlung; *Kapazitätsabstimmung*: (d,t,q)-Anpassungsmaßnahmen; Belastungsanpassung	**Grobe Termin- und Kapazitätsplanung (mittelfristig) unter Berücksichtigung des generellen Produktionsprogramms, das in Wechselproduktion hergestellt wird (Varianz im Detaillierungsgrad):** Durchlaufterminierung; Kapazitätsbedarfsermittlung; *Kapazitätsabstimmung*: (d,t,q)-Anpassungsmaßnahmen; Belastungsanpassung	CAP CAM
Fertigungs-steuerung	**Eigenfertigungsplanung und -steuerung nach MRP II event. ergänzt etwa durch BOA/OPT/RT**	**Eigenfertigungsplanung und -steuerung nach MRP II event. ergänzt etwa durch BOA/OPT/RT**	
	Materialflusssteuerung: Unternehmensintern: zwischen kundenneutralem Lager und kun-denspezifischem Fertigungsbereich Kanban-Regelkreis möglich	**Materialflusssteuerung:** Unternehmensintern: zwischen kundenspezifischem Fertigungsbereich und kundenneutralem Lager Kanban-Regelkreis möglich	
	Neu- bzw. Umgestaltung der Fertigungssegmente ein-schließlich der Fertigungssysteme (Organisationstypen der Produktion): Starre/flexible Transferlinien; flexible Fertigungssysteme	**Neu- bzw. Umgestaltung der Fertigungssegmente einschließlich der Fertigungssysteme (Organisationstypen der Produktion):** Flexible Fertigungssysteme, flexible Fertigungszellen, Bearbeitungszentren; Auftragsungebundene und ablaufgebundene Werkstattfertigung	
	Konfiguration Fertigungsleitsystem einschließlich BDE	**Konfiguration Fertigungsleitstand einschließlich BDE**	

(Quelle: Eigene Darstellung)

3.7 Innerbetrieblicher Auftragsabwicklungsprozess

Aufbauend auf den vorangegangenen Ergebnissen bzgl. des integrierten Produktentwicklungsprozesses und insbesondere der Ergebnisse der innerbetrieblichen Produktionsprozessentwicklung, die in Kapitel 3.6.3.5 zusammenfassend dargestellt sind, besteht nachfolgend das Ziel in der Konfigurationen des Auftragsabwicklungsprozesses zur Erstellung kundenindividueller Massenprodukte aus innerbe-trieblicher Perspektive im Sinne der formulierten Krisenbewältigungsstrategie.[197]

Eine Übertragung der Erkenntnisse auf den zwischenbetrieblichen Auftragsabwicklungsprozess bzgl. der in Kapitel 3.4.2 konfigurierten Supply Chain-Referenzstruktur findet in Kapiteln 3.9 und 3.10 statt.

Abb. 21 zeigt den konfigurierten Auftragsabwicklungsprozess aus aufbau- und ablauforganisatorischer Perspektive zusammengefasst auf. Wie zu erkennen, entspricht das Prinzip der Fertigungssteuerung im kundenauftragsneutralen und -spezifischen Fertigungsbereich aufgrund der Restriktionen der formulierten Krisenbewältigungsstrategie auf MRP II, was in Kapitel 3.6.3.4 ausführlich begründet wurde.

Die Inhalte der Abbildung basieren insbesondere bzgl. der aufbauorganisatorischen Perspektive in Teilen einerseits auf Überlegungen von Piller[198], andererseits basieren sie auf Ausführungen von Eversheim/Schuh[199], die sich mit der Systematisierung der Ausprägungen hinsichtlich der Produktionsplanung- und -steuerung verschiedener Fertigungstypen, vor allem spezifischer Mischformen, befassen. Die grundlegende Literatur zur allg. Produktionsplanung- und -steuerung findet hier ebenfalls Anwendung und dient nachfolgend dem Grundverständnis für der weiteren Ausführungen.[200]

Wie Abb. 21 zu entnehmen, setzt sich die zur Planung, Steuerung und Kontrolle des Auftragsabwicklungsprozesses benötigte Aufbauorganisation aus den drei aufbauorganisatorischen Einheiten Auftragsleitstelle, kundenauftragsneutraler und kundenauftragsspezifischer Fertigungsbereich zusammen, die insgesamt für die Herstellung eines kundenindividuellen Massenprodukts verantwortlich sind. Betrachtet man diese Aufbauorganisation als geschlossenes System, bilden folgende Informationen die Eingangsgrößen, die während des Auftragsabwicklungsprozesses benötigt werden. Erstens sämtliche Planungsergebnisse, die im Rahmen der integrierten Produktentwicklung und damit auch der Produktionsprozessentwicklung generiert wurden.[201]

197 Vgl. Kapitel 2.8.
198 Vgl. Piller, F. T. (1999).
199 Vgl. Eversheim, W./ Schuh, G. (1999).
200 Vgl. etwa Kurbel, K. (1999); Höck, M (1998).
201 Vgl. Kapitel 3.6.3.5.

Abb. 21: Konzeption des innerbetrieblichen Auftragsabwicklungsprozesses zur Erstellung kundenindividueller Massenprodukte auf der Basis von Überkapazitäten

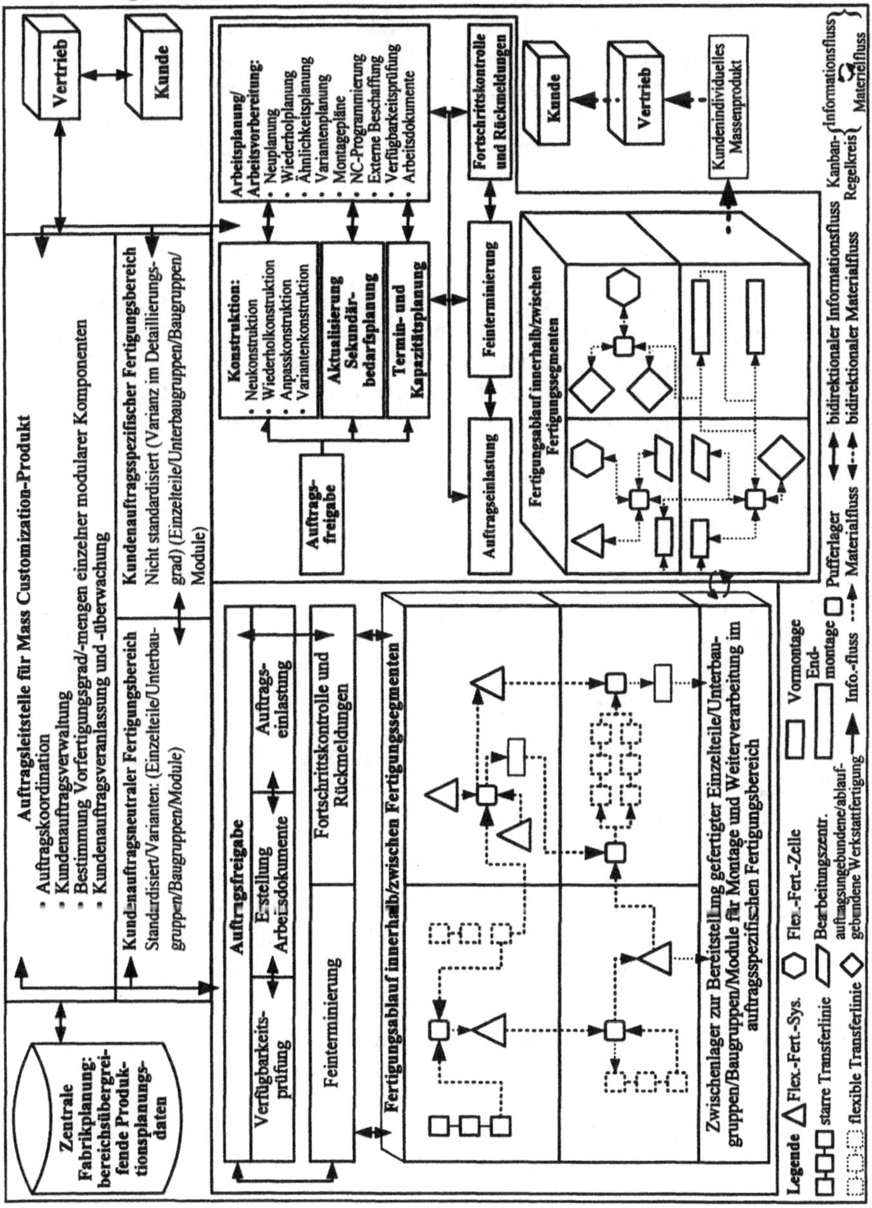

(Quelle: Eigene Darstellung)

Zweitens die aktuellen Daten und Informationen der Produktionsplanung und -steuerung des restlichen betrieblichen, auftragsneutralen und -spezifischen Produktionsprogramms, das in Wechselproduktion hergestellt wird. Drittens die Informationen aus dem Vertrieb, der das kundenindividuelle Massenprodukt mit jedem Kunden nach dessen Anforderungen, sofern die Wünsche im Rahmen der Produktkonzeption liegen, auch teilweise in einem rückgekoppelten Prozess mit der Auftragsleitstelle konfiguriert und den Auftrag mit allen zugehörigen Informationen an die Auftragsleitstelle weiterleitet.

3.7.1 Auftragsleitstelle

Obwohl Auftragsleitstellen, auch etwa bezeichnet als Auftragszentrum oder Auftragszentrale, in den meisten Fällen bei den Auftragsfertigern als organisatorische Einheit implementiert werden, bietet diese sich auch als Instrument im Rahmen einer kundenindividuellen Massenproduktion mit dem Ziel einer optimalen bereichsübergreifenden Koordination des kundenauftragsneutralen und -spezifischen Bereichs an, wobei der Planungs- und Koordinationseinfluss der Auftragsleitstelle auf den kundenspezifischen Fertigungsbereich tiefergehend ist.[202] Die Auftragsleistelle stellt damit die übergreifende Koordinationsebene des auftragsneutralen und -spezifischen Fertigungsbereichs einer kundenindividuellen Massenproduktion dar und bildet gleichzeitig die Schnittstelle zur zentralen Produktionsplanung des Gesamtunternehmens sowie zum Vertrieb und somit indirekt zum Kunden. Wie Abb. 21 zu entnehmen ist, erstrecken sich hier die Kompetenzen der Auftragsleistelle neben der Informationsweiterleitung/-verarbeitung an/aus andere/n betriebliche/n Bereiche/n ausschließlich auf die Kundenauftragsveranlassung und -verwaltung sowie auf die Auftragskoordination und -überwachung. Die Bestimmung des Vorfertigungsgrades und der Vorfertigungsmengen durch Analyse aktueller Kundenaufträge sowie die Identifikation des individuellen Anteils an Einzelteilen/Unterbaugruppen/Baugruppen und Modulen zu fertigender Produkte und auch die Weiterleitung dieser Informationen an die Fertigungsbereiche einschließlich entsprechender Terminrestriktionen, die sich aus den vereinbarten Lieferterminen ergeben, kommen der Auftragsleitstelle ebenfalls zu. Liefertermine sollten jedoch bei einer kundenindividuellen Massenproduktion vorab festgelegt werden, sodass die Zeitspanne zwischen Auftragseingang und Lieferung des Produkts zwischen den einzelnen Aufträgen nicht variiert.

Der Auftragsleitstelle können auch etwa Aufgaben einer groben Termin- und Kapazitätsplanung, der Identifikation von Engpassressourcen und auch der Beschaffungsplanung innerhalb des kundenindividuellen Bereich zugewiesen werden.[203] Der direkt zentral gesteuerte Einfluss der Auftragsleitstelle würde sich damit bis in

202 Vgl. Eversheim, W./Schuh, G. (1999), Kap. 14 S. 65 ff.; Piller, F. T. (1999), S. 316.
203 Vgl. Eversheim, W./ Schuh, G. (1999), Kap. 14 S. 65 ff.

die Arbeitsplanung/Arbeitsvorbereitung erstrecken. In der hier gewählten Darstellung werden diese Aufgaben ausschließlich im kundenauftragsspezifischen Fertigungsbereich dezentral bearbeitet und die Arbeitsergebnisse der Auftragsleitstelle im Rahmen eines bidirektionalen Informationsflusses übermittelt. Mit diesen Informationen, die der Auftragsleitstelle ebenfalls aus dem kundenauftragsneutralen Fertigungsbereich übermittelt werden, kann sie jeden Kundenauftrag koordinieren, verwalten und hinsichtlich des Fortschritts überwachen.

3.7.2 Auftragsabwicklung im kundenauftragsneutralen Fertigungsbereich

Aufgabe des kundenauftragsspezifischen Fertigungsbereichs ist die operative Planung, Steuerung und Kontrolle der Herstellung kundenneutraler Produktkomponenten und -varianten des kundenindividuellen Massenprodukts. Diese Komponenten sind dem kundenauftragsspezifischen Fertigungsbereich zur Montage und/oder Weiterverarbeitung in benötigter Menge zum geplanten Zeitpunkt bereitzustellen.

Die nachfolgende Darstellung des Auftragsabwicklungsprozesses im kundenauftragsneutralen Fertigungsbereich basiert auf den Inhalten der Abb. 21, sodass an dieser Stelle darauf verwiesen wird. Obwohl in diesem Fertigungsbereich auch Komponenten des generellen Produktionsprogramms in Wechselproduktion gefertigt werden, wird nachfolgend ausschließlich die Herstellung standardisierter Einzelteile, Unterbaugruppen, Baugruppen und Module einschließlich deren standardisierter Varianten eines kundenindividuellen Massenprodukts betrachtet.

Die Fertigungssteuerung der standardisierten Komponenten basiert hauptsächlich auf den lang- und mittelfristigen Produktionsplanungsdaten der zentralen Fabrikplanung. Diese Informationen, die u.a. die Primärbedarfe sowie die Mengen-, Termin- und Kapazitätsplanung beinhalten, werden der Auftragsleitstelle, die diese wiederum zur Auftragsfreigabe an die Fertigungssteuerung weiterleitet, übermittelt.[204] Die Produktion innerhalb des kundenauftragsneutralen Fertigungsbereichs hat damit keinen direkten Bezug zu einem spezifischen Kundenauftrag, sodass innerhalb dieses Bereiches eine kundenauftragsneutrale Vorfertigung durchgeführt wird. Trotzdem findet durch die Auftragsleitstelle ein kontinuierlicher Abgleich und anschließende Meldung an die zentrale Fabrikplanung sowie vor allem an den kundenauftragsneutralen Fertigungsbereich dahingehend statt, ob das geplante Produktionsprogramm bzw. die in den ein- oder mehrwöchigen Freigabehorizont fallenden Fertigungsaufträge in Art und Menge den aktuellen Kundenaufträgen entsprechen. Im Fall von Verschiebungen innerhalb des Programms muss die Fertigungssteuerung darauf flexibel und kurzfristig reagieren.

---

204 Zu den Inhalten der mittel- bis langfristigen Produktionsplanung vgl. Kapitel 3.6.3.3.

Im Rahmen der Auftragsfreigabe werden in einem ersten Schritt die Fertigungsaufträge der kundenauftragsneutralen Produktbestandteile inkl. Varianten, die in den ein- oder mehrwöchigen Freigabehorizont fallen, ausgewählt. Im Anschluss werden folgende Arbeitsschritte parallel bzw. sukzessiv abgearbeitet, wobei eine kontinuierliche Rückkopplung mit der Auftragsleitstelle und durch diese mit der zentralen Fabrikplanung, also der bereichsübergreifenden Produktionsplanung, stattfindet, sodass die aktuelle Fertigungssituation auch im Rahmen der rollierenden lang- und mittelfristigen Produktionsplanung berücksichtigt werden kann[205]:

Verfügbarkeitsprüfung: Die Eingangsgrößen der Verfügbarkeitsprüfung stellen die Ergebnisse des integrierten Produktentwicklungsprozesses des kundenindividuellen Massenprodukts dar.[206]

Es wird hier die Verfügbarkeit der zur Fertigung der ausgewählten Aufträge benötigten Materialien und Ressourcen überprüft. Die Verfügbarkeitsprüfung, die in kurzfristigen Zyklen (etwa wöchentlich oder täglich) vollzogen wird, bezieht sich dabei im Wesentlichen auf:

- die gemäß den Stücklisten benötigten Mengen an Einzelteilen und Baugruppen,
- die gemäß den Arbeitsplänen notwendigen Kapazitäten der Betriebsmittelgruppen und des Personals sowie auf
- die nötigen Informationen, wie etwa Arbeitspläne und NC-Programme.[207]

Anschließend werden die auf Verfügbarkeit überprüften Materialien und Ressourcen reserviert. Gleichzeitig wird auch ersichtlich, ob die mittelfristige Kapazitätsplanung eingehalten werden kann oder ob, was im Weiteren dieser Arbeit von Relevanz ist, Kapazitätsengpässe auftreten, die neben einer Belastungsanpassung nur durch entsprechende inner- und/oder zwischenbetriebliche Kapazitätsanpassungsmaßnahmen beseitigt werden können. Die Darstellung des Aspektes der zwischenbetrieblichen Kapazitätsanpassung wird im Rahmen der Konzeption einer alternierenden Fremdvergabe in Kapitel 3.8 erfolgen.[208]

Erstellung Arbeitsdokumente: Es erfolgt hier die Erstellung der Begleitpapiere und anderer Belege für die Fertigungsaufträge. U.a. werden auftragsabhängige Arbeitspläne, die sich etwa im Gegensatz zu Standardarbeitsplänen hinsichtlich der Angabe der Auftragsmenge unterscheiden, generiert. Weitere Dokumente, die zunehmend elektronisch, wie etwa in Form von Barcodes und anderen maschinenlesbaren Formaten, erstellt werden, sind bspw. Laufkarten, Terminkarten,

---

205 Vgl. Höck, M (1998), S. 23.

206 Zu den Inhalten und Ergebnissen des integrierten Produktentwicklungsprozesses vgl. Kapitel 3.6.

207 Vgl. Hansmann, K.-W. (1996), S. 293 ff.; Lödding, H. (2005), S. 91 f.

208 Zu den Inhalten der Belastungsanpassung sowie zu inner- und zwischenbetrieblichen Kapazitätsanpassungsmaßnahmen vgl. Kapitel 3.5.

Materialscheine, Lohnscheine sowie spezielle Rückmeldescheine für die Fortschrittskontrolle.[209]

Auftragseinlastung: Im Rahmen der Auftragseinlastung, die einerseits parallel oder zeitlich der Verfügbarkeitsprüfung nachgelagert durchgeführt werden kann, werden die Aufträge freigegeben, d.h. in die Fertigung eingelastet. Die Aufträge können statisch oder dynamisch freigegeben werden. Erfolgt die Freigabe statisch, wird ein Fertigungsauftrag nur dann freigegeben, wenn bereits zum Zeitpunkt der Verfügbarkeitsprüfung alle benötigten Ressourcen physisch vorhanden sind. Demgegenüber wird bei einer dynamischen Auftragsfreigabe ein Auftrag in die Produktion eingelastet, wenn auf der Basis von Simulationen zu erwarten ist, dass zum geplanten Fertigungstermin die benötigten Produktionsfaktoren zur Verfügung stehen. Zum Zeitpunkt der Verfügbarkeitsprüfung bzw. Auftragseinlastung stehen somit die Ressourcen teilweise nur dispositiv, also nicht physisch bereit.[210]

Feinterminierung: Dieser Schritt folgt der Auftragseinlastung. Im Gegensatz zur mittelfristigen Termin- und Kapazitätsplanung, die in vielen Fällen den einzelnen Aufträgen nur grobe Termin- und Kapazitätseinheiten, etwa bezogen auf Tage und Betriebsmittelgruppen, zuordnet, werden hier den einzelnen Arbeitsgängen die spezifischen Arbeitsplätze auf den in Abb. 21 dargestellten Transferlinien, Bearbeitungszentren und flexiblen Fertigungssystemen innerhalb der jeweiligen Fertigungssegmente[211] minutengenau zugewiesen.[212] Sollte diese Zuweisung aufgrund unzureichender Kapazitäten scheitern, sind wiederum Anpassungsmaßnahmen zu planen und durchzuführen.

Die Feinterminierung beinhaltet folgende Arbeitsschritte, die je nach Integrationsgrad dezentral automatisch durch das Fertigungsleitsystem im kundenauftragsneutralen Fertigungsbereich unterstützt werden können[213]:

- Aktualisierung der Fertigungsdaten: Die freigegebenen Aufträge werden hinsichtlich ihres Zeit- und Kapazitätsbedarfs an die momentane Fertigungssituation angepasst.[214]
- Anpassung der Losgrößen: Hier erfolgt eine Feinabstimmung der Auftragslosgrößen, basierend auf der eher groben Losgrößenplanung als Teil der mittelfristigen Produktionsprogrammplanung.[215]

209 Vgl. Kurbel (1999), S. 166 f.

210 Vgl. Scheer, A.-W. (1994), S. 282 ff; Kurbel, K. (1999), S. 167.

211 Zur Konfiguration der Organisationstypen der Produktion im kundenauftragsneutralen Fertigungsbereich vgl. Kapitel 3.2 sowie Abbildung 21.

212 Vgl. Höck, M. (1998), S. 24.

213 Zur Integration von Fertigungsleitsystemen im kundenauftragsneutralen Fertigungsbereich vgl. Kapitel 3.6.3.5 sowie Kapitel 3.7.2.

214 Vgl. Höck, M. (1998), S. 24.

215 Vgl. Höck, M. (1998), S. 24.

- Maschinenbelegungsplanung: Sie stellt im Eigentlichen die Hauptaufgabe der Feinterminierung dar. Hier wird die Reihenfolge, in der die Arbeitsgänge auf den Fertigungsanlagen nacheinander abgearbeitet werden, konfiguriert und damit der gesamte Fertigungsablauf auch zeitlich festgelegt.[216] Man spricht dabei auch von Reihenfolge- und Ablaufplanung oder Kapazitätsterminierung. Ohne im Weiteren darauf näher einzugehen, sei angemerkt, dass hierzu eine Vielzahl von Verfahren des Operations Research, wie etwa Prioritätsregeln, existieren, die je nach beabsichtigten Zielen etwa die Minimierung der Durchlaufzeit oder die Maximierung der Kapazitätsauslastung optimieren.[217]

Das Ergebnis der Feinterminierung sind detaillierte Belegungspläne der Bearbeitungssysteme, welche die exakten Start- und Endtermine der einzelnen Arbeitsgänge enthalten. Aus diesen können ebenfalls die Belegungspläne für das Personal und für die Werkzeuge generiert werden.[218]

Die Fertigung und auch teilweise die Vormontage der auftragsneutralen Produktkomponenten werden anschließend innerhalb und zwischen den Fertigungssegmenten auf den im Rahmen der Produktionsprozessentwicklung konfigurierten Fertigungssystemen, wie starren/flexiblen Transferlinien, sowie flexiblen Fertigungssystemen und auf konfigurierten Montagesystemen durchgeführt. Ihr Zusammenwirken einschließlich möglicher Materialflüsse und konfigurierter Pufferlager ist in Abb. 21 beispielhaft veranschaulicht.[219] Nach Fertigungsabschluss werden die hergestellten Einzelteile und vormontierten Unterbaugruppen, Baugruppen und Module zur Bereitstellung für Montage und Weiterverarbeitung innerhalb des auftragsspezifischen Fertigungsbereichs im Lager des kundenauftragsneutralen Fertigungsbereichs zwischengelagert.

Der produktions- bzw. montagesynchrone Abruf durch den auftragsspezifischen Fertigungsbereich kann trotz zentraler Disposition durch die Implementierung eines Kanban-Regelkreises zwischen dem auftragsspezifischen Fertigungsbereich und dem Zwischenlager des auftragsneutralen Fertigungsbereichs im Sinne einer Pull-Steuerung erfolgen.[220]

Fortschrittskontrolle und Rückmeldungen: Parallel zum Fertigungsablauf wird im Rahmen der Fortschrittskontrolle überwacht, ob die Durchführung der Aufträge in Einklang mit der Planung steht. So muss neben der Meldung über fertiggestellte Aufträge vor allem bei Störungen und Verzögerungen, u.a. basierend auf Maschinenausfällen, Werkzeugbruch oder Ausschussproduktion, gewähr-

216 Vgl. Domschke, W./Scholl, A./Voß, S. (1993), S. 16 ff.
217 Zu Optimierungsverfahren vgl. etwa Domschke, W./Scholl, A./Voß, S. (1993), S. 249 ff.; Kurbel, K. (1999), S. 168 f.
218 Vgl. Höck, M. (1998), S. 27.
219 Zu denen im kundenauftragsneutralen Fertigungsbereich konfigurierten Produktionssystemen vgl. Kapitel 3.6.3.5.
220 Vgl. Piller, F. T. (1999), S. 325.

leistet sein, dass eine entsprechende Rückmeldung an die zuständigen Planungsbereiche erfolgt und eine Neuplanung bzw. Aktualisierung der Teilpläne innerhalb der Feinterminierung stattfinden kann.[221]

- Die Fortschrittskontrolle und die Rückmeldung werden in den meisten Fällen auf dem Wege der im Fertigungsleitsystem integrierten Betriebsdatenerfassung (BDE) unterstützt. Aufgabe der BDE ist es, über Stör- und Fertigmeldungen einen Regelkreis herzustellen, der kontinuierlich Soll- und Ist-Daten miteinander abgleicht und neben der Rückmeldung in modernen Lösungen sogar dezentral selbststeuernd auf den Produktionsprozess einwirkt.[222]

Wie bereits in Kapitel 3.6.3.4.1 betont, birgt die zentrale Fertigungssteuerung nach MRP II in sich die Problematik von Fehlprognosen, da hier eine auf Absatzprognosen basierende auftragsunabhängige Vorfertigung kundenneutraler Komponenten und deren Varianten erfolgt. Es lassen sich insgesamt vier Prognose-Szenarien identifizieren. Das erste bestünde darin, dass die produzierten Komponenten und deren Varianten genau der Nachfrage entsprächen, wobei dieser Fall unwahrscheinlich ist. Das zweite Szenario wäre eine Überproduktion an Komponenten und/oder deren Varianten, was zur unnötigen Erhöhung der Lagerkosten und des Umlaufvermögens führt. Die dritte Möglichkeit ist eine Unterdeckung der Nachfrage, sodass Lieferengpässe entstünden und damit die Kundenzufriedenheit gefährdet sein würde. Ziel muss es hier selbstverständlich sein, die Lager- und Umlaufkosten zu reduzieren und trotzdem die Kundennachfrage jederzeit befriedigen zu können, was eine gewisse Produktion oberhalb der Nachfrage bedingt. Wie bereits betont, ist das Risiko von Fehlprognosen vor allem in den ersten Planperioden nach Produkteinführung eines kundenindividuellen Massenprodukts symptomatisch, wobei in nachfolgenden Perioden aufgrund bekannter Absatzmengen der Primär- bzw. Sekundärbedarf an kundenauftragsneutralen Komponenten und deren Varianten relativ gut abgeschätzt werden kann.

Das vierte Szenario bestünde in einer Verschiebung innerhalb des Produktionsprogramms, indem etwa die aktuell gefertigten Varianten zwar der Menge, aber nicht der durch den auftragsspezifischen Bereich momentan geforderten Art entsprächen und diese auch nicht auf Lager lägen. In derartigen Fällen muss die Fertigungssteuerung so flexibel reagieren können, dass eine kurzfristige Einlastung von Eilaufträgen zur Fertigung der geforderten Varianten möglich ist. Wie bereits betont, wird zu diesem Zweck durch die Auftragsleitstelle eine kontinuierliche Analyse und entsprechende Meldung an den kundenauftragsneutralen Fertigungsbereich dahingehend durchgeführt, ob das geplante mittelfristige Produktionsprogramm bzw. die in den ein- oder mehrwöchigen Freigabehorizont fallenden Fertigungsaufträge der Varianten den momentanen Kundenaufträgen entsprechen. Unterstützt wird die fertigungstechnische Realisierung derartig

221 Vgl. Kurbel, K. (1995), S. 173; Höck, M. (1998), S. 27 f.
222 Vgl. Höck, M. (1998), S. 27 f.

kurzfristiger Änderungen dadurch, dass bereits während der Phase der integrierten Produktentwicklung darauf zu achten ist, dass die Varianten untereinander hinsichtlich ihres qualitativen und quantitativen Kapazitätsbedarfs zu ihrer Herstellung keine signifikanten Unterschiede aufweisen sollten.

3.7.3 Auftragsabwicklung im kundenauftragsspezifischen Fertigungsbereich

Aufgabe des kundenauftragsspezifischen Fertigungsbereichs ist die operative Planung, Steuerung und Kontrolle der Fertigung kundenauftragsspezifischer Einzelteile, Unterbaugruppen, Baugruppen und Module des kundenindividuellen Massenprodukts. Hier erfolgt ebenfalls deren Montage zum kundenindividuellen Endprodukt, indem die auftragsspezifischen sowie die neutral vorgefertigten Komponenten entsprechend der individuellen Erzeugnisstruktur zusammengesetzt werden. Teilweise kann auch eine Weiterbearbeitung und damit eine auftragsspezifische Individualisierung der neutral vorgefertigten Produktkomponenten erfolgen.

Wie in Kapitel 3.6.3.4.2 begründet festgelegt, erfolgt die Fertigungssteuerung im kundenauftragsspezifischen Fertigungsbereich auf Basis der Sukzessivplanung nach MRP II. Die Auftragsabwicklung bzgl. des generellen Produktionsprogramms innerhalb dieses Bereichs, das entsprechend der Strategieformulierung in Wechselproduktion herzustellen ist, wird nachfolgend nicht weiter betrachtet.

Wie in Kapitel 3.6.3.3 dargelegt, existieren im Gegensatz zum kundenauftragsneutralen Fertigungsbereich für den auftragsspezifischen Fertigungsbereich nur grobe mittelfristige Produktionsplanungsdaten, die weder detaillierte Fertigungsaufträge noch detaillierte Termin- und Kapazitätsplanungsdaten beinhalten. Hinsichtlich des Eigenfertigungsanteils findet im Rahmen der mittelfristigen Produktionsplanung lediglich eine grobe Reservierung der Fertigungskapazitäten für die kundenindividuellen Produktbestandteile des kundenindividuellen Massenprodukts auf Basis der Produktentwicklungs- und Produktionsprozessentwicklungsdaten sowie des prognostizierten Primärbedarfs statt. Diese Daten werden der Auftragsleitstelle durch die zentrale, bereichsübergreifende Fabrikplanung zugeführt und durch diese an den kundenauftragsspezifischen Fertigungsbereich weitergeleitet.

Der Auftragsabwicklungsprozess beginnt mit der Übermittlung der Kundenauftragsinformationen durch den Vertrieb an die Auftragsleitstelle. Diese gibt den Auftrag frei und wertet die Auftragsinformationen hinsichtlich des zu individualisierenden Anteils bzgl. der spezifischen Einzelteile/Unterbaugruppen/Baugruppen und Module in Art und Menge aus. Diese Informationen zuzüglich der Angabe, welche kundenneutralen Bauteile in das spezifische Produkt eingehen und damit aus dem neutralen Fertigungsbereich abgerufen werden müssen, leitet die Auftragsleitstelle an den kundenauftragsspezifischen Fertigungsbereich weiter. Zugleich werden die auftragsspezifischen Informationen der zentralen Fabrikplanung zur Aktualisierung zugeführt.

Im kundenauftragsspezifischen Fertigungsbereich werden anschließend folgende Produktionsplanungsaktivitäten zeitlich parallel und dem Planungsfortschritt entsprechend, sukzessiv rückgekoppelt, als Grundlage der operativen Fertigungssteuerung durchgeführt.[223] Ihr Zusammenhang ist in Abb. 21 dargestellt.

Konstruktion: Durch Analyse der Individualisierungsinformationen wird festgestellt, in welchem Detaillierungsgrad für die zu individualisierenden Produktkomponenten Konstruktionszeichnungen vorliegen, die einerseits, wie in Kapitel 3.6.2 und 3.6.3.2 aufgezeigt, im Rahmen des integrierten Produktentwicklungsprozesses bereits in Teilen erstellt oder während vorangegangener Aufträge konstruiert wurden. Der sich anschließende Konstruktionsprozess, dessen Phasen und Ergebnisse in Kapitel 3.6.2 ausführlich dargestellt sind, kann demnach in die vier verschiedenen Konstruktionsarten Neu-, Wiederhol-, Anpass- und Variantenkonstruktion unterschieden werden.

Bei der Neukonstruktion existieren keine Konstruktionsunterlagen, sodass hier eine vollständig neue Lösung entsteht.[224] Da jedoch im Rahmen des in Kapitel 3.6.2 aufgezeigten Produktentwicklungsprozesses des kundenindividuellen Massenprodukts betont wird, dass gerade für die individuellen Komponenten die Varianz des Individualisierungsgrads vorab eingeschränkt werden muss, sind somit völlige Neukonstruktionen größtenteils auszuschließen. Bei der Wiederholkonstruktion ist im eigentlichen Sinn keine Konstruktion mehr notwendig, da für die individuellen Komponenten bereits sämtliche Konstruktionszeichnungen vorliegen.[225] Bzgl. der Anpasskonstruktion besteht bereits ein Vorbild als Ausgangslösung, das an die neuen Anforderungen angepasst wird. In Teilbereichen ist hier eine Neukonstruktion erforderlich.[226] Bei der Variantenkonstruktion wird das Lösungskonzept einer bestehenden Konstruktion übernommen. Es werden lediglich Maße (ganz oder teilweise) geändert, Details weggelassen oder ergänzt. Die Änderungen erfolgen in fest vorgegebenen und bereits während der Konstruktion des Vorbilds festgelegten Grenzen.[227]

Während der Konstruktionsarbeiten werden die hier generierten Daten simultan in der Sekundärbedarfsplanung, der Termin- und Kapazitätsplanung und in der Arbeitsplanung/Arbeitsvorbereitung weiter verarbeitet.

223 Vgl. Kurbel, K. (1995), S. 232 f.
224 Vgl. Schäppi, B. et al. (2005), S. 438.
225 Vgl. N.N., www.engineering-controlling.de/ie/Engineering-Controlling.pdf, Zugriff am 23.2.2007.
226 Vgl. Ehrlenspiel, K. (1995), S. 216.
227 Vgl. www.blien.de/ralf/cad/db/var_konst.htm, Zugriff am 23.2.2007.

Aktualisierung Sekundärbedarfsplanung[228]: Die Aktualisierung der Sekundärbedarfsplanung hat folgende Ziele. Einerseits, um die lang- und mittelfristige Produktionsplanung hinsichtlich ihrer Prognosegenauigkeit zu verbessern und damit den operativen Produktionsprozess etwa hinsichtlich einer erwartungsbezogenen Disposition geringwertiger Standardteile langfristig zu stabilisieren. Zweitens, um die Grundlage zur Generierung von Bestellaufträgen für auf externen Märkten zu beschaffende Komponenten zu ermöglichen. Drittens, falls dieses aufgrund der oft unterschiedlichen Teile überhaupt möglich ist, die Bildung von optimalen Losgrößen unter grober Berücksichtigung notwendiger Kapazitätsbedarfe und exakt einzuhaltender Vorlaufzeiten für untergeordnete Sekundärbedarfe. Ein weiteres Ziel besteht darin, die Grundlage für die Termin- und Kapazitätsplanung zu schaffen. Da für die Sekundärbedarfsplanung die Erzeugnisstrukturdaten und die daraus resultierenden Stücklisten sowie Kapazitätsbedarfe benötigt werden, muss ein kontinuierlicher Informationsaustausch mit Konstruktion und Arbeitsplanung/Arbeitsvorbereitung vor allem bei Planungen auf Basis unvollständiger Informationen stattfinden. Die Sekundärbedarfsplanung spielt jedoch, bezogen auf die auftragsspezifische Teilefertigung, im Gegensatz zur auftragsneutralen Produktion eine eher untergeordnete Rolle[229]

Termin- und Kapazitätsplanung[230]: Eingangsdaten für die Termin- und Kapazitätsplanung sind die Daten zum spezifischen Kundenauftrag, die Informationen aus Konstruktion und Arbeitsplanung/Arbeitsvorbereitung, die mittelfristigen bzw. bereits aktualisierten Produktionsplanungsdaten sowie die aus der Feinterminierung gemeldete aktuelle Termin- und Kapazitätssituation in der Fertigung.

Die Termin- und Kapazitätsplanung werden hier in mehreren Planungsschritten abgearbeitet und sukzessiv verfeinert. Nach Kundenauftragseingang erfolgt unter Hinzuziehung bekannter Informationen aus den oben genannten Bereichen eine grobe Terminierung des Auftrags mit teilweise geschätzten, teilweise exakten Durchlaufzeiten und groben Kapazitätsbelegungen auf den mittelfristig bereits reservierten Produktionssystemen.[231] Hierbei werden Fertigungsengpässe identifiziert und entsprechende Anpassungsmaßnahmen geplant, die bereits in Teilen auf den mittelfristigen Produktionsplanungsdaten basieren.

Wenn die auftragsspezifischen Arbeitspläne zu den einzelnen Teilaufträgen durch die Arbeitsplanung/Arbeitsvorbereitung erstellt sind, erfolgt die Durchlaufterminierung und anschließend die Kapazitätsplanung einschließlich der Planung detaillierter Anpassungsmaßnahmen, falls eine Divergenz zwischen Kapazitätsangebot und -bedarf absehbar ist. Dieses kann neben innerbetriebli-

---

228 Zu den Aufgaben der Sekundärbedarfsplanung vgl. Kapitel 3.6.3.3.

229 Vgl. Eversheim, W./ Schuh, G. (1999), Kap.14 S. 74.

230 Zu den Aufgaben der Termin- und Kapazitätsplanung vgl. ausführlich Kapitel 3.6.3.3.

231 Zu den mittelfristig reservierten Kapazitäten im kundenauftragsneutralen Fertigungsbereich vgl. Kapitel 3.6.3.3.

chen Anpassungsmaßnahmen gleichzeitig die in Kapitel 3.8 konzeptualisierte zwischenbetriebliche Kapazitätsanpassung im Rahmen der alternierenden Fremdvergabe mit einschließen.[232]

Die Ergebnisse dieser Planungsphase bilden die Grundlage für die sich anschließende Feinterminierung.

Arbeitsplanung/Arbeitsvorbereitung: Im Rahmen der Arbeitsplanung/Arbeitsvorbereitung werden die zum spezifischen Fertigungsauftrag benötigten Daten und Informationen generiert. Die Arbeitsplanung/Arbeitsvorbereitung steht in einem bidirektionalen Informationsaustausch mit der Auftragsleitstelle sowie mit den zeitlich parallel gelagerten Aktivitäten Konstruktion, Sekundärbedarfsplanung, Termin- und Kapazitätsplanung und auch mit der operativen Fertigungssteuerung.

Grundlegende Basis der Arbeitsplanung/Arbeitsvorbereitung bilden die generierten Daten der Produktionsprozessentwicklung als Teil des integrierten Produktentwicklungsprozesses.[233] Somit existieren bereits mehr oder weniger detailliert die zur Fertigung und Montage der individuellen Komponenten notwendigen Fertigungsprozessfolgen, Arbeitspläne und deren Alternativen, Montagepläne sowie auch in Teilen die notwendigen NC-Programme.

Auf dieser sowie auf der Basis der durch die Konstruktionsabteilung angefertigten Zeichnungen, Erzeugnisstrukturdaten, Stücklisten usw. werden die auftragsspezifischen Arbeitspläne generiert.[234] Entsprechend einer Neukonstruktion, die im Rahmen der kundenindividuellen Massenkonstruktion möglichst vermieden werden sollte, erfolgt eine Neuplanung des Arbeitsplans. Bei einer Wiederholkonstruktionen erfolgt eine Wiederholplanung. Hierbei werden bereits bestehende Arbeitspläne nur geringfügig und auftragsspezifisch geändert. Handelt es sich um eine Anpasskonstruktion, erfolgt eine Ähnlichkeitsplanung etwa durch Änderung und Anpassung einzelner Arbeitsgänge. Bei einer Variantenkonstruktion werden im Sinne einer Variantenplanung Standardarbeitspläne hinsichtlich geometrischer und/oder technologischer Aspekte verändert.[235] Die Erstellung alternativer Arbeitspläne findet entsprechend der vorherrschenden Kapazitätssituation hier ebenfalls statt.

Zeitlich parallel zur Arbeitsplanerstellung werden die zugehörigen Montagepläne sowie die bestehenden NC-Programme auftragsspezifisch angepasst oder neu erstellt. In Rückkopplung mit der Sekundärbedarfsplanung und der Termin-/Kapazitätsplanung, die rollierend aktualisiert und mit dem Planungsfortschritt zu-

---

232 Zu den Inhalten der Belastungsanpassung sowie zu inner- und zwischenbetrieblichen Kapazitätsanpassungsmaßnahmen vgl. Kapitel 3.5.

233 Vgl. Kapitel 3.6.3.5 und Abbildung 20.

234 Zu den Informationsinhalten von Arbeitsplänen vgl. Kapitel 3.6.3.1 sowie Kapitel 3.6.3.2.

235 Vgl. Westkämper, E. (2006), S. 159.

nehmend detaillierter werden, erfolgt auch die Initiierung der Material- und Bauteilbeschaffung, was in Kapitel 3.9 und 3.10 ausführlich behandelt wird.

Diesen Arbeitsschritten folgen die Verfügbarkeitsprüfung sowie die Erstellung der Arbeitsdokumente, was bereits in Kapitel 3.7.2 dargestellt wurde. Insbesondere wird im Rahmen der Verfügbarkeitsprüfung analysiert, ob die für den spezifischen Fertigungsauftrag benötigten kundenauftragsneutralen Komponenten im Zwischenlager des kundenauftragsneutralen Fertigungsbereichs vorrätig sind. Falls nicht, wird durch Meldung an die Auftragsleitstelle im kundenauftragsneutralen Fertigungsbereich ein Eilauftrag entsprechend der auftragsspezifischen Anforderungen in das geplante Produktionsprogramm kurzfristig eingelastet.[236]

Auftragseinlastung/Feinterminierung: Sind die o.g. Planungsprozesse durchgeführt, wird der spezifische Kundenauftrag bzw. die daraus resultierenden Teilaufträge insgesamt oder dem Planungsfortschritt entsprechend sukzessiv in die Fertigung eingelastet und es schließt sich die Feinterminierung an. Da diese Planungsprozesse ebenfalls bereits für den kundenauftragsneutralen Fertigungsbereich in Kapitel 3.7.2 ausführlich beschrieben wurden und in beiden Fertigungsbereichen nach dem MRP II-Prinzip zu verfahren ist, wird an dieser Stelle darauf verwiesen.

Die Auftragseinlastung und Feinterminierung kann insbesondere je nach Integrationsgrad durch einen konfigurierten elektronischen Leitstand als Ergebnis der Produktionsprozessentwicklung unterstützt werden bzw. es können die spezialisierten dezentralen Teilplanungsansätze OPT, BOA und/oder RT zur Komplexitätsreduzierung der zentralen Fertigungssteuerung ergänzend implementiert werden.[237]

Die Fertigung der auftragsneutralen sowie eine eventuell in Teilen durchzuführende Weiterverarbeitung auftragsneutraler Produktkomponenten als auch deren Vor- und Endmontage werden anschließend innerhalb und zwischen den Fertigungssegmenten auf den im Rahmen der Produktionsprozessentwicklung konfigurierten Fertigungs- und Montagesystemen durchgeführt.

Durch die bereits angesprochene potenzielle Implementierung eines Kanban-Regelkreises zwischen dem kundenauftragsspezifischen Fertigungsbereich und dem kundenauftragsneutralen Zwischenlager kann ein produktions- bzw. montagesynchroner Abruf kundenneutraler Komponenten im Sinne einer Pull-Steuerung, dezentral gesteuert, erfolgen.

Das Zusammenwirken zwischen den flexiblen Fertigungssystemen und -zellen, Bearbeitungszentren, der auftragsungebundenen und ablaufgebundenen Werkstattfertigung einschließlich potenzieller Materialflüsse, Pufferlager und Montagesystemen ist in Abb. 21 beispielhaft dargestellt.

---

236 Vgl. Kapitel 3.7.2.
237 Vgl. Kapitel 3.6.3.5.

Fortschrittskontrolle und Rückmeldungen: Wie im kundenauftragsneutralen Fertigungsbereich werden der Fertigungsablauf und der Produktionsfortschritt auch im kundenauftragsspezifischen Fertigungsbereich auf der Grundlage einer integrierten Betriebsdatenerfassung (BDE) überwacht. Die Aufgaben und Informationen, die hier mit Hilfe der BDE durchzuführen und zu verarbeiten sind, wurden bereits in Kapitel 3.7.2 dargestellt, sodass an dieser Stelle darauf verwiesen wird. Im Gegensatz zur Verknüpfung zwischen Fertigungsleitsystem und BDE im neutralen Bereich findet im kundenspezifischen Fertigungsbereich eine Kopplung zwischen der BDE und dem Fertigungsleitstand statt.[238]

Nach Durchführung der Endmontage aller kundenauftragsneutralen und spezifischen Einzelteile, Unterbaugruppen, Baugruppen und Module zum vollständigen kundenindividualisierten Massenprodukt und der abschließenden Qualitätsprüfung wird das kundenindividuelle Massenprodukt dem Vertrieb zur Auslieferung an den Kunden übergeben.

3.8 Konzeption einer alternierenden kapazitativen Fremdvergabe im Rahmen der kundenindividuellen Massenproduktion auf der Basis von Überkapazitäten

In den vorangegangenen Kapiteln wurden die Aufgabeninhalte der Produktentwicklung und der Produktionsprozessentwicklung, die begründete Auswahl der Art der Fertigungssteuerung im kundenneutralen und -spezifischen Fertigungsbereich sowie die Darstellung des Auftragsabwicklungsprozesses zur Herstellung eines kundenindividuellen Massenprodukts aus innerbetrieblicher Perspektive aufgezeigt und konzeptualisiert. Spezielle Berücksichtigung fand hierbei die Restriktion, dass zur Herstellung dieser Produktsparte ausschließlich die innerbetrieblichen Überkapazitäten zu Verfügung stehen, was sich vor allem signifikant auf die Produktionsprozessentwicklung und die Art der innerbetrieblichen Fertigungssteuerung auswirkt.[239]

Bisher wurde vorausgesetzt, dass die betrieblichen Überkapazitäten zur Herstellung und Montage der kundenauftragsneutralen und -spezifischen Produktbestandteile der kundenindividuellen Massenprodukte ausreichend sind, um die Kundennachfrage jederzeit termingerecht befriedigen zu können. Durch Planung und Durchführung innerbetrieblicher (d,t,q)-Kapazitätsanpassungsmaßnahmen sowie mit Hilfe von Maßnahmen der Belastungsanpassung im Rahmen der mittelfristigen Termin- und Kapazitätsplanung sowie als Teil der operativen Produktionssteuerung konnten die Überkapazitäten der Nachfrage entsprechend

238 Zu potenziellen Arten der Kopplung zwischen BDE und Fertigungsleitstand vgl. u.a. Kurbel, K. (1995), S. 293 f.
239 Vgl. Kapitel 3.6.

konfiguriert werden.[240] An dieser Stelle wird noch einmal darauf hingewiesen, dass Maßnahmen der Belastungsanpassung nachfolgend nicht weiter betrachtet werden, da das maßgebliche Ziel dieser Arbeit darin besteht, die Kapazitäten den geplanten Fertigungsterminen und nicht die Termine den Kapazitätsbelastungen anzupassen.

Wird, wie im Rahmen dieser Arbeit, das Vorhandensein aller zur Herstellung des kundenindividuellen Massenprodukts notwendigen qualitativen Kapazitäten innerhalb eines Unternehmens unterstellt, ergeben sich theoretisch grob folgende Szenarien hinsichtlich des zur Verfügung stehenden Kapazitätsangebots zur Herstellung der kundenindividuellen Massenprodukte:

- Das quantitative Kapazitätsangebot der Überkapazitäten entspricht genau der Kapazitätsnachfrage
- Das quantitative Kapazitätsangebot der Überkapazitäten ist größer als die Kapazitätsnachfrage
- Das quantitative Kapazitätsangebot der Überkapazitäten ist kleiner als die Kapazitätsnachfrage

Das erste Szenario stellt einen Idealfall dar und entspricht der bisher unterstellten Annahme. Das zweite erscheint aufgrund der durchschnittlichen Betriebsgröße eines KMU und des daraus resultierenden durchschnittlichen Überkapazitätsangebots, das zusätzlich in Abhängigkeit der Auftragslage dynamisch schwankend ist, unrealistisch.[241] Somit ist in der Realität davon auszugehen, dass das quantitative Kapazitätsangebot der Überkapazitäten in den meisten Fällen trotz innerbetrieblicher (d,t,q)-Anpassungen geringer als die Kapazitätsnachfrage ausfällt. Daraus folgt, dass die Nachfrage nach dem kundenindividuellen Massenprodukt aufgrund existierender Fertigungsengpässe nicht befriedigt werden kann.

Sind die innerbetrieblichen (d,t,q)-Anpassungsmaßnahmen vollständig ausgeschöpft, kann die Beseitigung der in Kapitel 3.8.1 aufgezeigten Engpassproblematik entsprechend der Strategieformulierung ausschließlich durch eine zwischenbetriebliche Kapazitätsanpassung erfolgen, um das geplante Produktionsprogramm bzgl. des kundenindividuellen Massenprodukts aufrecht erhalten zu können. Dies bedeutet, dass einzelne Fertigungsprozessfolgen/-ausschnitte und/oder Arbeitsschritte bzgl. des kundenindividuellen Massenprodukts, die einen bzw. mehrere Engpassaggregate beinhalten, mit einem oder mehreren Unternehmen in Kooperation gemeinsam gefahren werden.[242] In diesem Zusammenhang wird von einer alternierenden Fremdvergabe gesprochen, da sowohl eine Eigenfertigung als auch eine Fremdvergabe grundsätzlich möglich ist.[243]

---

240 Vgl. Kapitel 3.5, 3.6, 3.7.
241 Vgl. Kapitel 2.3.3.
242 Vgl. Windt, K. (2001).
243 Vgl. Schuh, G. (2006), S. 704.

Bevor eine operative alternierende Fremdvergabe im Rahmen der Fertigungssteuerung kundenindividueller Massenprodukte überhaupt erfolgen kann, müssen einerseits die fremd zu vergebenden kundenneutralen und -spezifischen Fertigungsprozessfolgen/-ausschnitte und Arbeitsschritte identifiziert und andererseits das dazugehörige Fremdvergabevolumen zumindest grob feststehen. Zum anderen ist es notwendig, die ausgewählten Fertigungsprozessfolgen/-ausschnitte und Arbeitsschritte in den kooperierenden Unternehmen zu implementieren, sodass nach Abschluss des integrierten Produktentwicklungsprozesses ein reibungsloser inner- und zwischenbetrieblicher Produktionsablauf stattfinden kann.[244] Bzgl. der hierzu existierenden Forschungslücke wird an dieser Stelle auf Kapitel 3.5.4 verwiesen.

Basierend auf der formulierten Strategie in Kapitel 2.8, wird nachfolgend auf der Grundlage der bisherigen Ergebnisse ein Konzept zur Vorgehensweise der Implementierung einer alternierenden Fremdvergabe im Rahmen der kundenindividuellen Massenproduktion auf der Basis von Überkapazitäten entwickelt. Die Konzeption beinhaltet gleichermaßen die Aspekte der Auswahl kundenneutraler- und spezifischer Fertigungsprozessfolgen/-ausschnitte und Arbeitsschritte, deren Implementierung im Rahmen der Produktionsprozessentwicklung beim kooperierenden Unternehmen sowie die zwischenbetriebliche Produktionsplanung und -steuerung einschließlich der Materialflusssteuerung zwischen den Unternehmen.

3.8.1 Kapazitätsengpassproblematik bei Nutzung von Überkapazitäten

Ein technischer Produktionsfaktor innerhalb eines Unternehmens stellt einen Kapazitätsengpass dar, falls die quantitative Kapazitätsnachfrage nach diesem Produktionsfaktor größer als deren Kapazitätsangebot zu einem bestimmten Zeitpunkt bzw. innerhalb einer betrachteten Teilperiode ist.[245] Falls der Engpass nicht beseitigt werden kann, wirkt er sich dahingehend aus, dass das geplante Produktionsprogramm in Teilen oder auch insgesamt nicht erfüllt wird.[246] Etwa verbinden sich durch Kombination der Kapazitätsengpässe einzelner Betriebsmittel bzw. Betriebsmittelgruppen, bezogen auf die Aufträge des Produktionsprogramms, erhöhte Durchlaufzeiten und ein zu geringer Durchsatz, sodass es zwangsläufig zu Lieferengpässen kommt.[247]

---

244 Vgl. Westkämper, E. (2000), S. 636.
245 Vgl. Windt, K. (2001), S. 49 f.
246 Vgl. Kernler, H. (1994), S. 110.
247 Vgl. Windt, K. (2001), S. 59 f. Windt systematisiert, ausgehend von engpassrelevanten Zielen, Engpässe 1. Ordnung, die sie sukzessiv bis zum Engpass 4. Ordnung zusammenfasst. In dieser Tiefe kann im Rahmen der Themenstellung dieser Arbeit die Engpasssystematik nicht untersucht werden, was aber keinen Einfluss auf die Qualität der Ergebnisse dieser Arbeit hat.

Da die Montage und Fertigung der Einzelteile, Unterbaugruppen, Baugruppen und Module des kundenindividuellen Massenprodukts ausschließlich auf der Basis der im Unternehmen verbleibenden Überkapazitäten erfolgt, ist natürlich in Abhängigkeit von der individuellen Kapazitätssituation innerhalb eines KMU des Maschinen- und Anlagenbaus davon auszugehen, dass es trotz innerbetrieblicher Kapazitätsanpassungsmaßnahmen sowohl im kundenauftragsneutralen als auch im -spezifischen Fertigungsbereich an mehreren Aggregaten zu Kapazitätsengpässen kommt. Hier sind permanente und temporäre Kapazitätsengpässe zu unterscheiden. Permanente Engpässe sind dauerhaft als solche zu identifizieren, kurzfristige „springen" im zeitlichen Verlauf der Produktion von Arbeitssystem zu Arbeitssystem.[248]

Unter Ausschluss potenzieller Kapazitätsengpässe an den nachfolgend nur indirekt betrachteten Arbeitsplätzen zur Montage der Einzelteile, Unterbaugruppen, Baugruppen und Module zum kundenindividuellen Massenprodukt lässt sich im Zusammenhang mit der hier verfolgten Strategieformulierung der Grad der Engpassproblematik im kundenauftragsneutralen und -spezifischen Fertigungsbereich nach Abb. 22 in folgende Szenarien abstufen:

- *Szenario 1*: Es existieren ein oder mehrere permanente und/oder temporäre Kapazitätsengpässe innerhalb einer Fertigungsprozessfolge. Die Arbeitssysteme der Fertigungsprozessfolge werden ausschließlich für Teile des generellen Produktionsprogramms und nur für ein Bauteil des kundenindividuellen Massenprodukts eingesetzt.
- *Szenario 2*: Es existieren ein oder mehrere permanente und/oder temporäre Kapazitätsengpässe innerhalb mehrerer Fertigungsprozessfolgen. Die Arbeitssysteme der Fertigungsprozessfolgen werden jeweils ausschließlich für Teile des generellen Produktionsprogramms und nur für jeweils ein Bauteil des kundenindividuellen Massenprodukts eingesetzt.
- *Szenario 3*: Es existieren mehrere permanente und/oder temporäre Kapazitätsengpässe innerhalb mehrerer Fertigungsprozessfolgen, die sich in Teilen überlagern. Die von den Fertigungsprozessfolgen überlagerten Engpassaggregate werden einerseits zur Fertigung von Bauteilen des generellen Produktionsprogramms sowie zur Fertigung mehrerer Bauteile des kundenindividuellen Massenprodukts eingesetzt.

---

248 Vgl. Zäpfel, G./Piekarz, B. (1998), S. 64 ff.

Abb. 22: Szenarien der Engpassproblematik bei Nutzung von Überkapazitäten

Fertigungsschritt	Szenario 1				
	Einzelteil E_1				
1	x				
2				x	
3		x			
4					x
5		x			
6					x
Betriebsmittel/ -gruppe (Nr.)	1	2	3	4	5
Kapazitätsengpass (Betriebsmittel/ -gruppe)	x				x
Gemeinsame Kapazitätsengpässe	–				

Fertigungsschritt	Szenario 2									
	Einzelteil E_2					Einzelteil E_3				
1		x							x	
2			x							x
3	x								x	
4			x							
5										
6										
Betriebsmittel/ -gruppe (Nr.)	1	2	3	4	5	1	2	3	4	5
Kapazitätsengpass (Betriebsmittel/ -gruppe)	x		x						x	x
Gemeinsame Kapazitätsengpässe	–									

Fertigungsschritt	Szenario 3														
	Einzelteil E_4					Einzelteil E_5					Einzelteil E_n				
1	x						x								x
2		x							x					x	
3			x					x				x			
4				x						x					
5					x									x	
6						x					x				
Betriebsmittel/ -gruppe (Nr.)	1	2	3	4	5	1	2	3	4	5	1	2	3	4	5
Kapazitätsengpass (Betriebsmittel/ -gruppe)	x		x		x	x		x		x	x		x		x
Gemeinsame Kapazitätsengpässe	Betriebsmittel/-gruppe 1, 3, 5														

(Quelle: Eigene Darstellung)

Wie in Abb. 22 aufgezeigt, stellt das Szenario 3 das komplexeste Engpassproblem dar, da hier die Arbeitsschritte mehrerer Einzelteile des kundenindividuellen Massenprodukts zeitlich parallel dieselben Betriebsmittel/-gruppen beanspruchen, sodass es an den Arbeitsplätzen 1,3 und 5 zu permanenten und/oder temporären Kapazitätsengpässen kommt. Dieses Szenario bildet in der Realität nur einen Ausschnitt der Fertigungssituation auf der Basis von Überkapazitäten. In Abhängigkeit des Teilespektrums eines kundenindividuellen Massenprodukts ist es potenziell auch möglich, dass sich ein Großteil der Fertigungsprozessfolgen ein- und/oder mehrfach überlagern und damit zahlreiche gemeinsame Kapazitätsengpässe auftreten. Zusätzlich zu Szenario 3 tritt parallel ebenfalls das Szenario 2 auf, welches gleichzeitig das erste Szenario mit einschließt.

3.8.2 Auswahl fremd zu vergebender Fertigungsprozessfolgen/-ausschnitte und Arbeitsschritte

Grundsätzlich muss evaluiert werden, welche der Engpässe beinhaltenden Fertigungsprozessfolgen/-ausschnitte bzw. Arbeitsschritte ausgewählt werden sollten, sodass das innerbetriebliche Überkapazitätsangebot, das für die Fertigung der Komponenten des kundenindividuellen Massenprodukts zur Verfügung steht, der Kapazitätsnachfrage entspricht. Das Ziel der Auswahl besteht darin, den Deckungsbeitrag des kundenindividuellen Massenprodukts aus innerbetrieblicher Sichtweise zu maximieren, ohne das generelle Produktionsprogramm, das entsprechend der Strategieformulierung Fertigungspriorität hat und in Wechselproduktion hergestellt wird, zu gefährden. Eine wesentliche Restriktion ist hierbei, dass die verlängerten Durchlaufzeiten bei Fremdvergabe, u.a. bedingt aufgrund zwischenbetrieblicher Transportzeiten, die mit den Kunden vereinbarten Liefertermine nicht gefährden.

Unter Ausschluss der Fertigungsprozessfolgen/-ausschnitte und Arbeitsschritte, die zum Kerngeschäft gehören und/oder geheimhatungsbedürftig sind, kann mithilfe komplexer mathematischer Optimierungsverfahren aus dem Bereich des Operations Research eine adäquate mathematisch begründete Auswahl getroffen werden. Ansätze entsprechender Verfahren stellen etwa Adam[249] und Jacob[250] vor.

In Abb. 23 sind hierzu die wichtigsten Eingangsgrößen dargestellt, um im Ergebnis einerseits aufzuzeigen, welche Fertigungsprozessfolgen/-ausschnitte und/ oder Arbeitsschritte entsprechend dem momentanen internen Kapazitätsangebot fremdvergeben werden müssen. Andererseits kann das in Abhängigkeit der vorherrschenden Engpasssituation bauteilspezifische Fremdvergabevolumen bestimmt werden.

249 Vgl. Adam, D. (1993), S. 53 ff.
250 Vgl. Jacob, H. (1990), S. 527 ff.

Abb. 23: Wesentliche Eingangsgrößen und Ergebnisse eines mathematischen Optimierungsverfahrens zur Auswahl fremd zu vergebender Fertigungsprozessfolgen/-ausschnitte und Arbeitsschritte einschließlich des Fremdvergabevolumens in Abhängigkeit der unternehmensinternen Engpasssituation

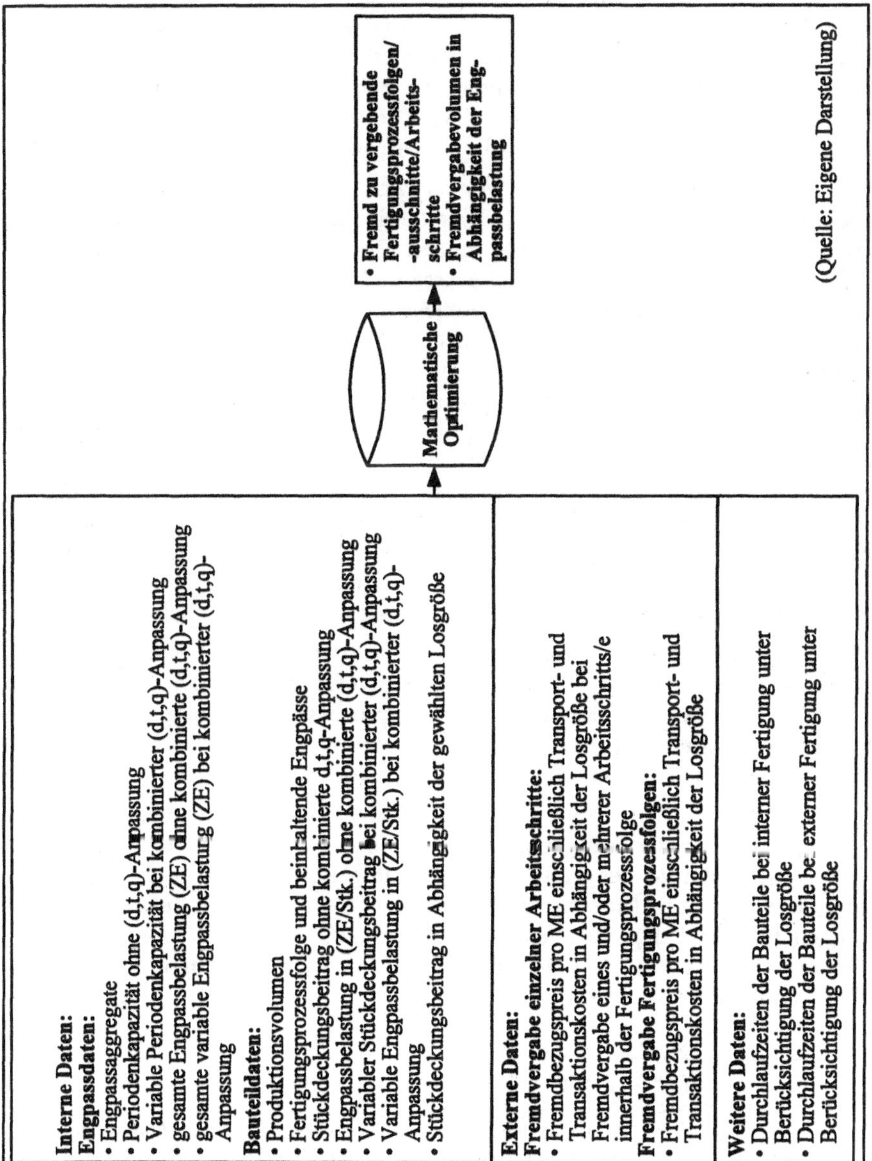

(Quelle: Eigene Darstellung)

Im Kern beinhaltet die Vorgehensweise des Optimierungsverfahrens, die Stückdeckungsbeitragsdifferenzen für alle betrachteten Bauteile des kundenindividuellen Massenprodukts nach der jeweiligen Höhe ihrer Stückdeckungsbeitragsdifferenzen zu ordnen und entsprechend der geplanten Fertigungsmenge in das eigene Produktionsprogramm aufzunehmen, bis die Engpasskapazitäten voll ausgelastet sind. Der verbleibende Teil des Produktionsprogramms des kundenindividuellen Massenprodukts wird entsprechend fremdvergeben. Die Stückdeckungsbeitragsdifferenzen ergeben sich jeweils aus der Differenz der Stückdeckungsbeiträge zwischen Eigenfertigung und Fremdvergabe.[251]

Im Rahmen des Optimierungsverfahrens muss mit einbezogen werden, in welchem Maße sich eine kombinierte innerbetriebliche quantitative, zeitliche und intensitätsmäßige Kapazitätsanpassung der Engpässe auf die auszuwählenden, fremd zu vergebenden Fertigungsprozesse und Arbeitsschritte sowie des spezifisch zugeordneten Fremdvergabevolumens auswirkt.[252] Durch derartige Anpassungsmaßnahmen ergeben sich einerseits in Abhängigkeit der Bestimmungsgrößen Einsatzzeit und Kapazitätsquerschnitt (selektive und homogene Anpassung) variable Periodenkapazitäten der Engpässe. Durch die intensitätsmäßige und selektiv quantitative Anpassung der Engpässe verändern sich zwangläufig die spezifischen Engpassbelastungen der Bauteile (Zeiteinheit/Mengeneinheit). Schließt man die homogene quantitative Anpassung aus, geht mit der Veränderung aller drei Bestimmungsgrößen, ob nun einzeln oder in Kombination durchgeführt, eine nichtlineare Änderung der Produktionskosten einher. Damit ergeben sich variable Stückdeckungsbeiträge bzw. Stückdeckungsbeitragsdifferenzen für jedes Bauteil in Abhängigkeit von der Kombination der Anpassungsmaßnahmen.[253]

Die kombinatorischen Anpassungsmaßnahmen der Engpässe müssen im Rahmen des Optimierungsverfahrens gleichermaßen für jedes betrachtete Bauteil die Engpässe innerhalb der gesamten Fertigungsprozessfolge insgesamt berücksichtigen sowie andererseits nur einen bzw. mehrere Engpässe, also Ausschnitte bzw. Arbeitsschritte, innerhalb der Fertigungsprozessfolgen.

Im Ergebnis resultiert daraus zum einen die Auswahl alternierend vollständig fremd zu vergebender Fertigungsprozessfolgen sowie fremd zu vergebender Teile bzw. Ausschnitte der Fertigungsprozessfolgen bis hin zu einzelnen Fertigungsschritten, zum anderen das zugehörige Fremdvergabevolumen in jeweils wirtschaftlichen Losgrößen, das in Abhängigkeit des Produktionsprogramms und der sich damit kontinuierlich ändernden kapazitativen innerbetrieblichen Engpasssituation variiert.

---

251 Vgl. Adam, D. (1993), S. 84; Schneider, M. (2000), S. 240 ff.

252 Zur innerbetrieblichen (d,t,q)-Anpassung vgl. Kapitel 3.5.2.

253 Vgl. u.a. Gutenberg, E. (1983), S. 358; Adam, D. (1993), S. 86 f. Zur kombinatorischen Kapazitätsanpassung und deren Auswirkung auf die Kostenverläufe vgl. ausführlich Adam, D. (1993), S. 237-309.

Wie hier zu ersehen ist, bedarf es zu einer optimalen Lösung zahlreicher innerbetrieblicher und externer Eingangsdaten sowie eines belastbaren mathematischen Modells, das sämtliche Variablen, Zielfunktionen, Nebenbedingungen und Restriktionen in geeigneter Weise mit einbezieht. Trotz existierender Modelle, welche die hier vorherrschende Planungssituation zumindest annäherungsweise abbilden können und auch in fortschrittlichen PPS-Systemen in elementarer Form integriert sind, besteht in der Praxis in den meisten Fällen das Problem unvollständiger bzw. falscher Eingangsdaten. Deshalb ist es bei der Auswahl fremd zu vergebender Fertigungsprozessfolgen/-ausschnitte und Arbeitsschritte sowie des dazugehörigen Fremdvergabevolumens unabdingbar, auf das Erfahrungswissen und die damit verbundene Intuition der Produktionsplaner im strategischen und operativen Bereich zurückzugreifen.

Dieses Wissen bezieht sich etwa darauf, dass vor allem die Fremdvergabe vieler einzelner Arbeitsschritte im Verhältnis zur Fremdvergabe von Fertigungsprozessfolgen, die über mehrere Engpassaggregate abgewickelt werden, in der Regel zu einem überproportionalen Anstieg des Handlingaufwands und damit u.a. zu höheren Transaktionskosten führt.[254] Deshalb müssen mathematische Lösungen, die aufgrund der Problematik hinsichtlich des geeigneten Bewertens von Transaktionskosten sowie der damit verbundenen Komplexität des Lösungsverfahrens derartige Betrachtungen nicht beinhalten, entsprechend intuitiv korrigiert werden.

3.8.3 Prozessablauf zur Auswahl alternierend fremd zu vergebender kundenneutraler und -individueller Fertigungsprozessfolgen/ -ausschnitte und Arbeitsschritte

Die Auswahl der Fertigungsprozessfolgen/-ausschnitte und Arbeitsschritte, die im Rahmen der Auftragsabwicklung alternierend fremdvergeben werden sollen, erfolgt als Teil der integrierten Produktentwicklung innerhalb des Teilprozesses Beschaffungsplanung zeitlich parallel zur innerbetrieblichen Produktionsprozessentwicklung.[255]

Damit verbindet sich die Problematik, dass die Auswahl der alternierend fremd zu vergebenden Prozesse auf Grundlage unvollständiger Informationen erfolgen muss, da sich die Produkt-, Produktionsprozess- sowie die Produktionsplanungsdaten zum kundenindividuellen Massenprodukt erst im zeitlichen Planungsverlauf zunehmend konkretisieren.[256] Da jedoch die Fertigung kundenindividueller Massenprodukte auf der Basis von Überkapazitäten der alternierenden Fremdvergabe bedarf[257], müssen mit Abschluss der integrierten Produktentwick-

254 Vgl. Windt, K. (2001), S. 115.
255 Vgl. Abb. 15 sowie Kapitel 3.6.1.
256 Vgl. hierzu Kapitel 3.6.3.
257 Zur Kapazitätsengpassproblematik vgl. Kapitel 3.8.1.

lung einerseits die fremd zu vergebenden Fertigungsprozessfolgen/-ausschnitte und Arbeitsschritte ausgewählt sowie andererseits diese im Rahmen der Produktionsprozessentwicklung bei den kooperierenden Unternehmen bereits implementiert worden sein.

Abb. 24 zeigt konzeptionell den Prozessablauf zur Auswahl alternierend fremd zu vergebender Fertigungsprozessfolgen/-ausschnitte und Arbeitsschritte einschließlich der Lieferantenauswahl als Phase innerhalb der integrierten Produktentwicklung auf, was im Ergebnis zur Festlegung des Fremdvergabeprogramms führt. Gleichermaßen sind die hierzu notwendigen Aktivitäten, Daten- und Informationsinputs und auch der während des Prozessablaufs generierte Daten- und Informationsoutput in Abb. 24 dargestellt. Der Prozessablauf stellt die erste Phase der Lieferantenintegration dar.

Als darauffolgende schließt sich die im nachfolgenden Kapitel 3.8.4 zu konzeptualisierende Phase der zwischenbetrieblichen Produktionsprozessentwicklung an, die neben der Implementierung der ausgewählten Fertigungsprozessfolgen/-ausschnitte und Arbeitsschritte innerhalb der kooperierenden Unternehmen gleichermaßen die Konzeption der zwischenbetrieblichen Produktionsplanung und -steuerung der alternierenden Fremdvergabe beinhaltet.

Der erste Prozessschritt besteht in der Bestimmung der lang- bis mittelfristigen Produktionsplanungsdaten zum kundenindividuellen Massenprodukt. Neben den Eingangsinformationen bzgl. des generellen Produktionsprogramms, das wie das kundenindividuelle Massenprodukt dieselben qualitativen Produktionsfaktoren quantitativ beansprucht, sowie die des prognostizierten Absatzes des kundenindividuellen Massenprodukts werden die zu diesem Zeitpunkt bereits vorliegenden Konstruktions- und Produktionsprozessentwicklungsdaten benötigt. Somit muss einerseits der Produktentwicklungsprozess und damit die Phasen Gestaltung/Detaillierung größtenteils abgeschlossen sein.[258] Andererseits müssen wesentliche Ergebnisse der Produktionsprozessentwicklung zumindest grob vorliegen, was vor allem konfigurierte Fertigungsprozessfolgen und daraus resultierende Arbeitspläne für kundenneutrale und -spezifische Bauteile betrifft. Wie bereits in Kapitel 3.6.2 begründet, lässt sich im Rahmen der kundenindividuellen Massenproduktion das Individualisierungsspektrum kundenspezifischer Bauteile eingrenzen, sodass auch für diese in den meisten Fällen Fertigungsprozessfolgen und entsprechende Arbeitspläne mehr oder weniger detailliert vorliegen und auf dieser Basis ebenfalls eine Produktionsplanung durchgeführt werden kann. Die auf der Grundlage dieser Eingangsdaten durchzuführende Produktionsplanung bzgl. des Eigenfertigungsanteils wurde bereits in Kapitel 3.6.3.3 ausführlich beschrieben. Sie liefert im Ergebnis einen Trend über die lang- bis mittelfristige Kapazitätsbelastung der Produktionssysteme.

258 Vgl. Kapitel 3.6.2.

Abb. 24: Konzeptioneller Prozessablauf zur Festlegung des Fremdvergabeprogramms bzgl. alternierend fremd zu vergebender Fertigungsprozessfolgen/-ausschnitte und Arbeitsschritte einschließlich Lieferantenauswahl auf Basis unvollständiger Informationen

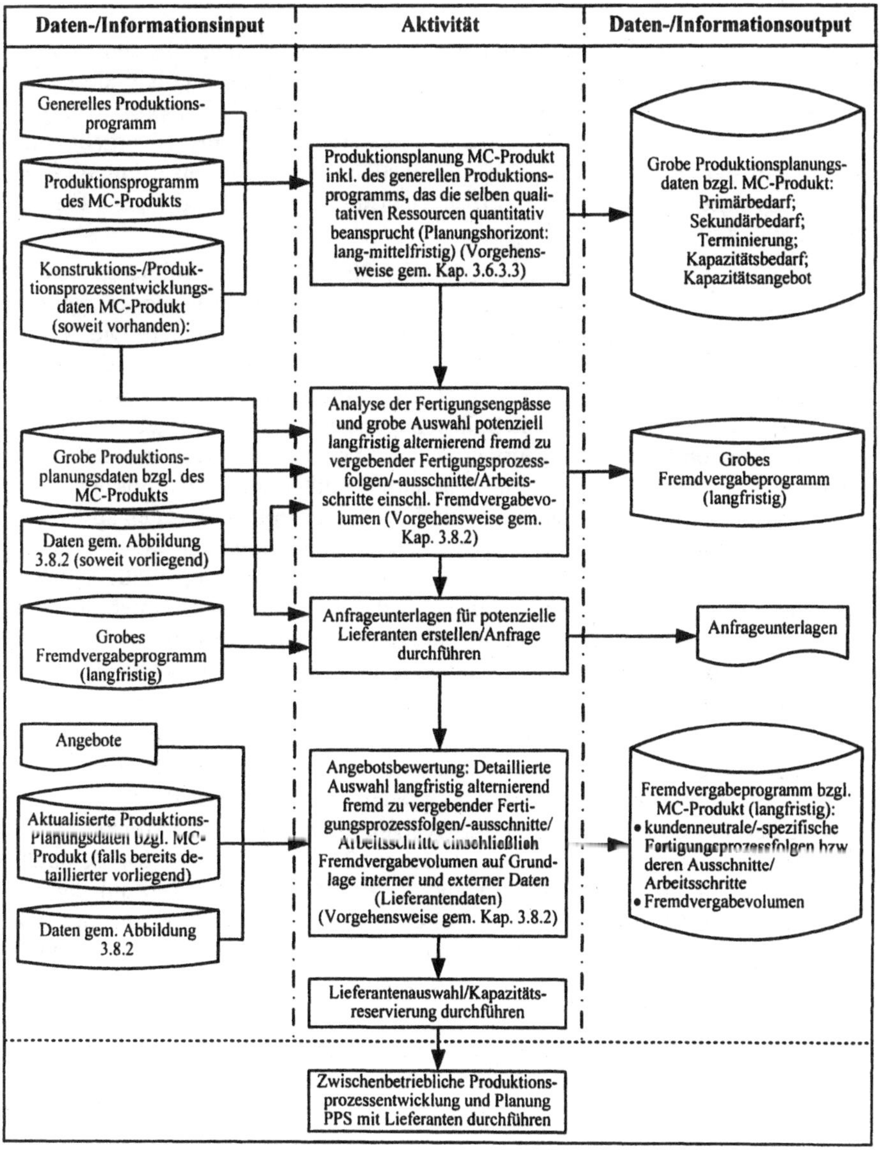

(Quelle: Eigene Darstellung)

Daraus lassen sich im zweiten Schritt zum einen die Engpassaggregate und zum anderen die jeweils dazugehörigen bauteilspezifischen Fertigungsprozessfolgen des kundenindividuellen Massenprodukts identifizieren, die zukünftig ein- und/oder mehrere Fertigungsengpässe beinhalten werden. Trotzdem zu diesem Zeitpunkt noch keine externen Zuliefererdaten vorliegen, kann bereits auf der Grundlage der in Abb. 23 aufgezeigten, intern bekannten Engpass- und Bauteildaten eine mathematisch und somit stückdeckungsbeitragsoptimierende Grobauswahl potenziell alternierend fremd zu vergebender Fertigungsprozessfolgen/-ausschnitte und Arbeitsschritte einschließlich des groben Fremdvergabevolumen gemäß der in Kapitel 3.8.2 beschriebenen Vorgehensweise durchgeführt werden. Im Ergebnis liefert dieser Prozessschritt ein grobes langfristiges Fremdvergabeprogramm.

Im Anschluss werden die Anfrageunterlagen für potenzielle Zulieferer erstellt, wobei diese zum Auftraggeber einerseits vertikal vorgelagert und/oder andererseits horizontal auf der selben Wertschöpfungsstufe stehen können. Die Anfrageunterlagen enthalten das langfristige Fremdvergabeprogramm und damit die Informationen zu den grob ausgewählten Fertigungsprozessfolgen/-ausschnitten und Arbeitsschritten einschließlich des zugehörigen Fremdvergabevolumens. Neben preislichen Eingrenzungen werden den Anfrageunterlagen zusätzlich die zugehörigen und zu diesem Zeitpunkt bereits erstellten Konstruktionszeichnungen, Produktionsprozessentwicklungs- und Produktionsplanungsdaten sowie das Individualisierungsspektrum der relevanten kundenindividuellen Bauteile beigefügt. Die Lieferanten benötigen diese Informationen zur Prüfung, ob die internen Fertigungskapazitäten und –kompetenzen auch langfristig zur Übernahme eines Teils oder des gesamten Fremdvergabeprogramms ausreichen. Außerdem wird dadurch die Lieferantenauswahl beschleunigt und auf eine belastbare Planungsgrundlage gestellt.

Um Informationsasymmetrien zwischen Auftraggeber und Lieferanten im Rahmen der Anfragen zu vermeiden, muss ein Lieferantenprofil erstellt werden, das die Zahl potenzieller Zulieferer vorab eingrenzt. Das Profil enthält etwa geografische Kriterien mit dem Ziel, die Transportzeiten und –kosten möglichst gering zu halten. Weitere Kriterien sind das durch die Zulieferer vorzuweisende qualitative und quantitative Kapazitätsangebot.[259] Hierdurch kann die Zahl der am Fremdvergabeprogramm beteiligten Zulieferer und damit die Koordinationskomplexität merklich reduziert werden. Der optimale Fall würde sich dadurch auszeichnen, dass das gesamte Fremdvergabeprogramm mit nur einem Zulieferer realisierbar wäre.

Nach der Lieferantenprofilerstellung kann etwa auf Kooperationsbörsen, Branchenverzeichnisse oder Fachverbände zur entsprechenden Vorauswahl geeigneter

---

259 Vgl. Schuh, G. (2006), S. 707.

Kooperationspartner zurückgegriffen werden. Selbstverständlich liegt es auch nahe, Lieferanten, mit denen bereits eine erfolgreiche Zusammenarbeit stattfindet bzw. stattgefunden hat, in die engere Auswahl mit einzubeziehen.[260] Im Anschluss daran werden die Anfrageunterlagen den potenziellen Zulieferern übermittelt. Da es sich hier um eine komplexe langfristige Zusammenarbeit handelt, müssen in der Angebotsphase zusätzlich Planungsgespräche zwischen Auftraggeber und Auftragnehmer stattfinden, die auch vor Ort auf beiden Seiten gemeinsam durchzuführen sind.

Auf Basis der Angebote, woraus sich nun auch die externen Zuliefererdaten entsprechend Abb. 23 herausfiltern lassen, sowie der eventuell bereits aktualisierten Produktionsplanungsdaten bzgl. des kundenindividuellen Massenprodukts findet im Anschluss eine detaillierte Auswahl der langfristig alternierend fremd zu vergebenden Fertigungsprozessfolgen/-ausschnitte und Arbeitsschritte einschließlich einer Eingrenzung des Fremdvergabevolumens statt. Damit steht das zukünftige Fremdvergabeprogramm fest.

Es schließt sich die endgültige Lieferantenauswahl an und es werden Rahmenkontrakte, die in der Regel einen Zeitraum von etwa 12 Monaten abdecken, zwischen Auftraggeber und Auftragnehmer geschlossen. Diese enthalten u.a. Angaben hinsichtlich eines garantierten langfristigen Fremdvergabevolumens, die Abwicklung notwendiger Transporte, die Einhaltung von Qualitätsanforderungen, Preise, Absprachen zur Durchlaufzeit und Termineinhaltung fremd vergebener Prozesse und Arbeitsschritte. Außerdem verpflichten sich hierin die Auftragnehmer, die qualitativen und quantitativen Kapazitäten, die jeweils aus dem eingeworbenen Fremdvergabevolumen abzuleiten sind, langfristig zu reservieren.[261]

Damit ist die Phase der Auswahl fremd zu vergebender Fertigungsprozessfolgen/-ausschnitte und Arbeitsschritte einschließlich der Lieferantenauswahl und damit die Festlegung des Fremdvergabeprogramms abgeschlossen. Wie bereits erwähnt, schließt sich die im nachfolgenden Kapitel 3.8.4 zu konzeptualisierende Phase der zwischenbetrieblichen Produktionsprozessentwicklung mit den ausgewählten Lieferanten an.

Wie bereits betont, kann das langfristige Fremdvergabeprogramm bzgl. kundenneutraler und -individueller Bauteile mit mehreren Lieferanten oder nur mit einem Lieferanten abgewickelt werden. Um Redundanz bzgl. der zwischenbetrieblichen Produktionsprozessentwicklungsaktivitäten zu vermeiden, wird für die nachfolgenden Untersuchungen festgelegt, dass das Fremdvergabeprogramm ausschließlich mit einem Lieferanten realisiert wird. Die Untersuchungsergebnisse können zwangsläufig auf mehrere Lieferanten übertragen werden, da sich die Planungsaktivitäten bzw. deren Ausschnitte entsprechend gleichen.

260 Vgl. Kemmner, G.-A./Gillessen, A. (2000), S. 33 f.; Mellewigt, T. (2003), S. 77 ff.
261 Vgl. u.a. Wiendahl, H.-P. (1999), S. 41; Windt, K. (2001), S. 113; Schuh, G. (2006), S. 154.

3.8.4 Zwischenbetriebliche Produktionsprozessentwicklung

Nachfolgend wird die zwischenbetriebliche Produktionsprozessentwicklung, die einerseits die Implementierung der ausgewählten, alternierend fremd zu vergebenden Fertigungsprozessfolgen/-ausschnitte und Arbeitsschritte beim Lieferanten beinhaltet, in Kapitel 3.8.4.1 konzeptionell aufgezeigt.

Des Weiteren muss die Auftragsabwicklung zwischen Auftraggeber und Auftragnehmer hinsichtlich der zwischenbetrieblichen Produktionsplanung und -steuerung, die aus Sicht des Auftraggebers als Fremdvergabeplanung und -steuerung bezeichnet werden[262], einschließlich der Steuerung der zwischenbetrieblichen Materialflüsse im Rahmen der zwischenbetrieblichen Produktionsprozessentwicklung konzeptualisiert werden. Hierzu werden deshalb die inner- und zwischenbetrieblichen Produktionsplanungs- und -steuerungsaufgaben beim Auftraggeber und Auftragnehmer in Abhängigkeit der sich im Rahmen einer kundenindividuellen Massenproduktion ergebenden Szenarien bzgl. einer alternierenden Fremdvergabe in Kapitel 3.8.4.2 konzeptualisiert.

Eine Verknüpfung der PPS/ERP-Systeme zwischen Auftragnehmer und Auftraggeber mittels eines geeigneten APS-Systems (Advanced Planning Systems) kann, sofern die innerbetrieblichen informationstechnischen Voraussetzungen sowie ein entsprechendes Budget zu Verfügung stehen, ebenfalls den Planungsgegenstand der zwischenbetrieblichen Produktionsprozessentwicklung darstellen.[263] Ziel der Implementierung eines geeigneten APS-Systems oder einzelner Module eines solchen ist es, die in Kapitel 3.8.4.2 konzeptualisierten zwischenbetrieblichen Produktionsplanungs- und -steuerungsaufgaben elektronisch zu unterstützen und damit eine Optimierung der Auftragsabwicklung zwischen Auftragnehmer und Auftraggeber im Sinne einer gemeinsamen, zeitlich parallelen Produktionsplanung und -steuerung einschließlich logistischer Planungs- und Steuerungsaufgaben zu ermöglichen.[264]

Im Rahmen dieser Arbeit werden APS-Systeme hinsichtlich ihres Potenzials für die kundenindividuelle Massenproduktion in KMU-Produktionsnetzwerken auf der Basis von Überkapazitäten jedoch nicht tiefergehend untersucht.

3.8.4.1 Implementierung der Fertigungsprozessfolgen/-ausschnitte und Arbeitsschritte

Eingangsinformationen der Fertigungsprozessimplementierung beim Auftragnehmer sind neben den aktuellen lang- bis mittelfristigen Bedarfsplänen bzgl.

---

262 Zum Begriff der Fremdvergabeplanung und -steuerung vgl. Schuh, G. (2006), S. 692 ff.

263 Zu den Inhalten, Potenzialen und Defiziten heutiger APS-Konzeptionen und deren softwaretechnische Umsetzungen vgl. etwa Tempelmeier, H. (1999), S. 69 ff.; Meyr, H./ Rohde, J./Stadtler, H./Sürie, C. (2000), S. 29 ff.; Corsten, H./Gössinger, R. (2001c), S. 32 ff.

264 Vgl. Tiemeyer, E. (1999), S. 104 f.; Fleischmann, B./Meyr, H./Wagner, M. (2000), S. 62 ff.; Sucky, E. (2001), S. 13 ff.

des Fremdvergabeprogramms die zugehörigen aktuellen Produktionsprozessentwicklungsdaten des Auftraggebers, die in Kapitel 3.6.3.5 dargestellt sind. Sämtliche Daten und Informationen sind dem Auftragnehmer entsprechend dem Planungsfortschritt kontinuierlich in aktualisierter Form zu übermitteln. Sie lassen sich folgendermaßen klassifizieren.

- Informationen zu den alternierend fremd zu vergebenden kundenauftragsneutralen und -spezifischen Fertigungsprozessfolgen/-ausschnitten und Arbeitsschritten:

  Diese beinhalten einerseits die auf der Basis der Fertigungsprozessfolgen/-ausschnitte und Arbeitsschritte und deren Alternativen zu fertigenden Bauteile zuzüglich detailliert bzw. grob erstellter bauteilspezifischer Konstruktionszeichnungen einschließlich möglicher Varianten, zudem die auf dieser Basis generierten Arbeitspläne und deren Alternativen sowie zugehörige NC-Programme.
- Informationen bzgl. der beim Auftraggeber bereits konfigurierten Fertigungssysteme, auf denen die alternierend fremd zu vergebenden Fertigungsprozessfolgen/-ausschnitte und Arbeitsschritte und deren Alternativen zukünftig durchgeführt werden.
- Informationen zur aktuellen lang- bis mittelfristigen Produktionsplanung des Auftraggebers:

  Diese beinhalten einerseits den gesamten, grob prognostizierten zukünftigen Sekundärbedarf innerhalb des langfristigen Planungshorizonts. Die daraus abzuleitenden mittelfristigen Produktionsplanungsdaten enthalten die Mengen- bzw. Materialbedarfsplanungen sowie die Termin- und Kapazitätsplanungsdaten bzgl. des mit den alternierend fremd zu vergebenden Fertigungsprozessfolgen/-ausschnitten und Arbeitsschritten zu fertigenden Sekundärbedarfs in den jeweiligen Teilperioden der gesamten langfristigen Planungsperiode des Auftraggebers.[265] Wie bereits in Kapitel 3.6.3.3 und Kapitel 3.8.3 gezeigt, lässt sich daraus in etwa das spezifische und zeitlich grob festgelegte Fremdvergabevolumen einschließlich entsprechender Losgrößen ableiten. Für die kundenneutralen Fertigungsprozessfolgen/-ausschnitte und Arbeitsschritte liegt hierbei zwangläufig eine höhere Planungsgenauigkeit vor.

Diese Daten- und Informationsgrundlage ermöglicht es dem Auftragnehmer, kurzfristig und zeitlich parallel zur Produktionsprozessentwicklung des Auftraggebers die Produktionsprozessentwicklung innerhalb seines Unternehmens durchzuführen. Sie entspricht prinzipiell der gleichen Vorgehensweise der Produktionsprozessentwicklung wie beim Auftraggeber, die bereits ausführlich in Kapitel 3.6.3 dargestellt wurde. Der wesentliche Unterschied besteht letztlich nur darin, dass sich die Produktionsprozessentwicklung nicht auf das gesamte kundenindi-

265 Vgl. Rohde, J. (2000), S. 184.

viduelle Massenprodukt, sondern ausschließlich nur auf die vertraglich vereinbarten Fertigungsprozessfolgen/-ausschnitte und Arbeitsschritte bezieht. Außerdem sind keine Konstruktionen durch den Auftragnehmer vorzunehmen, sodass damit die Schnittstelle zwischen der Produktionsprozessentwicklung und der Gestaltung/Detaillierung wegfällt. Praktisch erfolgt somit eine vollständige Übertragung der Eingangsinformationen auf die spezifischen Fertigungsstrukturen des Auftragnehmers. Nach Abschluss der auftragnehmerseitigen Produktionsprozessentwicklung bestehen, bezogen auf die zu implementierenden Fertigungsprozessfolgen/-ausschnitte und Arbeitsschritte, faktisch die gleichen Ergebnisse, die in Abb. 20 zusammengefasst dargestellt sind. Dies schließt neben der Prozessimplementierung insbesondere die langfristigen Kapazitätsreservierungen zur Fertigung des kundenauftragneutralen und -spezifischen Fremdvergabevolumens des Auftragebers mit ein.

Über die möglichen Arten der innerbetrieblichen Fertigungssteuerungsprinzipien beim Auftragnehmer sei an dieser Stelle auf Kapitel 3.6.3.4 verwiesen. Sie wurden dort ausführlich diskutiert. Sofern beim Auftragnehmer die Produktion ebenfalls auf der Basis von Überkapazitäten stattfindet, ist wiederum eine zentrale MRP II-Fertigungssteuerung, eventuell ergänzt um belastbare Teilplanungsansätze, zu bevorzugen.

3.8.4.2 Produktionsplanung und -steuerung der alternierenden Fremdvergabe

Im Rahmen der alternierenden Fremdvergabe der ausgewählten und beim Auftragnehmer implementierten Fertigungsprozessfolgen/-ausschnitte und Arbeitsschritte lassen sich insgesamt vier unterschiedliche Produktionsplanungs- und -steuerungsszenarien zwischen Auftraggeber und Auftragnehmer voneinander abgrenzen, die jeweils unterschiedliche Anforderungen an die inner- und zwischenbetrieblichen PPS-Aufgaben stellen. Wie bereits erwähnt, werden die Produktionsplanung und -steuerung im Fall einer ausschließlichen Betrachtung aus Perspektive des Auftraggebers als Fremdvergabeplanung und -steuerung bezeichnet. Da nachfolgend die Perspektive aus Sicht des Auftraggebers und des Auftragnehmers gleichermaßen zu beleuchten ist, wird hier von inner und -zwischenbetrieblicher Produktionsplanung und -steuerung gesprochen.

Die vier Szenarien lassen sich folgendermaßen klassifizieren:

Szenario 1: Produktionsplanung und -steuerung kundenauftragsneutraler Fertigungsprozessfolgen

Szenario 2: Produktionsplanung und -steuerung kundenauftragsneutraler Fertigungsprozessfolgenausschnitte und Arbeitsschritte

Szenario 3: Produktionsplanung und -steuerung kundenauftragsspezifischer Fertigungsprozessfolgen

Szenario 4: Produktionsplanung und -steuerung kundenauftragsspezifischer Fertigungsprozessfolgenausschnitte und Arbeitsschritte

Das erste Unterscheidungskriterium zwischen den Szenarien betrifft den Bearbeitungsstand der durch den Auftragnehmer zu bearbeitenden Materialien. Bei vollständig fremd vergebenen Fertigungsprozessfolgen werden die Bauteile vollständig beim Auftragnehmer neutral vorgefertigt bzw. Rohmaterial oder bereits durch den Auftraggeber oder den Auftragnehmer neutral vorgefertigte Bauteile vollständig individualisiert.

Im Gegensatz dazu müssen bei fremd vergebenen Ausschnitten der Fertigungsprozessfolgen bzw. Arbeitsschritten die Materialien innerhalb der kundenauftragsneutralen oder -spezifischen Fertigungsprozessfolgen beim Auftraggeber vor und/oder nach den auftragnehmerseitigen Fertigungsschritten bearbeitet werden.

Das zweite Unterscheidungskriterium zwischen den Szenarien betrifft den Aspekt, ob es sich um kundenauftragsneutrale oder -spezifische Fertigungsprozessfolgen/-ausschnitte und Arbeitsschritte handelt. Wie bereits in Kapitel 3.7 dargestellt, können im Gegensatz zu kundenauftragsspezifischen Bauteilen kundenauftragsneutrale beim Auftraggeber und Auftragnehmer auftragsunabhängig vorgefertigt werden, was zwangsläufig die Produktionsplanungs- und -steuerungskomplexität reduziert.

Abb. 25: Szenarienspezifische Planungsgegenstände der PPS bei alternierender Fremdvergabe

	Planungsgegenstand / Szenarien	Bedarfstermin	Bedarfsmenge	Fertigungstermin	Fertigungsmenge	Kapazitätsbedarf	Bereitstellungstermin	Bereitstellungsmenge
Auftraggeber	Szenario 1	×	×	–	–	–	O	O
	Szenario 2	×	×	×	×	×	×	×
	Szenario 3	×	×	–	–	–	O	O
	Szenario 4	×	×	×	×	×	×	×
Auftragnehmer	Szenario 1	–	–	×	×	×	×	×
	Szenario 2	–	–	×	×	×	×	×
	Szenario 3	–	–	×	×	×	×	×
	Szenario 4	–	–	×	×	×	×	

Legende: – nicht erforderlich O fallweise erforderlich
× erforderlich

(Quelle: Erweitert nach Schuh, G. (2006), S. 696)

In Abb. 25 sind die nachfolgend erläuterten Planungsgegenstände der Produktionsplanung und -steuerung beim Auftraggeber und Auftragnehmer szenarienspezifisch dargestellt.

An dieser Stelle ist bzgl. der nachfolgenden konzeptionellen Darstellung der szenarienspezifischen zwischenbetrieblichen Produktionsplanungs- und -steuerungsaufgaben der alternierenden Fremdvergabe ausdrücklich zu betonen, dass das in Kapitel 3.8.2 beschriebene mathematische Optimierungsverfahren hierbei gleichermaßen angewendet werden muss. Es werden jedoch nur noch die in Kapitel 3.8.3 ausgewählten und beim Lieferanten bereits implementierten Fertigungsprozessfolgen/-ausschnitte und Arbeitsschritte bzgl. der kundenneutralen und -spezifischen Bauteile in das stückdeckungsbeitragsoptimierende Rechenverfahren mit einbezogen.

3.8.4.2.1 Produktionsplanung und -steuerung Szenario 1

Die Konzeption der zwischenbetrieblichen Produktionsplanung und -steuerung einschließlich der Materialflusssteuerung bzgl. Szenario 1 stellt Abb. 26 dar. Zusätzlich werden darin die einzelnen Planungs- und Steuerungsphasen untereinander zeitlich in Zusammenhang gestellt.

Die Lieferabrufe werden durch den Auftraggeber üblicherweise mit Bezug zu drei Planungsebenen (lang-, mittel und kurzfristig) mit einer zunehmenden Konkretisierung hinsichtlich der bauteilspezifischen Liefertermine und -mengen an den Auftragnehmer übermittelt.[266]

Der langfristige Lieferabruf basiert auf dem im Rahmenkontrakt vereinbarten Fremdvergabevolumen einschließlich grober teilperiodenspezifischer Liefertermine.[267] Der Planungshorizont beträgt hier etwa 12 Monate.[268] Auf Basis der den langfristigen Lieferabruf beinhaltenden Informationen kann der Auftragnehmer seine interne Fertigungssituation entsprechend langfristig anpassen.

Anschließend wird durch den Auftraggeber die Nettosekundärbedarfsplanung einschließlich der Termin- und Kapazitätsplanung durchgeführt, die in Kapitel 3.6.3.3 ausführlich beschrieben wurde. Durch die in Kapitel 3.8.2 konzeptionell dargestellte mathematische Optimierung, die, wie bereits erwähnt, hier nur noch die ausgewählten und beim Auftragnehmer implementierten Fertigungsprozessfolgen/-ausschnitte und Arbeitsschritte berücksichtigt sowie innerbetriebliche (d,t,q)-Kapazitätsanpassungsmaßnahmen mit einschließt, werden die mittelfristig fremd zu vergebenden Fertigungsprozessfolgen sowie die dazugehörige bauteilspezifische Bedarfsmenge einschließlich der Bedarfstermine bestimmt. Die Weiterleitung dieser Informationen zum Auftragnehmer erfolgt als mittelfristiger Lieferabruf, der in der Praxis einen Planungshorizont von max. 12 Wochen

266 Vgl. Much, D./Nicolai, H. (1995); Scheer, A.-W. (1998).
267 Vgl. Kapitel 3.8.3.
268 Vgl. Schuh, G. (2006), S. 154.

widerspiegelt.[269] Wird das Rohmaterial, das der Auftragnehmer zur Fertigung benötigt, vom Auftraggeber bereitgestellt, muss dieser zusätzlich den Bereitstellungstermin und die Bereitstellungsmenge für den Auftragnehmer planen. Auch ist eine direkte Lieferung des Rohmaterials durch den Lieferanten des Auftraggebers zum Auftragnehmer denkbar, was unter dem Gesichtspunkt der Reduzierung von Transportkosten und des Handlingaufwands vielversprechend erscheint. Der Aspekt der Bereitstellung des Rohmaterials durch den Auftraggeber oder seinen Lieferanten wird innerhalb dieses Szenarios aufgrund der eher geringen Planungskomplexität jedoch nicht weiter betrachtet.

Auf Basis der Informationen der mittelfristigen Lieferabrufe erfolgt durch den Auftragnehmer eine Aktualisierung der internen Mengen-, Termin- und Kapazitätsplanung mit dem Ziel, die mittelfristig geforderten bauteilspezifischen Bedarfstermine und -mengen des Auftraggebers sicherzustellen. Dieses beinhaltet u.a. die Bestimmung der internen Fertigungstermine und -mengen, die Reservierung des Kapazitätsbedarfs sowie die Festlegung der teilespezifischen Bereitstellungsmengen und -termine. Die so gebildeten Fertigungsaufträge werden anschließend dem Planungshorizont entsprechend sukzessiv in die Fertigung eingelastet, da der Zeitraum, der dem Auftragnehmer nach dem kurzfristigen Lieferabruf zur Verfügung steht, in der Regel zu knapp bemessen ist, um die Bedarfsmengen- und -termine einhalten zu können.[270] Die sich anschließenden Aufgabeninhalte der Fertigungssteuerung nach dem MRP II-Prinzip wurden in Kapitel 3.7.2 bereits ausführlich beschrieben, sodass an dieser Stelle darauf verwiesen wird. Um wirtschaftlich produzieren zu können und gleichzeitig Fehlmengen zu vermeiden bzw. einen hohen Lieferservicegrad sicherzustellen, sollten die gefertigten Losgrößen trotz potenziell steigender Lagerkosten durch den Auftragnehmer höher festgelegt werden als die im Rahmen der mittelfristigen Lieferabrufe geforderten.[271]

Der kurzfristige Lieferabruf, der auch als Feinabruf oder Sequenzabruf bezeichnet wird, ist für den Auftragnehmer verbindlich. Er wird beim Auftraggeber im Rahmen der Feinterminierung vorgenommen.[272] Grundlage bilden hierzu die beim Auftraggeber in den mehrwöchigen Freigabehorizont fallenden Fertigungsaufträge bzgl. der alternierend fremd zu vergebenden Fertigungsteile und deren Abgleich mit den aktuellen Kundenaufträgen zum kundenindividuellen Massenprodukt,[273] außerdem die aktuelle Fertigungssituation, die sich auch durch die Fertigung des generellen, in Wechselproduktion hergestellten Produktionsprogramms ergibt. Im Rahmen der Verfügbarkeitsprüfung und der operativen Termin- und Kapazitätsplanung als Teil der Feinterminierung werden wiederum durch die mathematische Optimierung entsprechend Kapitel 3.8.2 die exakten bauteilspezifischen Bedarfsarten, -mengen und -termine ermittelt und an den Auftragnehmer verbindlich weitergeleitet.

---

269 Vgl. Gehr, F./Hellingrath, B. (2007), S. 87 f.
270 Vgl. Schuh, G. (2006) S. 154 f.
271 Vgl. Schuh, G. (2006), S. 157.
272 Vgl. Schuh, G. (2006), S. 717.
273 Vgl. Kapitel 3.7.2.

Abb. 26: Konzeption der Produktionsplanung und -steuerung Szenario 1

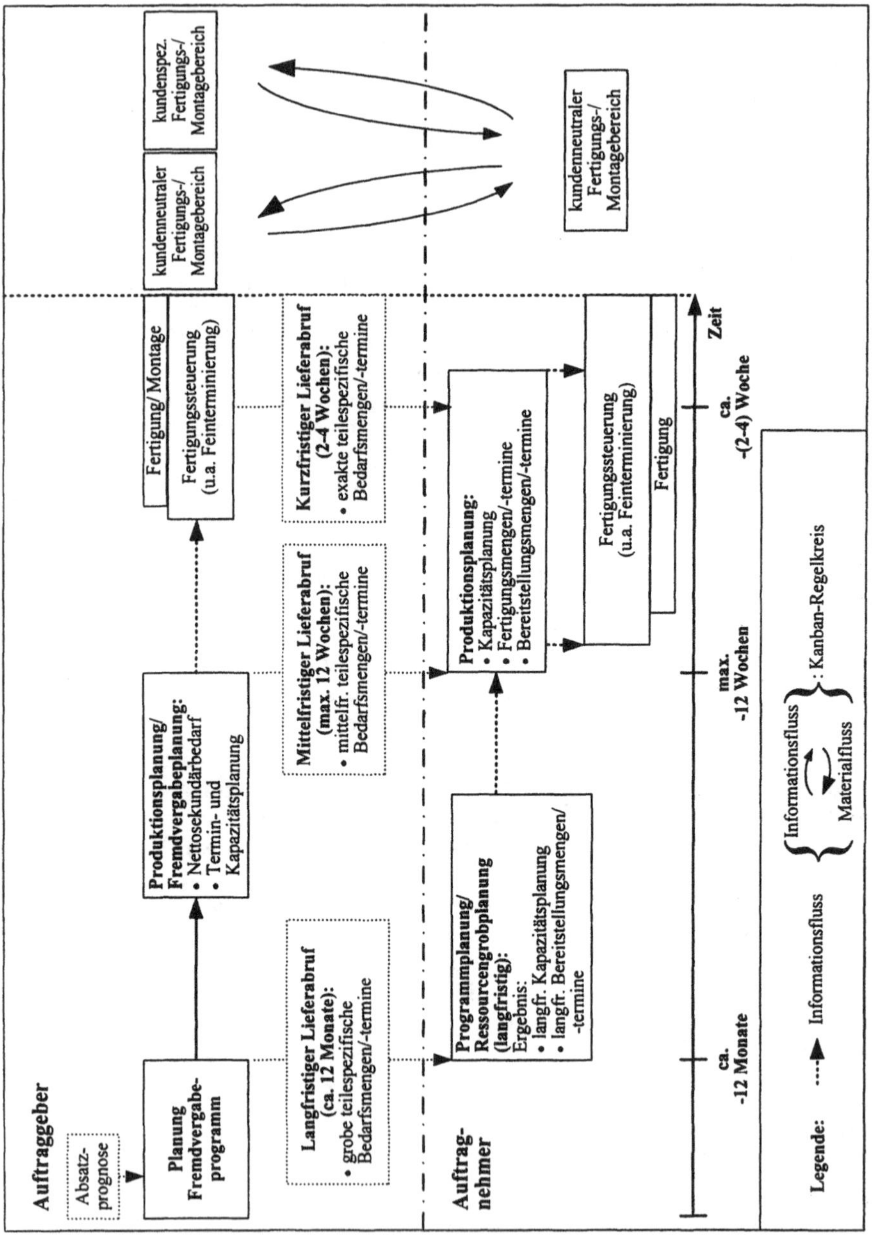

(Quelle: Eigene Darstellung)

Der zeitliche Horizont entspricht hier durchschnittlich etwa 2-4 Wochen.[274] Er kann aber auch, etwa im Rahmen von „Just-in-Time“, nur einen Tag bis hin zu wenigen Stunden betragen.[275]

Durch einen Abgleich der bereits auf Basis des mittelfristigen Lieferabrufs produzierten Bauteile mit dem spezifischen kurzfristigen Lieferabrufdaten werden Verschiebungen ersichtlich, die entweder zu einer Drosselung oder zu einer kurzfristigen Erhöhung der momentanen bauteilspezifischen Produktion führen können. Langfristig gesehen wird durch diesen Abgleich außerdem eine Glättung der Abrufschwankungen durch zunehmend exaktere Analyseergebnisse bzgl. der teilespezifischen Reichweiten ermöglicht.[276]

Obwohl die Lieferabrufe beim Auftragnehmer zentral nach MRP II gesteuert werden, kann der zwischenbetriebliche Materialfluss der Fertigteile mittels eines Kanban-Regelkreises dezentral durch den kundenauftragsneutralen und -spezifischen Fertigungsbereich des Auftraggebers entsprechend dem dort vorliegenden Montagefortschritt vom Auftragnehmer angefordert werden.[277]

3.8.4.2.2 Produktionsplanung und -steuerung Szenario 2

Wie bereits in Kapitel 3.8.4.2 gezeigt, werden die Materialien bei Fremdvergabe von Fertigungsprozessfolgenausschnitten und Arbeitsschritten durch den Auftraggeber vor und/oder nach den auftragnehmerseitigen Fertigungsschritten bearbeitet.

In Abb. 27 ist die Konzeption der zwischenbetrieblichen Produktionsplanung und -steuerung einschließlich der Materialflussteuerung für den Fall dargestellt, dass bereits vor der Bearbeitung durch den Auftragnehmer ein oder mehrere Fertigungsschritte innerhalb der bauteilspezifischen kundenneutralen Fertigungsprozessfolgen beim Auftraggeber erfolgen. Eine Fertigung beim Auftragnehmer kann in diesem Fall nicht auf Basis mittelfristiger Lieferabrufdaten entsprechend Szenario 1 stattfinden. Dieses begründet sich daraus, dass der Auftragnehmer auf die Bereitstellung der Halbzeuge durch den Auftraggeber angewiesen ist. Trotzdem müssen beim Auftragnehmer auch bzgl. dieses Szenarios sowohl eine lang- als auch eine mittelfristige Produktionsplanung entsprechend der in Abb. 25 dargestellten Planungsgegenstände stattfinden. Im Ergebnis wird damit insbesondere die termingerechte Reservierung der für die kurzfristig anfallenden Fertigungsaufträge notwendigen quantitativen und qualitativen Kapazitäten ermöglicht.

274 Vgl. Gehr, F./Hellingrath, B. (2007), S. 87 f.
275 Vgl. Scheer, A.-W. (1991), S. 15 f.
276 Vgl. Zäpfel, G./Piekarz, B. (1998), S. 90 f.; Schuh, G. (2006), S. 154 ff.
277 Vgl. Türke, D. (1988); Piller, F. T. (1999), S. 361; Lödding, H. (2005), S. 204 f.

Abb. 27: Konzeption der Produktionsplanung und -steuerung Szenario 2

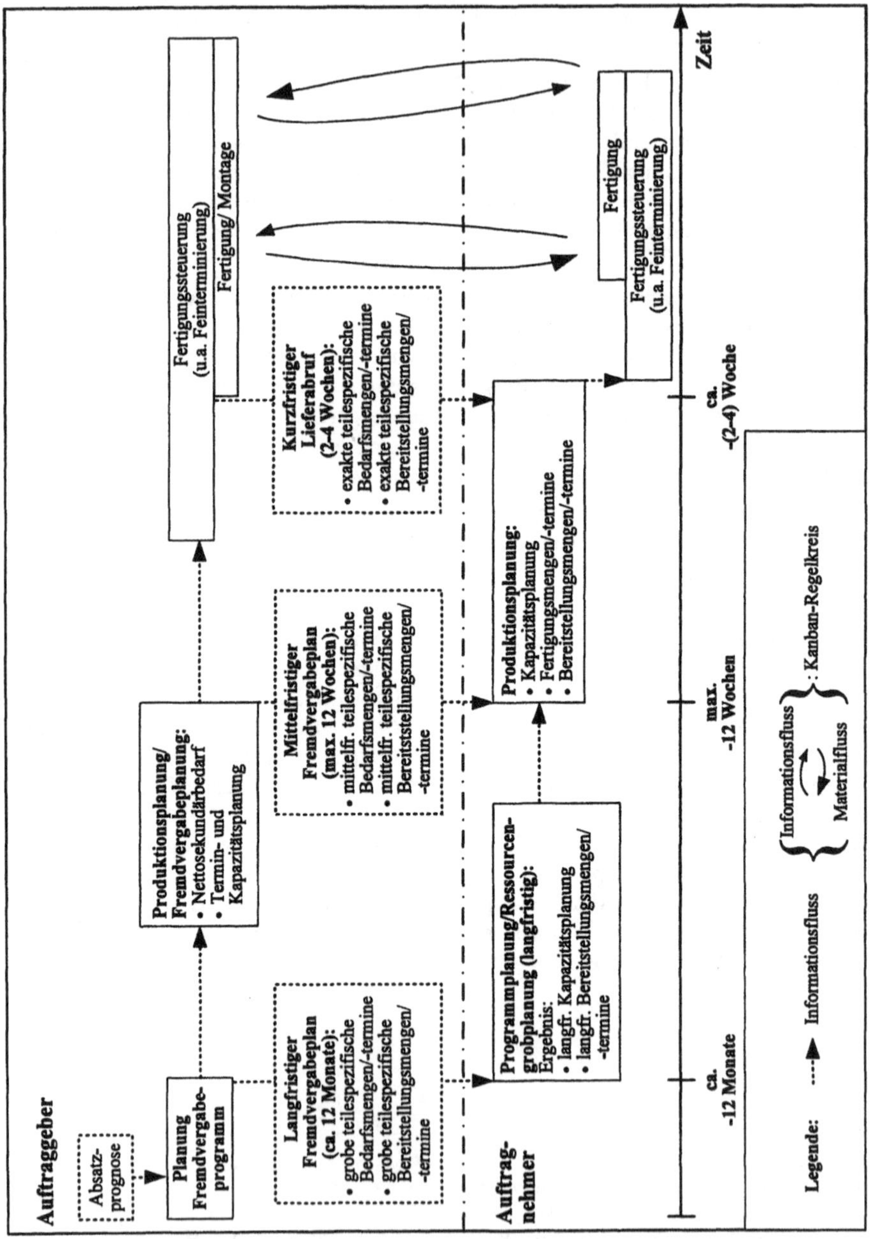

(Quelle: Eigene Darstellung)

Hierzu ist es notwendig, dass der Auftraggeber dem Auftragnehmer, dem ersten Szenario entsprechend, lang- und mittelfristige Fremdvergabepläne bzgl. der durch den Auftragnehmer dann kurzfristig zu bearbeitenden Halbzeuge übermittelt. Die mittelfristigen Fremdvergabepläne, die ebenfalls auf der Nettosekundärbedarfs- sowie der Termin- und Kapazitätsplanung und der sich anschließenden mathematischen Optimierung gem. Kapitel. 3.8.2 basieren, stellen im eigentlichen keinen Lieferabruf dar und werden deshalb im Weiteren zur Unterscheidung zwischen der Fremdvergabe vollständiger Fertigungsprozessfolgen und deren Ausschnitte bzw. Arbeitsschritte als Fremdvergabepläne bezeichnet.

Sie enthalten neben den mittelfristig geplanten auftraggeberseitigen Bereitstellungsterminen und -mengen der Halbzeuge ebenfalls die Bedarfstermine und -mengen, um die Halbzeuge/Fertigteile entsprechend der innerbetrieblich geplanten Fertigungs-/Montagetermine, -mengen und -kapazitäten produktions- bzw. montagesynchron beim Auftraggeber weiterbearbeiten oder montieren zu können.

Der kurzfristige Lieferabruf, der beim Auftraggeber, ebenfalls Szenario 1 entsprechend, im Rahmen der Feinterminierung vorgenommen wird, enthält die bereits im Rahmen der mittelfristigen Fremdvergabepläne genannten Daten in exakter und für den Auftragnehmer verbindlicher Form.

Wie aus Abb. 27 ersichtlich, kann die anschließende Bereitstellung der Halbzeuge durch den Auftraggeber auch hier mittels eines dezentral gesteuerten Kanban-Regelkreises verwirklicht werden, indem der auftragsneutrale Fertigungsbereich des Auftragnehmers die Halbzeuge dezentral aus dem kundenauftragsneutralen Fertigungsbereich bzw. Zwischenlager des Auftraggebers abruft.

Nach den Fertigungsprozessen beim Auftragnehmer werden die Halbzeuge/Fertigteile dem Auftraggeber entweder den Bereitstellungsterminen entsprechend geliefert oder wiederum mittels Kanban produktions-/montagesynchron durch den auftragsneutralen und/oder kundenauftragsspezifischen Fertigungsbereich angefordert.

Falls beim Auftragnehmer der bzw. die ersten Fertigungsschritte innerhalb der jeweiligen Fertigungsprozessfolgen durchgeführt werden, kann die Konzeption der zwischenbetrieblichen Produktionsplanung und -steuerung des Szenarios 1 vollständig übertragen werden, denn es ist dem Auftragnehmer möglich, auf der Grundlage mittelfristiger Lieferabrufe bereits die Fertigung anzustoßen. Der mittel- und kurzfristige Lieferabruf einschließlich der Steuerung der zwischenbetrieblichen Materialflüsse basieren beim Auftraggeber bis auf die hier nicht notwendige Bestimmung der Bereitstellungstermine und -mengen von Halbzeugen auf denselben Planungsgegenständen, die für Szenario 2 oben beschrieben sind.

3.8.4.2.3 Produktionsplanung und -steuerung Szenario 3

Die Produktionsplanung und -steuerung der alternierenden Fremdvergabe kundenauftragsspezifischer Fertigungsprozessfolgen lassen sich ebenfalls mit Bezug zu den drei Planungsebenen (lang-, mittel- und kurzfristig) erfassen. Sie sind konzeptionell in Abb. 28 dargestellt.

Basierend auf dem im Rahmenkontrakt grob vereinbarten Fremdvergabevolumen einschließlich grober teilespezifischer Liefertermine bzgl. der mehr oder weniger detailliert vorliegenden und, wie in Kapitel 3.8.4.1 konzeptualisiert, bereits beim Auftragnehmer grob implementierten Fertigungsprozessfolgen, erfolgt durch den Auftraggeber eine Übermittlung langfristiger Fremdvergabepläne.[278] Der Planungshorizont beträgt hier entsprechend den langfristigen kundenneutralen Lieferabrufplänen ebenfalls etwa 12 Monate, da im Rahmen einer kundenindividuellen Massenproduktion die Planungsaktivitäten beider Fertigungsbereiche zeitlich parallelisiert sein sollten. Auf dieser Datenbasis ist es dem Auftragnehmer möglich, langfristige Kapazitätsreservierungen vorzunehmen. Da vorab weder feststeht, welchen spezifischen Individualisierungsgrad die Kundenaufträge beinhalten werden, noch wann die Kundenaufträge zukünftig eingehen, weisen die Pläne einen gröberen Charakter als im Rahmen der Szenarien 1 und 2 auf. Die langfristigen Fremdvergabepläne lassen sich jedoch nach Markteinführung des kundenindividuellen Massenprodukts und der damit im zeitlichen Verlauf exakteren Prognosegenauigkeiten zunehmend detaillieren.

Die mittelfristigen Fremdvergabepläne basieren auf der in Kapitel 3.6.3.3 ausführlich dargestellten mittelfristigen Nettosekundärbedarfs-, Termin- und Kapazitätsplanung bzgl. der ausgewählten und beim Auftragnehmer implementierten kundenindividuellen Fertigungsprozessfolgen und weisen entsprechend der mittelfristigen Lieferabrufpläne kundenneutraler Bauteile ebenfalls einen Planungshorizont von etwa 12 Wochen auf. Durch die in Kapitel 3.8.2 konzeptionell aufgezeigte mathematische Optimierung, bei der wiederum nur noch die im Rahmenkontrakt vereinbarten Fertigungsprozessfolgen zum kundenindividuellen Massenprodukt einzubeziehen sind, werden die mittelfristig fremd zu vergebenden Fertigungsprozessfolgen und -mengen grob bestimmt. Anschließend übermittelt der Auftraggeber die daraus resultierenden, teilespezifischen Bedarfsmengen und -termine an den Auftragnehmer. Dieser verarbeitet die Informationen innerhalb seiner mittelfristigen Produktionsplanung, indem er die notwendigen mittelfristigen Kapazitäten einplant, Fertigungs- und Bereitstellungsmengen sowie die zugehörigen Termine generiert.

278 Da individuelle Fertigungsteile erst bei Kundenauftragseingang spezifiziert und produziert werden können, wird nachfolgend wiederum von lang- und mittelfristigen Fremdvergabeplänen und nicht von Lieferabrufen gesprochen.

Abb. 28: Konzeption der Produktionsplanung und -steuerung Szenario 3

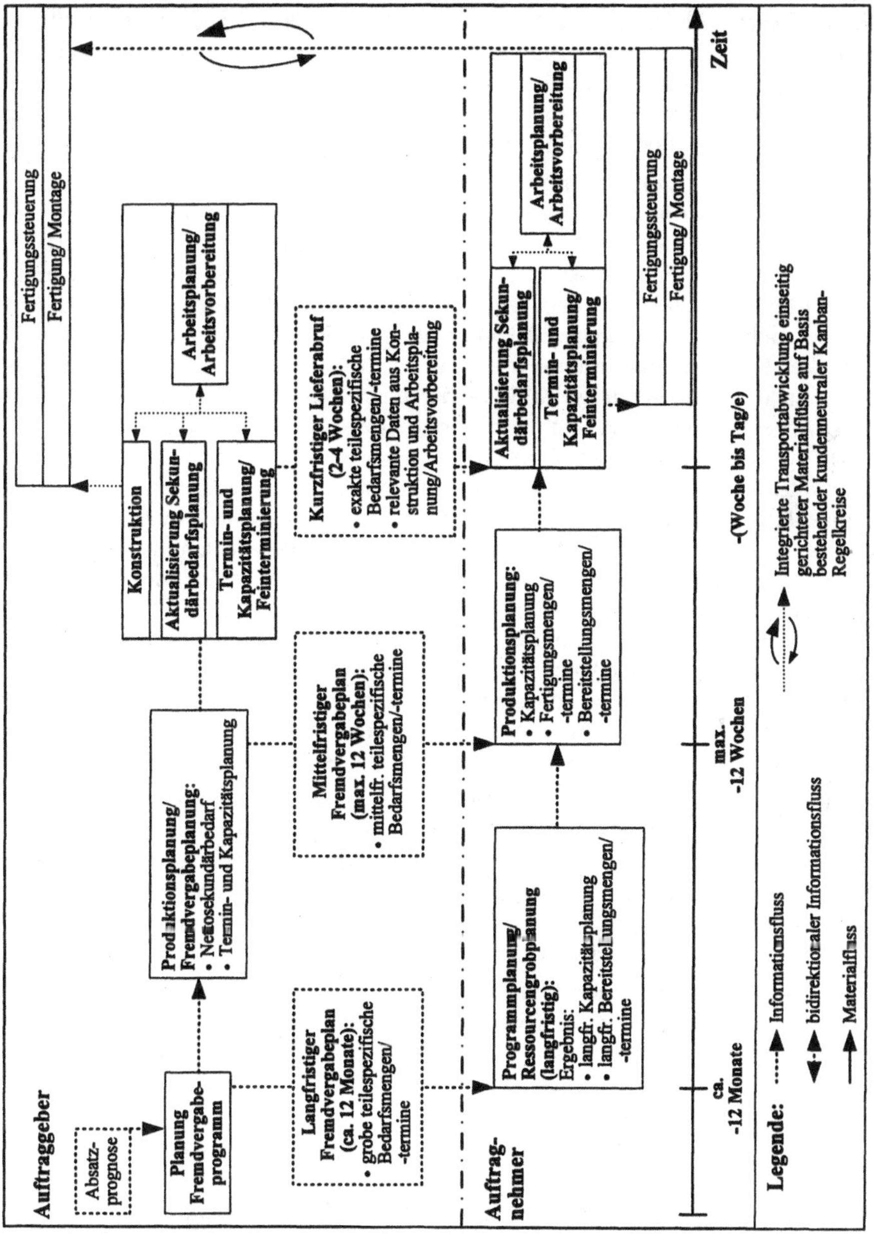

(Quelle: Eigene Darstellung)

Anzumerken ist auch für die mittelfristigen Planungsaktivitäten, dass die generierten Daten beim Auftraggeber und damit zwangläufig auch beim Auftragnehmer einen relativ groben Planungscharakter aufgrund ungenauer Kundenspezifikationen und Auftragstermine aufweisen. Eine zunehmende Detaillierung der mittelfristigen Planungsdaten geht aber ebenfalls mit dem zeitlichen Verlauf der Produktion eines kundenindividuellen Massenprodukts einher.

Die kurzfristigen Lieferabrufe, die einen Planungshorizont zwischen einem oder wenigen Tagen bis hin zu mehreren Wochen aufweisen können, werden beim Auftraggeber im Rahmen der operativen Termin- und Kapazitätsplanung in Rückkopplung mit der Feinterminierung vorgenommen. Wie in Kapitel 3.7.3 bereits ausführlich dargestellt, werden, basierend auf den eingehenden Kundenaufträgen und den sich daran zeitlich parallel anschließenden Prozesse bzgl. der kundenindividuellen Konstruktionsarbeiten (Neu-, Wiederhol-, Anpass-, Variantenkonstruktionen), der Aktualisierung der Sekundärbedarfsplanung sowie der Arbeitsplanung/Arbeitsvorbereitung (u.a. auftragspezifische Arbeitspläne), die teilespezifischen Sekundärbedarfe im Rahmen der Termin- und Kapazitätsplanung ebenfalls parallel zu den o.g. Prozessen eingeplant. In Rückkopplung zwischen Termin- und Kapazitätsplanung mit der Feinterminierung, aus der die aktuelle Fertigungssituation für die folgenden Tage und Wochen hervorgeht, lassen sich die Fertigungsengpässe und die sie betreffenden bauteilspezifischen kundenindividuellen Fertigungsprozessfolgen identifizieren. Ebenfalls durch das in Kapitel 3.8.2 dargestellte deckungsbeitragsoptimierende Rechenverfahren werden die bauteilspezifischen Fremdbedarfsmengen, die auf Basis der beim Auftragnehmer bereits grob implementierten Fertigungsprozessfolgen gefertigt werden können, bestimmt. In Rückkopplung mit der Termin- und Kapazitätsplanung sowie der Feinterminierung lassen sich daraus ebenfalls die Bedarfstermine ableiten.

Zusätzlich werden die teilespezifischen Fremdbedarfe mehrerer Aufträge, die jeweils auf Basis derselben beim Auftragnehmer grob implementierten Fertigungsprozessfolgen gefertigt werden können und somit keine oder nur eine geringe Variationsbreite aufweisen, zusammengefasst. Hierdurch können Bedarfsanforderungen in Losgröße 1 größtenteils vermieden und damit die Planungs- und Steuerungskomplexität merklich reduziert werden.

Neben den teilespezifischen Bedarfsmengen und -terminen übermittelt der Auftraggeber im Rahmen des kurzfristigen Lieferabrufs dem Auftragnehmer zusätzlich die bereits vorliegenden Konstruktionszeichnungen, auftragsspezifischen Arbeitspläne, zugehörigen NC- Programme und weitere relevante Informationen aus der Arbeitsplanung/Arbeitsvorbereitung.

Auf der Basis der übermittelten Daten erfolgen beim Auftragnehmer die zeitlich parallel gelagerten Prozesse der operativen Termin- und Kapazitätsplanung, der Feinterminierung sowie der Arbeitsplanung/Arbeitsvorbereitung.

Insbesondere ist bzgl. der Arbeitsplanung/Arbeitsvorbereitung zu betonen, dass etwa die auftraggeberseitigen Arbeitspläne an die beim Auftragnehmer vorliegende/n Fertigungssituation/Fertigungssysteme anzupassen sind. Entsprechend dem informationstechnischen Verknüpfungsgrad können die Informationen des Auftraggebers auch elektronisch in die CAD-, CAPP- und CAM-Systeme des Auftragnehmers übertragen werden, sodass eine automatische Anpassung erfolgt.

Nach auftragspezifischer Fertigung werden die Bauteile dem Auftraggeber geliefert. Die Unterschiedlichkeit der Bauteile und deren Durchlaufzeiten widerspricht im Gegensatz zu den Szenarien 1 und 2 der Implementierung eines Kanban-Regelkreises zur zwischenbetrieblichen Materialflusssteuerung zwischen dem Lager des Auftragnehmers und dem kundenauftragspezifischen Fertigungs-/Montagebereich des Auftraggebers.[279] Um jedoch Transportkosten zu reduzieren, lassen sich die kundenauftragsspezifischen Bauteile entsprechend den Bereitstellungsmengen und -terminen mit den zwischenbetrieblichen Transporten, die sich auf Basis der Kanban-Regelkreise für die neutralen Bauteile/Halbzeuge entsprechend der Szenarien 1 und 2 ergeben, integriert abwickeln.

Falls beim Auftragnehmer kundenauftragneutrale Bauteile des Auftraggebers individualisiert werden und diese nicht bereits beim Auftragnehmer potenziell aufgrund der Szenarien 1 und 2 auf Lager liegen, kann ebenfalls die Implementierung eines Kanban-Regelkreises zwischen dem kundenauftragsneutralen Zwischenlager des Auftraggebers und dem kundenauftragsspezifischen Fertigungsbereich des Auftragnehmers erfolgen. Hierbei ist es möglich, eine Integration dieses Regelkreises in die bereits durch die Szenarien 1 und 2 bestehenden vorzunehmen. Trotz dezentralen Abrufs muss der Auftraggeber dann zusätzlich intern die zugehörigen Bereitstellungsmengen und -termine der neutralen Bauteile für den Auftragnehmer zentral planen.

3.8.4.2.4 Produktionsplanung und -steuerung Szenario 4

Entsprechend Szenario 2 ist wiederum zu unterscheiden, ob die kundenindividuellen Fertigungsprozessfolgenausschnitte und Arbeitsschritte durch den Auftraggeber vor und/oder nach den auftragnehmerseitigen Fertigungsschritten erfolgen.

Falls beim Auftragnehmer der bzw. die ersten Fertigungsschritte innerhalb der jeweiligen kundenindividuellen Fertigungsprozessfolgen durchgeführt werden, kann die Konzeption der zwischenbetrieblichen Produktionsplanung und -steuerung einschließlich der Materialflusssteuerung entsprechend Szenario 3 vollständig übertragen werden. Zusätzlich muss der Auftraggeber jedoch intern Kapazitätsreservierungen sowie die Bestimmung der Fertigungsmengen und -termine zur Weiterbearbeitung der Halbzeuge in Rückkopplung zwischen Feinterminierung und Termin- und Kapazitätsplanung vornehmen.

---

279 Zu den Voraussetzungen der Implementierung von Kanban vgl. Kapitel 3.6.3.4.1.

Abb. 29: Konzeption der Produktionsplanung und -steuerung Szenario 4

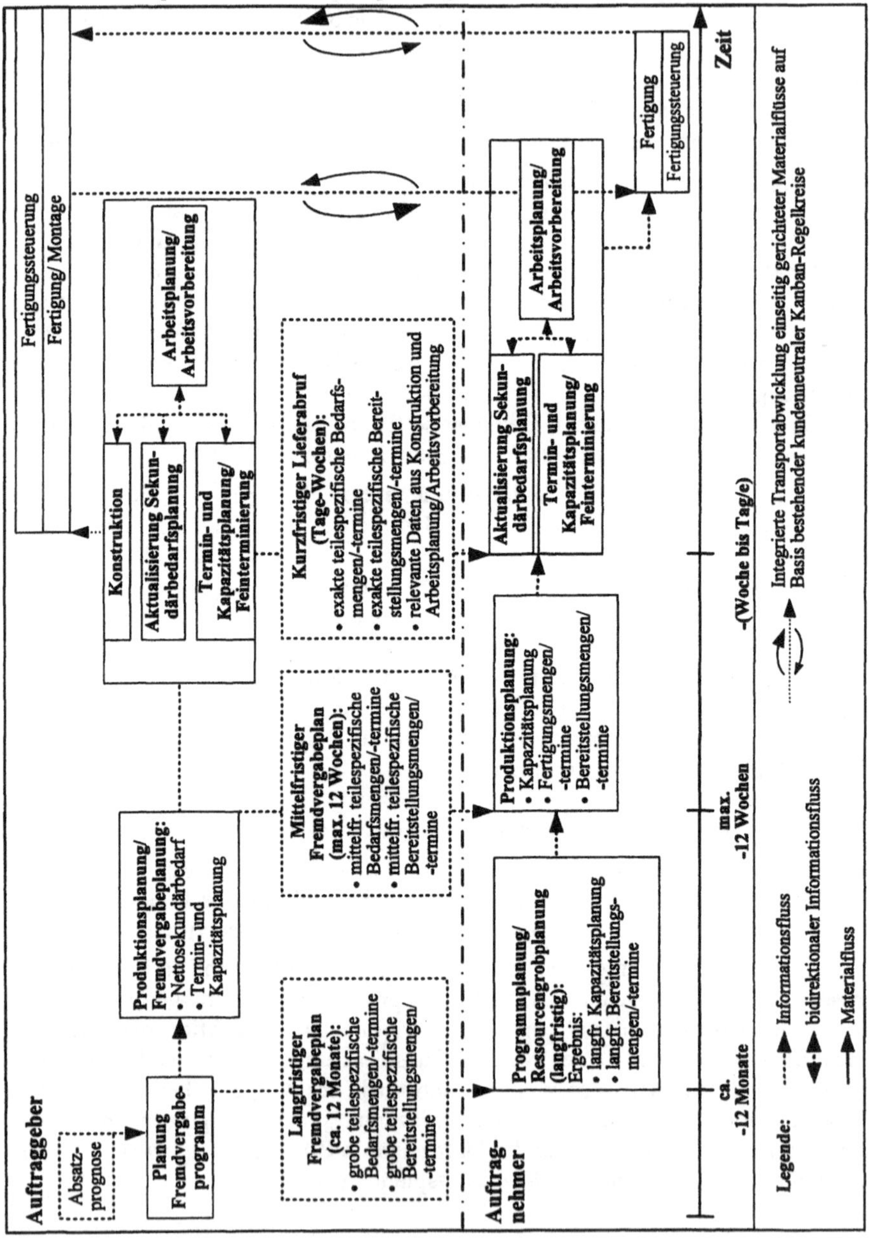

(Quelle: Eigene Darstellung)

Die Veränderung der inner- und zwischenbetrieblichen Produktionsplanung und -steuerung, die sich vor allem ab dem Zeitpunkt des kurzfristigen Lieferabrufs daraus ergibt, dass bereits vor der Bearbeitung der Halbzeuge durch den Auftragnehmer kundenindividuell induzierte Arbeitsschritte beim Auftraggeber erfolgen, stellt Abb. 29 dar.

Der Auftragnehmer kann hier erst nach Anlieferung der Halbzeuge die auftragsspezifische Fertigung einleiten. Trotzdem können die lang- und mittelfristigen Produktionsplanungs- und -steuerungsaufgaben zwischen Auftraggeber und Auftragnehmer entsprechend Szenario 3 auch auf diesen Anwendungsfall übertragen werden. Sofern es lang- und mittelfristig aufgrund unbekannter Informationen hinsichtlich der Kundenspezifikationen und Auftragstermine überhaupt möglich ist, sind dem Auftragnehmer die teilespezifischen Bereitstellungsmengen und -termine zu übermitteln.

Der kurzfristige Lieferabruf unterscheidet sich hinsichtlich Szenario 3 nur dahingehend, dass dem Auftragnehmer nach Festlegung der fremd zu vergebenden Fertigungsprozessfolgenausschnitte und Arbeitsschritte die relevanten und beim Auftraggeber vor Fertigungsbeginn bereits generierten Konstruktions- und Arbeitsplanungs-/Arbeitsvorbereitungsinformationen vorab übermittelt werden. Der Auftragnehmer hat somit ein größeres Zeitfenster, um die auftragsspezifischen Daten an seine vorliegende/n Fertigungssituation/Fertigungssysteme anzupassen. Nach Lieferung der Halbzeuge entsprechend der vorab übermittelten Bereitstellungsmengen und -termine durch den Auftraggeber erfolgt die Bearbeitung durch den Auftragnehmer und die Rückanlieferung zum Auftraggeber entsprechend der Bedarfsmengen und -termine. Anschließend findet beim Auftraggeber entweder eine Weiterbearbeitung der Halbzeuge und/oder die Montage der Fertigteile statt. Zu Weiterbearbeitung muss der Auftraggeber wiederum vorab Kapazitätsreservierungen sowie die Bestimmung der Fertigungsmengen und -termine in Rückkopplung zwischen Feinterminierung und Termin- und Kapazitätsplanung vornehmen.

Sowohl die Anlieferung als auch der Rücktransport der Halbzeuge bzw. Fertigteile zum Auftraggeber kann, wie bereits bei Szenario 3 begründet, auf Basis der Kanban Regelkreise, die im Rahmen der Szenarien 1 und 2 zu implementieren sind, integriert abgewickelt werden.

3.9 Konzeption der integrierten Produktentwicklung innerhalb der Supply Chain-Referenzstruktur

Nachfolgend wird, aufbauend auf den bisherigen Ergebnissen dieser Arbeit, der inner- und zwischenbetriebliche integrierte Produktenwicklungsprozess kundenindividueller Massenprodukte, bezogen auf die in Kapitel 3.4.2 konfigurierte Supply Chain-Referenzstruktur, konzeptualisiert.

Abb. 30: Qualitativ zeitlicher Zusammenhang der Teilprozesse des Geschäftsprozesses Produktentwicklung nach der Strategie der integrierten Produktentwicklung innerhalb der Supply Chain-Referenzstruktur

Geschäftsprozess	**Vorgänger** **Produkt-planung**
Fokales Unternehmen **Verantwortlich für:** Entwicklung/Fertigung/Endmontage des gesamten Mass Customization-Produkts **Eigenanteil:** Entwicklung/Fertigung/Montage eines/mehrerer Moduls/e (hier: individuelles Modul M_1); Montage der Module M_1 - M_n + „bus" zum Gesamtprodukt **Fremdbezugsanteil:** Entwicklung/Fertigung/Montage der Module M_2 - M_n inkl. „bus"; zum Teil Entwicklung/Fertigung/Montage standardisierter/individualisierter Einzelteile/Unterbaugruppen/Baugruppen des individuellen Moduls M_1	→
Wertschöpfungspartner **Verantwortlich für:** Entwicklung/Fertigung/Montage des individuellen Moduls M_2 und des standardisierten Moduls M_3 **Eigenanteil:** Entwicklung/Fertigung/Montage standardisierter/individualisierter Einzelteile/ Unterbaugruppen/Baugruppen; Montage aller Komponenten zum individuellen Modul M_2 und zum standardisierten Modul M_3 **Fremdbezugsanteil:** zum Teil Entwicklung/Fertigung/Montage standardisierter/individualisierter Einzelteile/Unterbaugruppen/Baugruppen des individuellen Moduls M_2	→
Entwicklungspartner **Verantwortlich für:** Entwicklung/Fertigung/Montage einer oder mehrerer standardisierten/r und/oder individualisierten/r Baugruppe/n des individuellen Moduls M_2 **Eigenanteil:** Entwicklung/Fertigung/Montage standardisierter/individualisierter Einzelteile/ Unterbaugruppen; Montage aller Komponenten zu einer oder mehreren standardisierten/individualisierten Baugruppe/n des individuellen Moduls M_2 **Fremdbezugsanteil:** zum Teil Entwicklung/Fertigung/Montage standardisierter/individualisierter Einzelteile/Unterbaugruppen des individuellen Moduls M_2	
Produktionsspezialist **Verantwortlich für/Eigenanteil:** Entwicklung/Fertigung/Montage eines/r oder mehrerer standardisierten/r und/oder teilweise individualisierten/r Einzelteils/e/Unterbaugruppe/n standardisierter/ individualisierter Baugruppen des individuellen Moduls M_2 **Fremdbezugsanteil:** Fertigung standardisierter, bereits entwickelter Einzelteile des individuellen Moduls M_2	
Teilefertiger **Verantwortlich für/Eigenanteil:** Fertigung standardisierter, bereits entwickelter Einzelteile des individuellen Moduls M_2	

Legende: ◄—► bidirektionaler Informationsfluss ⬚ teilweiser Einbezug in Teilprozess

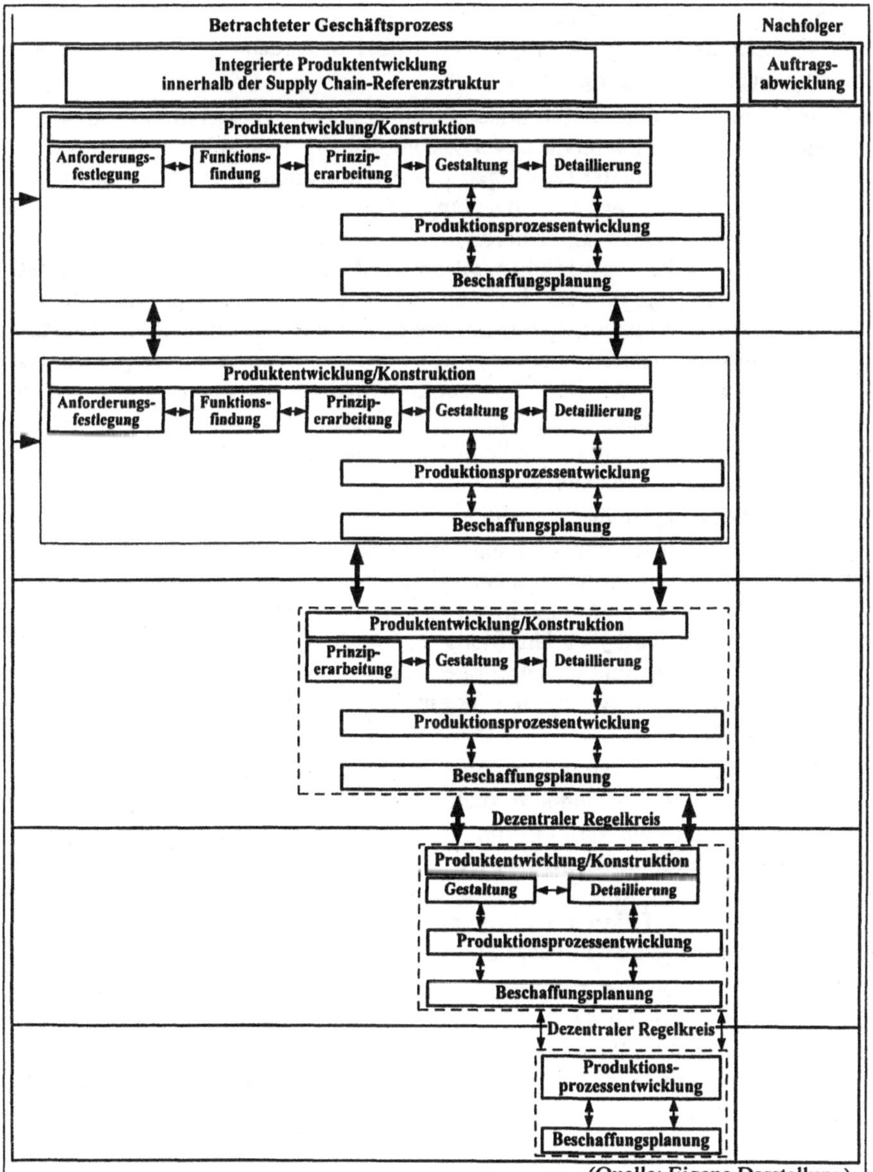

(Quelle: Eigene Darstellung)

Entsprechend der Strategieformulierung und der vorangegangenen Untersuchungen gilt nachfolgend, dass die Akteure der Supply Chain-Referenzstruktur jeweils auf der Basis von Überkapazitäten an der Herstellung standardisierter/individualisierter Einzelteile, Unterbaugruppen, Baugruppen und Module entsprechend ihrer Kompetenzspektren beteiligt sind, wobei das generelle Produktionsprogramm wiederum Fertigungspriorität hat.

In Abb. 30 sind die durchzuführenden Teilprozesse der integrierten Produktentwicklung und ihr zeitlich qualitativer Zusammenhang, einerseits bezogen auf die innerbetriebliche Ebene der jeweiligen Akteure und andererseits bezogen auf ihr Zusammenwirken auf der Ebene der Supply Chain-Referenzstruktur, dargestellt. Jedem Akteur in Abb. 30 ist, basierend auf der in Kapitel 3.4.1 nachgewiesenen System- und Problemlösungskapazität sowie dem Produktions- und Produkt-Know-how in Abhängigkeit der Stellung innerhalb der Wertschöpfungskette, das maximal mögliche Leistungsspektrum, das dieser am kundenindividuellen Massenprodukt erbringen kann, verantwortlich zugeordnet. Das Leistungsspektrum ist hier definiert als Grad der Fähigkeit zur Entwicklung, Fertigung und Montage standardisierter und/oder individualisierter Bestandteile unterschiedlicher Erzeugnisstrukturebenen eines kundenindividuellen Massenprodukts nach dem Prinzip modularer Baukastensysteme.[280]

Da hier im Gegensatz zu den Annahmen in Kapitel 3.6 die integrierte Produktentwicklung innerhalb der Supply Chain-Referenzstruktur betrachtet wird, lässt sich das verantwortlich zugeordnete Leistungsspektrum in einen Eigenanteil und, außer beim Teilefertiger, zusätzlich in einen Fremdbezugsanteil differenzieren. Der Fremdbezugsanteil wird hier langfristig an die direkt vorgelagerte Wertschöpfungsstufe ausgelagert und entspricht genau dem maximal möglichen Leistungsspektrum eben dieses vorgelagerten Akteurs im Rahmen einer kundenindividuellen Massenproduktion.[281]

Wie in Kapitel 3.4.1 erwähnt, kann der Fremdbezugsanteil eines Akteurs potenziell nicht nur an einen, sondern auch an mehrere Akteure vergeben werden. Diese können einerseits vertikal vorgelagert und gleichzeitig auf unterschiedlichen Wertschöpfungsstufen stehen, aber auch horizontal und somit auf gleicher Wertschöpfungsstufe. Um Redundanz bei der nachfolgenden Konzeption zu vermeiden, wurde auf diesen Sachverhalt bereits in Kapitel 3.4 hingewiesen und deshalb die hier betrachtete lineare Supply Chain-Referenzstruktur konfiguriert.

Nachfolgend werden die Teilprozesse Produktentwicklung/Konstruktion, Produktionsprozessentwicklung und Beschaffungsplanung auf inner- und zwischenbetrieblicher Ebene als Phasen der integrierten Produktentwicklung im Sinne des Simultaneous Engineering, aufbauend auf den bisherigen Ergebnissen dieser Arbeit, konzeptualisiert.

---

280 Vgl. Kapitel 3.1.

281 Vgl. Kapitel 3.3 und Kapitel 3.4.1.

Die Beschaffungsplanung, die einerseits in Abb. 30 auf jeder Wertschöpfungsstufe der Supply Chain-Referenzstruktur gesondert dargestellt ist und deren Inhalte andererseits bereits in Kapitel 3.6.1 grob aufgezeigt wurden, wird im Rahmen der inner- und zwischenbetrieblichen Phasen Produktentwicklung/Konstruktion und Produktionsprozessentwicklung integriert behandelt. Sie beinhaltet, auch in Bezug auf die in Kapitel 3.10 konzeptualisierte und sich an den integrierten Produktentwicklungsprozess direkt anschließende zwischenbetriebliche Auftragsabwicklung, neben der nachfolgend nicht weiter betrachteten Tertiärbedarfsplanung und -steuerung insbesondere die Konzeption der Fremdbezugsplanung und -steuerung auf inner- und zwischenbetrieblicher Ebene entlang der Supply Chain-Referenzstruktur, außerdem die in Kapitel 3.8 bereits detailliert konzeptualisierte Fremdvergabeplanung und -steuerung auf jeder betrachteten Wertschöpfungsstufe.

3.9.1 Produktentwicklung/Konstruktion innerhalb der Supply Chain-Referenzstruktur

Der sinnvolle Zeitpunkt für die Integration des jeweils vorgelagerten Akteurs in den integrierten Produktentwicklungsprozess kann im Allgemeinen in Abhängigkeit der übertragenen Entwicklungsleistung und des Entwicklungsumfangs bestimmt werden. Demnach wird etwa ein Wertschöpfungspartner gegenüber einem Produktionsspezialisten frühzeitiger einbezogen.[282]

Übertragen auf die zwischenbetriebliche Produktentwicklung/Konstruktion eines individualisierten und neutralen Moduls als Teil eines kundenindividuellen Massenprodukts innerhalb der Supply Chain-Referenzstruktur wird dieser Sachverhalt in Abb. 30 an einem abstrakten Beispiel ausführlich dargestellt.

Zum weiteren Verständnis wird an dieser Stelle auf Kapitel 3.6.2 verwiesen, in dem Inhalte und Ergebnisse der Produktentwicklungs-/Konstruktionsphasen beschrieben sind. Weiterhin auf Kapitel 2.7.2 und 3.4.1, in denen das generelle und das spezifische Leistungsspektrum der Akteure innerhalb der Supply Chain-Referenzstruktur im Rahmen der Entwicklung und Herstellung kundenindividueller Massenprodukte untersucht wurde.

Das hier definierte Beispiel legt fest, dass das fokale Unternehmen das individuelle Modul M_1, bestehend aus standardisierten und individualisierten Einzelteilen, Unterbaugruppen und Baugruppen, entwickelt, fertigt und montiert. Zusätzlich montiert es die Module M_1-Mn + „bus“ zum Endprodukt. Der Fremdbezugsanteil betrifft die Entwicklung, Fertigung und Montage der Module M_2-Mn inkl. „bus“. Neben der Produktplanung ist das fokale Unternehmen somit vollständig in sämtliche Phasen der Produktentwicklung/Konstruktion aus inner- und zwischenbetrieblicher Sichtweise involviert.

Der Wertschöpfungspartner, der als direkt vorgelagerter Akteur zum fokalen Unternehmen mit der Entwicklung, Fertigung und Montage des individuellen Moduls

282 Vgl. Wagner, S. (2001), S. 224.

M_2 sowie des kundenneutralen Moduls M_3 verantwortlich beauftragt ist, muss ebenfalls in alle Phasen der Produktentwicklung/Konstruktion mit einbezogen werden. Dieses begründet sich daraus, dass er in enger Rückkopplung mit dem fokalen Unternehmen und den weiteren Modullieferanten die Eigenschaften seiner Module sowie die Schnittstellen zwischen den benachbarten Modulen, beginnend mit der Anforderungsfestlegung bzgl. des Gesamtprodukts, definieren muss.

Um Redundanz zu vermeiden, wird, wie in Abb. 30 gezeigt, nachfolgend ausschließlich die Entwicklung, Fertigung und Montage verschiedener neutraler und individueller Einzelteile, Unterbaugruppen und Baugruppen des individuellen Moduls M_2 auf die dem Wertschöpfungspartner vorgelagerten Akteure innerhalb der Supply Chain-Referenzstruktur übertragen.

Der Entwicklungspartner, der folglich mit der Entwicklung, Fertigung und Montage einer oder mehrerer standardisierter und/oder individualisierter Baugruppen des Moduls M_2 beauftragt ist, baut auf den Ergebnissen, die der Wertschöpfungspartner in den vorangegangenen Produktentwicklungsphasen erarbeitet hat, auf. Er wird frühestens ab der Phase Prinziperarbeitung durch den Wertschöpfungspartner integriert, da hier erstmals geometrische und stoffliche Konstruktionsmerkmale definiert werden. Fallspezifisch kann der Entwicklungspartner aber auch erst im Rahmen der Phase Gestaltung hinzugezogen werden, da, bedingt durch seine fehlende System- und Problemlösungskapazität, das Modul als Grundlage zur Entwicklung der es beinhaltenden Baugruppen hier erstmals grob entworfen wird.

Aufbauend auf den Ergebnissen des Entwicklungspartners, ist der Produktionsspezialist mit der Entwicklung und Fertigung mehrerer standardisierter und/oder individualisierter Einzelteile sowie auch teilweise mit deren Montage zu standardisierten und/oder individualisierten Unterbaugruppen der standardisierten/individualisierten Baugruppen des Moduls M_2 verantwortlich beauftragt. Er wird ab der Phase Gestaltung in den Produktentwicklungsprozess einbezogen, da hier die zu standardisierenden und zukünftig zu individualisierenden Einzelteile, Unterbaugruppen, Baugruppen und Module grob gestaltet werden.

Da der Teilefertiger ausschließlich bereits konstruierte, standardisierte Bauteile einfacher Struktur produziert, ist er in die Produktentwicklung/Konstruktion nicht involviert.

Nach Zusammenfassung der Produktentwicklungsergebnisse durch den jeweils nachgelagerten Akteur innerhalb der Supply Chain-Referenzstruktur resultieren nach Abschluss der Entwicklungsphase Detaillierung einerseits das vollständig entwickelte und damit fertigungsreife Modul M_2 sowie, was nachfolgend nicht weiter betrachtet wird, auch die übrigen Module inkl. „bus“ und damit insgesamt das fertigungsreife kundenindividuelle Massenprodukt .

Da im Rahmen dieser Arbeit nachfolgend ausschließlich die inner- und zwischenbetriebliche Produktionsprozessentwicklung und die sich daran anschließende zwischenbetriebliche Fertigungs- bzw. Produktionssteuerungssteuerung im Rahmen der Auftragsabwicklung auf Basis von Überkapazitäten innerhalb der Supply Chain-Referenzstruktur den Untersuchungsgegen-stand darstellen, wird auf eine tiefergehende Analyse der zwischenbetrieblichen Produktentwicklungsaufgaben und -prozesse verzichtet.

3.9.2 Ergebnisse und Aufgaben der Produktionsprozessentwicklung innerhalb der Supply Chain-Referenzstruktur aus inner- und zwischenbetrieblicher Perspektive

Abb. 31 und 32 zeigen die akteursspezifischen Ergebnisse bzw. Aufgaben im Rahmen der Produktionsprozessentwicklung innerhalb der Supply Chain-Referenzstruktur aus inner- und zwischenbetrieblicher Perspektive zusammenfassend auf. Die Ergebnisse bzw. Aufgaben der Produktionsprozessentwicklung beziehen sich hierbei jeweils auf das in Kapitel 3.9.1 begründet zugeordnete, maximale akteursspezifische Leistungsspektrum am kundenindividuellen Massenprodukt.

Beide Abbildungen stellen zusammengefasst einen Leitfaden strategiegeleiteter Maßnahmen zur praktischen Umsetzung der in Kapitel 2.8 formulierten Krisenbewältigungsstrategie für KMU des Maschinen- und Anlagenbaus dar, die von überkapazitätsbedingten Unternehmenskrisen betroffen sind. Insbesondere, auch unter Berücksichtigung der vorangegangenen Untersuchungen ist es einem KMU hierdurch zum einen möglich, sich überhaupt entsprechend seiner System- und Problemlösungskapazität sowie seines Produktions- und Produkt-Knowhows in die Supply Chain-Referenzstruktur zur Entwicklung und Herstellung kundenindividueller Massenprodukte einzuordnen. Zum anderen zeigt der Leitfaden strategiegeleiteter Maßnahmen aus inner- und zwischenbetrieblicher Perspektive spezifisch auf, welche Planungsaufgaben bzw. -ergebnisse ein KMU im Rahmen der integrierten Produktentwicklung durchführen bzw. generieren muss, um auf der Grundlage seines dynamisch schwankenden und begrenzten Überkapazitätsangebots als wertschöpfender Akteur innerhalb derartiger Produktionsnetzwerkstrukturen agieren zu können. Mit Ausnahme bzgl. eines fokalen Akteurs bzw. eines Teilefertigers, der ausschließlich kundeneutrale Fertigungsteile herstellt, muss ein KMU, das innerhalb der Supply Chain-Referenzstruktur Wertschöpfungs-, Entwicklungspartner oder Produktionsspezialist darstellt, nicht zwangläufig beide Fertigungsbereiche abdecken. Es kann im Rahmen einer individuellen Massenproduktion sowohl ausschließlich für die Entwicklung und Herstellung kundenneutraler oder -spezifischer Produktbestandteile verantwortlich beauftragt werden.

Abb. 31 beinhaltet die Ergebnisse bzw. Aufgaben hinsichtlich der standardisierten bzw. kundenauftragsneutralen Produktbestandteile einschließlich beinhaltender Varianten des kundenindividuellen Massenprodukts. Abb. 32 beinhaltet die Ergebnisse und Aufgaben bzgl. der kundenauftragsspezifischen und damit nicht standardisierbaren Produktbestandteile, die zusätzlich untereinander eine Varianz im Detaillierungsgrad aufweisen können.

Abb. 31: Aufgaben und Ergebnisse der Produktionsprozessentwicklung innerhalb der Supply Chain-Referenzstruktur bzgl. kundenauftragsneutraler Produktbestandteile aus inner- und zwischenbetrieblicher Perspektive

Planungsschnittstellen		Kundenauftragsneutrale Produktbestandteile (standardisiert/standardisierte Varianten)	FU	WP	EP/PS	TF
	Produktentwicklung: Gestaltung/ Detaillierung	**Konfiguration Fertigungsprozessfolgen/alternative Fertigungsprozessfolgen** [vgl. Kap. 3.6.3.2] **Konfiguration Arbeitspläne/alternative Arbeitspläne** [vgl. Kap. 3.6.3.2] **Konfiguration Montagepläne** [vgl. Kap. 3.6.3.2] **NC-Programmierung** [vgl. Kap. 3.6.3.2]	✓	✓	✓	✓
	Produktionsplanung	**Programmplanung (langfristig) unter Berücksichtigung des generellen Produktionsprogramms, das in Wechselproduktion hergestellt wird** [vgl. Kap. 3.6.3.3] Absatzplanung auf Basis der Absatzprognosen des fokalen Unternehmens; Primärbedarfsplanung; Ressourcengrobplanung	✓	✓	✓	✓
		Mengenplanung/Materialbedarfsplanung (mittelfristig) unter Berücksichtigung des generellen Produktionsprogramms, das in Wechselproduktion hergestellt wird [vgl. Kap. 3.6.3.3/3.8.4.2/3.10] Nettosekundärbedarfsermittlung; *Beschaffungsartenzuordnung*: Eigenfertigung;	✓	✓	✓	✓
		langfristiger Fremdbezug mit vorgelagertem Akteur innerhalb der Supply Chain Referenzstruktur [vgl. auch Kap. 3.10];	✓	✓	✓	×
		alternierende Fremdvergabe (grob)/Detaillierung erfolgt nach der Termin- und Kapazitätsplanung bzw. im Rahmen der Feinterminierung [vgl. Kap. 3.8.4.2] **Termin- und Kapazitätsplanung (mittelfristig) unter Berücksichtigung des generellen Produktionsprogramms, das in Wechselproduktion hergestellt wird** [vgl. Kap. 3.6.3.3/ 3.5.2/3.8]: Durchlaufterminierung; Kapazitätsbedarfsermittlung; *Kapazitätsabstimmung*: (d,t,q)-Anpassungsmaßnahmen [vgl. auch Kap. 3.5.2]; Belastungsanpassung [vgl. auch Kap. 3.5.2]; Planung zwischenbetrieblicher Kapazitätsanpassungsmaßnahmen durch alternierende Fremdvergabe [vgl. ausführlich Kap. 3.8]	✓	✓	✓	✓

Legende: FU: Fokales Unternehmen; WP: Wertschöpfungspartner; EP: Entwicklungspartner; PS: Produktionsspezialist; TF: Teilefertiger; ✓: Ergebnis; ✗: Ergebnis nicht möglich bzw. nicht notwendig

		Kundenauftragsneutrale Produktbestandteile (standardisiert/standardisierte Varianten)	**FU**	**WP**	**EP/PS**	**TF**
Planungsschnittstellen	**Produktionssteuerung**	**Eigenfertigungsplanung und -steuerung nach MRP II event. ergänzt etwa durch BOA/OPT/RT** [vgl. Kap. 3.6.3.4.1/3.7.2]	✓	✓	✓	✓
		Fremdbezugsplanung und -steuerung nach MRP II [vgl. Kap. 3.10]	✓	✓	✓	✗
		Fremdvergabeplanung und -steuerung nach MRP II [vgl. Kap. 3.8/ insbesondere 3.8.4.2.1/3.8.4.2.2]	✓	✓	✓	✓
		Materialflusssteuerung: Unternehmensintern: zwischen kundenneutralem Lager und kundenspezifischem Fertigungsbereich Kanban-Regelkreis möglich [vgl. Kap. 3.6.3.4/3.7]	✓	✓	✓	✗
		Zwischenbetrieblich: *Fremdbezug* [vgl. Kap. 3.10]: zwischen kundenneutralem Lager des vorgelagerten Akteurs Kanban-Regelkreis möglich/ zwischen WP und FU Transportabwicklung gemäß Bedarfsterminen/-mengen;	✓	✓	✓	✗
		zwischen kundenneutralem Fertigungsbereich des nachgelagerten Akteurs Kanban-Regelkreis möglich;	✗	✗	✓	✓
		zwischen kundenspezifischem Fertigungsbereich des nachgelagerten Akteurs Kanban-Regelkreis möglich/ zwischen WP und FU Transportabwicklung gemäß Bereitstellungsterminen/-mengen	✗	✓	✓	✓
		Fremdvergabe [vgl. Kapitel 3.8.4.2.1/3.8.4.2.2]: Szenario 1: Abruf der Fertigteile mittels Kanban-Regelkreis möglich; Szenario 2: Bereitstellung der Halbzeuge und Abruf der Halbzeuge/Fertigteile mittels Kanban-Regelkreis möglich	✓	✓	✓	✓
		Innerbetriebliche Produktionsprozessentwicklung [vgl. Kap. 3.6.3]; **Zwischenbetriebliche Produktionsprozessentwicklung mit direkt vorgelagertem Akteur** [vgl. Kap 3.9/3.10];	✓	✓	✓	✗
		Zwischenbetriebliche Produktionsprozessentwicklung mit direkt nachgelagertem Akteur [vgl. Kap 3.9/3.10];	✗	✓	✓	✓
		Zwischenbetriebliche Produktionsprozessentwicklung bzgl. alternierender Fremdvergabe [vgl. Kap. 3.8.4] **Neu- bzw. Umgestaltung der Fertigungssegmente einschließlich der Fertigungssysteme (Organisationstypen der Produktion)** [vgl. Kap. 3.2/3.6.3.5/3.7]: Starre/flexible Transferlinien; Flexible Fertigungssysteme **Konfiguration Fertigungsleitsystem einschließlich BDE** [vgl. Kap. 3.6.3.5/3.7]	✓	✓	✓	✓
		Zwischenbetriebliche Verknüpfung des innerbetrieblichen PPS/ERP-Systems mit dem des vorgelagerten Akteurs [vgl. Kap. 3.8.4];	✓	✓	✓	✗
		Zwischenbetriebliche Verknüpfung des innerbetrieblichen PPS/ERP-Systems mit dem des nachgelagerten Akteurs [vgl. Kap. 3.8.4];	✗	✓	✓	✓
		Zwischenbetriebliche Verknüpfung des innerbetrieblichen PPS/ERP-Systems mit dem Auftragnehmer bzgl. alternierender Fremdvergabe [vgl. Kap. 3.8.4]	✓	✓	✓	✓

(Quelle: Eigene Darstellung)

Abb. 32: Aufgaben und Ergebnisse der Produktionsprozessentwicklung innerhalb der Supply Chain-Referenzstruktur bzgl. kundenauftragsspezifischer Produktbestandteile aus inner- und zwischenbetrieblicher Perspektive

Planungsschnittstellen		**Kundenauftragsspezifische Produktbestandteile (nicht standardisiert/Varianz im Detaillierungsgrad)**	FU	WP/EP	PS	TF
	Produktentwicklung: Gestaltung/ Detaillierung	**Grobe Konfiguration Fertigungsprozessfolgen/alternative Fertigungsprozessfolgen (Varianz im Detaillierungsgrad)** [vgl. Kap. 3.6.3.2] **Grobe Konfiguration Arbeitspläne/alternative Arbeitspläne (Varianz im Detaillierungsgrad)** [vgl. Kap. 3.6.3.2] **Grobe Konfiguration Montagepläne (Varianz im Detaillierungsgrad)** [vgl. Kap. 3.6.3.2] **Grobe NC-Programmierung (falls grobe Konstruktionsdaten vorliegen)** [vgl. Kap. 3.6.3.2]	✓	✓	✓	✗
	Produktionsplanung	**Programmplanung (langfristig) unter Berücksichtigung des generellen Produktionsprogramms, das in Wechselproduktion hergestellt wird** [vgl. Kap. 3.6.3.3]: Absatzplanung auf Basis der Absatzprognosen des fokalen Unternehmens; Primärbedarfsplanung; Ressourcengrobplanung	✓	✓	✓	✗
		Grobe Mengenplanung/Materialbedarfsplanung (mittelfristig) unter Berücksichtigung des generellen Produktionsprogramms, das in Wechselproduktion hergestellt wird (Varianz im Detaillierungsgrad) [vgl. Kap. 3.6.3.3/3.8.4.2/3.10]: Nettosekundärbedarfsermittlung; *Beschaffungsartenzuordnung*: Eigenfertigung; langfristiger Fremdbezug mit vorgelagertem Akteur innerhalb der Supply Chain Referenzstruktur [vgl. auch Kap. 3.10]; alternierende Fremdvergabe (grob)/Detaillierung erfolgt nach der Termin- und Kapazitätsplanung bzw. im Rahmen der Feinterminierung [vgl. Kap. 3.8.4.2]	✓	✓	✓	✗
		Grobe Termin- und Kapazitätsplanung (mittelfristig) unter Berücksichtigung des generellen Produktionsprogramms, das in Wechselproduktion hergestellt wird (Varianz im Detaillierungsgrad) [vgl. Kap. 3.6.3.3/ 3.5.2/3.8]: Durchlaufterminierung; Kapazitätsbedarfsermittlung; *Kapazitätsabstimmung*: (d,t,q)-Anpassungsmaßnahmen [vgl. auch Kap. 3.5.2]; Belastungsanpassung [vgl. auch Kap. 3.5.2]; Planung zwischenbetrieblicher Kapazitätsanpassungsmaßnahmen durch alternierende Fremdvergabe [vgl. ausführlich Kap. 3.8]	✓	✓	✓	✗

Legende: FU: Fokales Unternehmen; WP: Wertschöpfungspartner; EP: Entwicklungspartner; PS: Produktionsspezialist; TF: Teilefertiger; ✓: Ergebnis; ✗: Ergebnis nicht möglich bzw. nicht notwendig

		Kundenauftragsspezifische Produktbestandteile (nicht standardisiert/Varianz im Detaillierungsgrad)	**FU**	**WP/EP**	**PS**	**TF**
Planungsschnittstellen	**Produktionssteuerung**	**Eigenfertigungsplanung und -steuerung nach MRP II event. ergänzt etwa durch BOA/OPT/RT** [vgl. Kap. 3.6.3.4.2/3.7.3]; **Fremdbezugsplanung und -steuerung nach MRP II** [vgl. Kap. 3.10]; **Fremdvergabeplanung und -steuerung nach MRP II** [vgl. Kap. 3.8/ insbesondere 3.8.4.2.3/3.8.4.2.4] **Materialflusssteuerung:** Unternehmensintern: zwischen kundenspezifischem Fertigungsbereich und kundenneutralem Lager Kanban-Regelkreis möglich [vgl. Kap. 3.6.3.4/3.7]	✓	✓	✓	✗
		Zwischenbetrieblich: *Fremdbezug* [vgl. Kap. 3.10]: zwischen kundenneutralem Lager des vorgelagerten Akteurs Kanban-Regelkreis möglich/zwischen WP und FU Transportabwicklung gemäß Bedarfsterminen/-mengen;	✓	✓	✓	✗
		zwischen kundenspezifischem Fertigungsbereich des vorgelagerten Akteurs integrierte Transportabwicklung auf Basis bereits konfigurierter kundenneutraler Kanban-Regelkreise (Reduzierung Transportkosten)/falls Regelkreise nicht vorhanden, separate Transportabwicklung gemäß Bedarfsterminen/-mengen;	✓	✓	✗	✗
		zwischen kundenspezifischem Fertigungsbereich des nachgelagerten Akteurs integrierte Transportabwicklung auf Basis bereits konfigurierter kundenneutraler Kanban-Regelkreise (Reduzierung Transportkosten)/falls Regelkreise nicht vorhanden, separate Transportabwicklung gemäß Bereitstellungsterminen/-mengen	✗	✓	✓	✗
		Fremdvergabe [vgl. Kapitel 3.8.4.2.3/3.8.4.2.4]: Szenario 3: Transportabwicklung auf Basis der durch die Szenarien 1/2 bereits konfigurierten Kanban-Regelkreise/falls Regelkreise nicht vorhanden, separate Transportabwicklung gemäß Bedarfsterminen/-mengen; Bereitstellung eventuell kundenneutraler Komponenten auf Basis der Kanban-Regelkreise der Szenarien 1/2 Szenario 4: Bereitstellung/Abruf der Halbzeuge/Fertigteile auf Basis der durch die Szenarien 1/2 bereits konfigurierten kundenneutralen Kanban-Regelkreise/falls Regel- kreise nicht vorhanden, separate Transportabwicklung gemäß Bereitstellungs-/Bedarfsterminen und -mengen	✓	✓	✓	✗

	Kundenauftragsspezifische Produktbestandteile (nicht standardisiert/Varianz im Detaillierungsgrad)	FU	WP/EP	PS	TF
Planungsschnittstellen	**Innerbetriebliche Produktionsprozessentwicklung** [vgl. Kap. 3.6.3]; **Zwischenbetriebliche Produktionsprozessentwicklung mit direkt vorgelagertem Akteur** [vgl. Kap 3.9/3.10];	✓	✓	✓	✗
	Zwischenbetriebliche Produktionsprozessentwicklung mit direkt nachgelagertem Akteur [vgl. Kap 3.9/3.10];	✗	✓	✓	✗
	Zwischenbetriebliche Produktionsprozessentwicklung bzgl. alternierender Fremdvergabe [vgl. Kap. 3.8.4]	✓	✓	✓	✗
	Neu- bzw. Umgestaltung der Fertigungssegmente einschließlich der Fertigungssysteme (Organisationstypen der Produktion) [vgl. Kap. 3.2/3.6.3.5/3.7]: Flexible Fertigungssysteme, Flexible Fertigungszellen, Bearbeitungszentren;	✓	✓	✓	✗
	Auftragsungebundene und ablaufgebundene Werkstattfertigung	✓	✓	✗	✗
	Konfiguration Fertigungsleitstand einschließlich BDE [vgl. Kap. 3.6.3.5/3.7]	✓	✓	✓	✗
	Zwischenbetriebliche Verknüpfung des innerbetrieblichen PPS/ERP-Systems mit dem des vorgelagerten Akteurs [vgl. Kap. 3.8.4];	✓	✓	✓	✗
	Zwischenbetriebliche Verknüpfung des innerbetrieblichen PPS/ERP-Systems mit dem des nachgelagerten Akteurs [vgl. Kap. 3.8.4];	✗	✓	✓	✗
	Zwischenbetriebliche Verknüpfung des innerbetrieblichen PPS/ERP-Systems mit dem Auftragnehmer bzgl. alternierender Fremdvergabe [vgl. Kap. 3.8.4]	✓	✓	✓	✗

(Quelle: Eigene Darstellung)

Wie den Abbildungen zu entnehmen ist, basieren die Inhalte einerseits auf den bereits in Kapitel 3.6.3.5 dargestellten Ergebnissen und Aufgaben der Produktionsprozessentwicklung aus innerbetrieblicher Perspektive.

Der wesentliche Unterschied besteht jedoch darin, dass hier eine Erweiterung bzgl. der akteursspezifischen Ergebnis- bzw. Aufgabenzuordnung stattfindet. Außerdem besteht der Unterschied in einer akteursspezifischen Erweiterung der innerbetrieblichen um die zwischenbetriebliche Perspektive hinsichtlich der zwischenbetrieblichen Produktionsprozessentwicklung mit jeweils direkt vor- und nachgelagerten Akteuren innerhalb der konfigurierten Supply Chain und auch der mit dem jeweiligen Auftragnehmer im Rahmen der alternierenden Fremdvergabe. Die zwischenbetriebliche Perspektive betrifft insbesondere die Aufgaben der Beschaffungsartenzuordnung als Teil der akteursspezifischen mittelfristigen Produktionsplanung, die zu konfigurierende Fremdbezugs-/Fremdvergabeplanung und -steuerung einschließlich der daraus resultierenden zwischenbetrieblichen Materialflusssteuerung.

Die zwischenbetriebliche Verknüpfung der PPS/ERP-Systeme zwischen jeweils direkt vor- und nachgelagertem Akteur der Supply Chain sowie mit dem Auftragnehmer bzgl. der alternierenden Fremdvergabe etwa auf Basis von APS-Systemen stellt aus zwischenbetrieblicher Perspektive ebenfalls ein Ergebnis bzw. eine Aufgabe der Produktionsprozessentwicklung dar. Letztlich ist sie aber keine zwingende Voraussetzung für eine erfolgreiche Strategieimplementierung. Etwa können hinsichtlich der Reduzierung des Zeit- und Kostenaufwands im Rahmen einer derartigen zwischenbetrieblichen Vernetzung auch adäquate Technologien, die etwa auf einer Verknüpfung moderner Internet-Technologien mit gängigen Microsoft-Standardsoftwaretools basieren, beachtliche Potenziale erzielt werden.[283] Der Vollständigkeit halber muss die zwischenbetriebliche I+K-Vernetzung hier als Ergebnis bzw. Produktionsprozessentwicklungsaufgabe erwähnt werden. Hierzu wurde jedoch bereits in Kapitel 3.8.4 angemerkt, dass sie im Rahmen dieser Arbeit nicht tiefergehend betrachtet wird.

In beiden Abbildungen erfolgt zudem eine Zuordnung der einzelnen akteursspezifischen Ergebnisse bzw. Produktionsprozessentwicklungsaufgaben zu den Kapiteln dieser Arbeit, in denen eine entsprechende thematische Untersuchung bzw. Konzeption erfolgen.

Die innerbetriebliche Perspektive der Produktionsprozessentwicklungsaufgaben und -ergebnisse, die begründete Auswahl des Fertigungssteuerungsprinzips sowie der sich anschließende Auftragsabwicklungsprozess in Bezug auf die Eigenfertigungsplanung und -steuerung einschließlich der Materialflusssteuerung zwischen den innerbetrieblichen Fertigungsbereichen wurden bereits in den vorangegangenen Kapiteln ausführlich behandelt.[284] Eine erneute und somit redundante Darstellung erfolgt hier deshalb nicht.

---

283 Vgl. Wildebrand, H. (2007), S. S. 43-61.

284 Vgl. Kapitel 3.6.3 und Kapitel 3.7.

Es muss jedoch betont werden, dass die jeweiligen Eingangsgrößen der akteursspezifischen Produktionsplanung und der sich anschließenden Eigenfertigungsplanung und -steuerung auf denen im Rahmenkontrakt mit dem direkt nachgelagerten Akteur vertraglich grob vereinbarten Bereitstellungsmengen und -terminen basieren.

Aus diesen werden die Fremdbezugspläne für kundenindividuelle Einzelteile, Unterbaugruppen, Baugruppen und Module bzw. Lieferabrufe bzgl. kundenneutraler Produktkomponenten generiert. Wiederum resultieren sämtliche Eingangsgrößen des nachgelagerten Akteurs letztlich aus der sukzessiven Bedarfsauflösung entlang der Supply Chain, die von der Programmplanung des fokalen Unternehmens ausgeht. Dieser Sachverhalt wird in Kapitel 3.10 im Zusammenhang mit der zwischenbetrieblichen Auftragsabwicklung noch eingehend untersucht.[285]

Auch die Produktionsprozessentwicklung der alternierenden Fremdvergabe sowie die Fremdvergabeplanung und -steuerung einschließlich der zwischenbetrieblichen Materialflusssteuerung, was nicht zuletzt für jede Wertschöpfungsstufe innerhalb der Supply Chain ein bedeutendes Kriterium zur erfolgreichen Umsetzung der formulierten Krisenbewältigungsstrategie darstellt, wurde bereits detailliert in Kapitel 3.8 konzeptualisiert. An dieser Stelle wird deshalb noch einmal ausdrücklich auf dieses Kapitel verwiesen.

Wie Abb. 31 und 32 zu entnehmen ist, stellt somit lediglich, ausgehend von der Beschaffungsartenzuordnung, die Konzeption der Fremdbezugsplanung und -steuerung einschließlich der zwischenbetrieblichen Materialflusssteuerung entlang der Supply Chain-Referenzstruktur den im Rahmen dieser Arbeit noch nicht tiefergehend betrachteten Aspekt entsprechend der formulierten Krisenbewältigungsstrategie dar. Dieser wird nachfolgend in Kapitel 3.10 im Zusammenhang mit der Konzeption des zwischenbetrieblichen Auftragsabwicklungsprozesses zur Erstellung kundenindividueller Module innerhalb der konfigurierten Supply Chain-Referenzstruktur auf der Basis von Überkapazitäten integriert betrachtet.

3.10 Konzeption des zwischenbetrieblichen Auftragsabwicklungsprozesses innerhalb der Supply Chain-Referenzstruktur

Entsprechend der formulierten Krisenbewältigungsstrategie stellt Abb. 33 auf der Grundlage einer Zusammenfassung der Ergebnisse, die in den vorangegangenen Kapiteln begründet entwickelt wurden, die Konzeption des zwischenbetrieblichen Auftragsabwicklungsprozesses entlang der Supply Chain-Referenzstruktur aus inner- und zwischenbetrieblicher Perspektive sowohl aufbau- als auch ablauforganisatorisch im Rahmen einer kundenindividuellen Massenproduktion dar.[286]

285 Vgl. Franken, M. (2004).
286 Vgl. Kapitel 3.9.2 sowie Abbildung 31 und 32.

Abb. 33: Konzeption des Auftragsabwicklungsprozesses aus inner- und zwischenbetrieblicher Perspektive innerhalb der Supply Chain-Referenzstruktur auf der Basis von Überkapazitäten

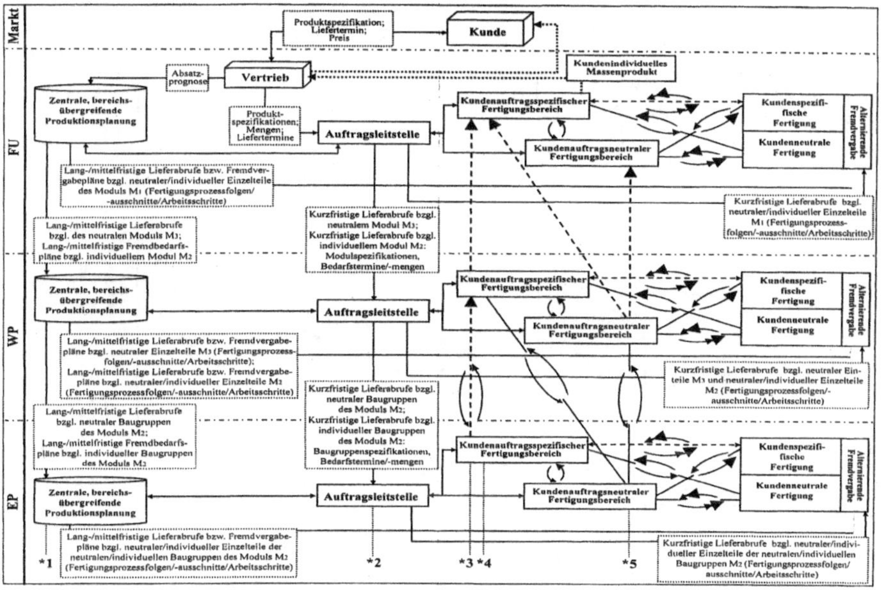

This figure can also be viewed here: https://www.peterlang.com/app/uploads/2024/09/9783631572849_txt_Pg.209.pdf

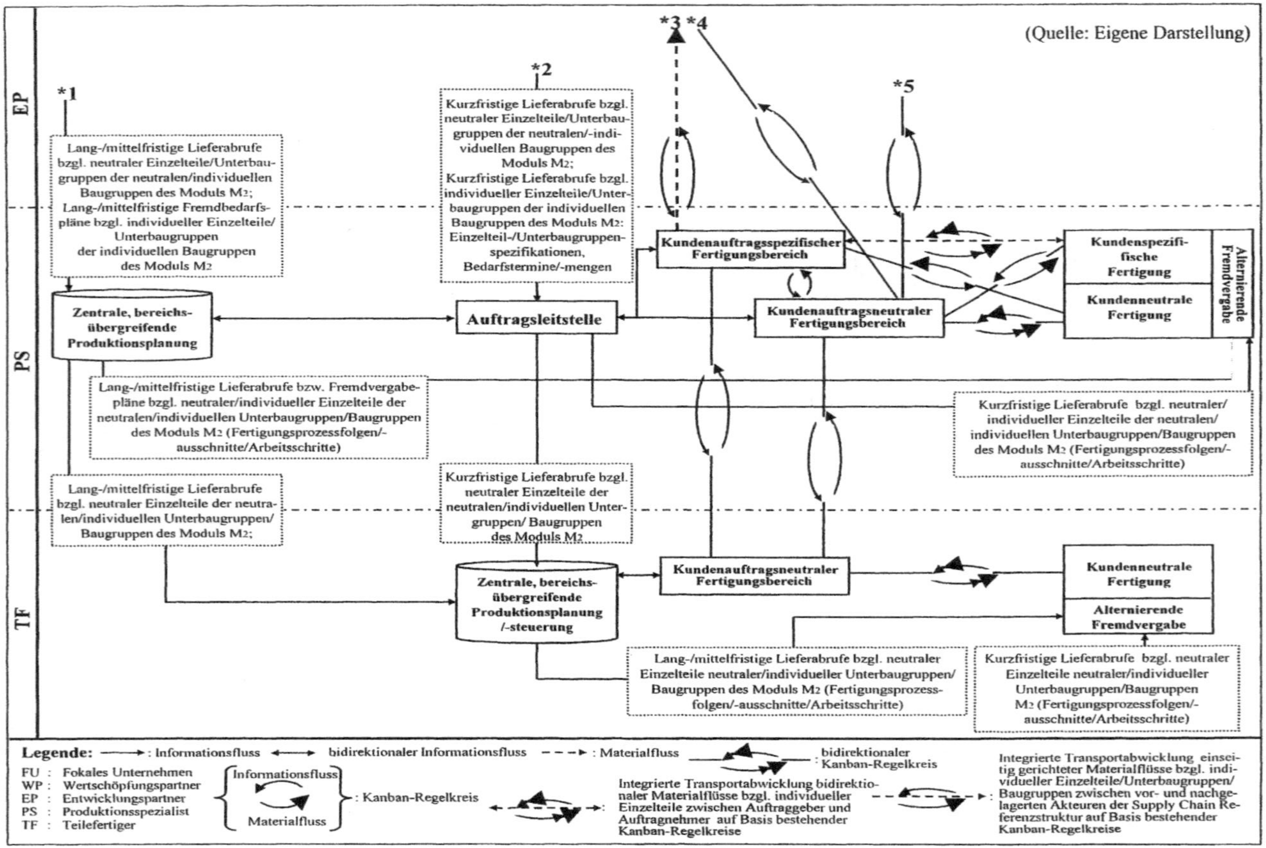

This figure can also be viewed here: https://www.peterlang.com/app/uploads/2024/09/9783631572849_txt_Pg.210.pdf

Zur Veranschaulichung der inner- und zwischenbetrieblichen Planungs- und Steuerungsprozesse bezieht sich Abb. 33 auf das in Kapitel 3.9.1 gewählte Beispiel hinsichtlich des jeder Wertschöpfungsstufe vorab maximal verantwortlich zugeordneten Spektrums an standardisierten und/oder individualisierten Einzelteilen, Unterbaugruppen, Baugruppen und Modulen als Bestandteile eines kundenindividuellen Massenprodukts nach der Konzeption modularer Baukastensysteme.

Der konzeptualisierte Auftragsabwicklungsprozess wird nachfolgt aufbau- und ablauforganisatorisch beschrieben. Zur Nachvollziehbarkeit wird an dieser Stelle neben Abb. 33 zusätzlich auf die Inhalte in Abb. 31 und 32 ausdrücklich verwiesen.

3.10.1 Programmplanung innerhalb der Supply Chain-Referenzstruktur (langfristig)

Die langfristige Programmplanung unter Berücksichtigung des generellen Produktionsprogramms, das in Wechselproduktion hergestellt wird und auf jeder Wertschöpfungsstufe durchzuführen ist, wurde bereits in Kapitel 3.6.3.3 ausführlich beschrieben. Hieraus lassen sich zusätzlich vorab die langfristigen Rahmenkontrakte mit dem jeweils vorgelagerten Akteur der Supply Chain generieren, wobei die Kontrakte bereits innerhalb der Phase des integrierten zwischenbetrieblichen Produktentwicklungsprozesses ein wesentliches Ergebnis darstellen müssen.

Die akteursspezifische Programmplanung, die einerseits die Primärbedarfs- und Ressourcengrobplanung beinhaltet, basiert auf der Absatzplanung des fokalen Unternehmens. Neben der Bestimmung des groben langfristigen Eigenfertigungsprogramms werden außer beim Teilefertiger, der das erste Glied der Supply Chain darstellt, durch eine sukzessive Bedarfsauflösung der jeweiligen langfristigen Primärbedarfe nach dem MRP II-Prinzip, ausgehend vom fokalen Unternehmen, die groben Fremdbezugsmengen und zugehörigen Bedarfstermine der kundenneutralen und -spezifischen Nettosekundärbedarfe für die jeweils vorgelagerte Wertschöpfungsstufe generiert.[287] Somit nehmen bereits an dieser Stelle diese Akteure eine vorläufige Beschaffungsartenzuordnung und Nettosekundärbedarfsermittlung auf grober Ebene vor.[288]

Bzgl. der fremd zu beziehenden kundenneutralen Sekundärbedarfe werden auf dieser Planungsgrundlage dem jeweils vorgelagerten Akteur langfristige Lieferabrufe übermittelt, die die Fremdbezugsarten, Bedarfsmengen und -termine mit einem langfristigen Planungshorizont von ca. 12 Monaten grob enthalten sollten.[289]

287 Vgl. Zäpfel, G./Piekarz, B. (1998), S. 57 ff. Das akteursspezifische Komponentenspektrum, das als Fremdbezugsmenge der vorgelagerten Wertschöpfungsstufe übermittelt wird, ist in Abbildung 30 beispielhaft dargestellt. Vgl. hierzu auch Kapitel 3.9.1.

288 Vgl. Franken, M. (2004), S. 103.

289 Vgl. Schuh, G. (2006), S. 513 sowie Kapitel 3.8.4.2.1.

Ein Lieferabruf hinsichtlich kundenspezifischer Produktbestandteile kann erst kurzfristig nach Auswertung des spezifischen Kundenauftrags durch die nachgelagerte Wertschöpfungsstufe erfolgen. Deshalb wird in dieser Arbeit bzgl. der kundenauftragsspezifischen Produktbestandteile von langfristigen Fremdbedarfsplänen[290] gesprochen, die dem vorgelagerten Akteur übermittelt werden. Sie leiten sich, wie bereits in Kapitel 3.6.3.3 begründet, aus der Absatz- bzw. Primärbedarfsplanung bzgl. der akteursspezifisch kundenneutral zugeordneten Produktbestandteile und deren potenziell möglichen kombinatorischen Verknüpfungen mit auftragsspezifischen Komponenten ab. Der kundenauftragsspezifische Sekundärbedarf, der in den lang- und nachfolgend mittel- und kurzfristigen Fremdbedarfsplänen[291] enthalten ist, beinhaltet in den meisten Fällen in Abhängigkeit der betrachteten Erzeugnisstrukturebene neben spezifischen auch auftragsneutrale Einzelteile, Unterbaugruppen und Baugruppen. Für die entsprechende Bedarfsauflösung und Unterteilung in kundenauftragsneutrale bzw. spezifische Einzelteile, Unterbaugruppen und Baugruppen ist dann der vorgelagerte Akteur zuständig.

Wie in Kapitel 3.8 eingehend untersucht und konzeptualisiert, erfolgt hier ebenfalls die Übermittlung langfristiger Lieferabrufe bzw. Fremdvergabepläne bzgl. neutraler und/oder individueller Einzelteile, die durch die akteursspezifischen Auftragnehmer im Rahmen der alternierenden Fremdvergabe in ganzen Fertigungsprozessfolgen und/oder Fertigungsprozessfolgenausschnitten bzw. Arbeitsschritten vollständig bzw. teilweise herzustellen sind.

3.10.2 Mengenplanung, Termin- und Kapazitätsplanung innerhalb der Supply Chain-Referenzstruktur (mittelfristig)

Im ersten Schritt werden, ausgehend von den intern vorliegenden Produktionsprogrammplanungsdaten, die auf den langfristigen Lieferabrufen bzw. Fremdbedarfsplänen des nachgelagerten Akteurs basieren, auf jeder Wertschöpfungsstufe die mittelfristige Mengenplanung bzw. Materialbedarfsplanung, die neben der Nettosekundärbedarfsplanung die Beschaffungsartenzuordnung mit einschließt, sowie die sich anschließende Termin- und Kapazitätsplanung durchgeführt. Zwischen beiden Planungsebenen findet eine enge Rückkopplung statt. Die Inhalte dieser Planungsgegenstände wurden bereits in Kapitel 3.6.3.3 detailliert beschrieben, sodass an dieser Stelle darauf verwiesen wird.

290 Im Rahmen der mittelfristigen Mengen-/Materialbedarfsplanung und Beschaffungsartenzuordnung wird nachfolgend entsprechend von mittelfristigen Fremdbedarfsplänen gesprochen.

291 Kurzfristige Fremdbedarfspläne kundenauftragsspezifischer Komponenten werden nachfolgend als kurzfristige Lieferabrufe bezeichnet, da zu diesem Zeitpunkt die Bedarfsarten und -termine exakt feststehen.

Ausgehend von den Ergebnissen der mittelfristigen Produktionsplanung des fokalen Unternehmens und/oder anderer nachgelagerter Akteure, ergeben sich in den meisten Fällen Verschiebungen zwischen den lang- und mittelfristigen Planungsergebnissen. Diese können sich einerseits etwa aus der jeweiligen internen Fertigungssituation bzw. aus aktualisierten Absatzprognosen, die durch einen Abgleich zwischen Programmplanung und eingehenden Kundenaufträgen resultieren, begründen. Entsprechend der Planungsverschiebungen werden dem jeweils vorgelagerten Akteur bis hin zum ersten Glied der Supply Chain-Referenzstruktur aktualisierte mittelfristige Lieferabrufe bzw. Fremdbedarfspläne übermittelt. Der jeweils vorgelagerte Akteur passt daraufhin in einem zweiten Schritt seine mittelfristige Mengen-, Termin- und Kapazitätsplanung entsprechend den aktuellen Lieferabrufen bzw. Fremdbedarfsplänen an.

Ergebnis der akteursspezifischen mittelfristigen Mengen-, Termin und Kapazitätsplanung sind einerseits die in Art, Fertigungsmengen und -terminen mittelfristig definierten kundeneutralen und -spezifischen Eigenfertigungsaufträge, wobei hinsichtlich der kundenauftragsspezifischen Fertigungssaufträge eine Varianz im Detaillierungsgrad besteht.

Wie in Kapitel 3.8.4.2 konzeptualisiert, lassen sich auf dieser Basis als weiteres Ergebnis im Rahmen der Fremdvergabeplanung die mittelfristigen Lieferabrufe und/oder Fremdvergabepläne generieren, die dem akteursspezifischen Auftragnehmer bzgl. der alternierenden Fremdvergabe zu übermitteln sind.

Bis auf den Teilfertiger resultieren hier andererseits die im Rahmen der Fremdbezugsplanung erstellten und dem direkt vorgelagerten Akteur übermittelten mittelfristigen Lieferabrufe und/oder Fremdbedarfspläne, die einen durchschnittlichen Planungshorizont von ca. 12 Wochen beinhalten sollten.

Da die sukzessive Bedarfsauflösung auf den einzelnen Wertschöpfungsstufen mehrere Tage oder sogar Wochen beanspruchen kann, ergibt sich die Problematik, dass der Planungshorizont bzw. die Vorlaufzeiten für den jeweils vorgelagerten Akteur immer kürzer werden. Dieser Aspekt wirkt sich ebenfalls verkürzend auf den Planungshorizont bzgl. der alternierenden Fremdvergabe aus. Derzeit wird etwa durch die Implementierung der bereits angesprochenen APS-Systeme versucht, eine simultane und damit zeitlich parallele Bedarfsauflösung auf allen Wertschöpfungsstufen zu realisieren.[292]

3.10.3 Produktionssteuerung innerhalb der Supply Chain-Referenzstruktur (kurzfristig)

Die Produktionssteuerung aus akteursspezifischer Sichtweise unterteilt sich im Rahmen der kundenindividuellen Massenproduktion innerhalb der Supply Chain-

292 Vgl. Gehr, F./Hellingrath, B. (2007), S. 60 f.

Referenzstruktur generell in die Bereiche Eigenfertigungs-, Fremdbezugs- und Fremdvergabeplanung und -steuerung kundenneutraler und -spezifischer Produktbestandteile. Eine Ausnahme bildet der Teilefertiger, der ausschließlich kundeneutrale Einzelteile herstellt und keinen Fremdbezug mit vorgelagerten Wertschöpfungsstufen abwickelt. Demnach ist für ihn die Eigenfertigungs- und Fremdvergabeplanung und -steuerung ausschließlich kundenneutraler Einzelteile relevant.

Um Klarheit hinsichtlich der Begrifflichkeiten zu schaffen, ist hier anzumerken, dass sich eine eindeutige Trennung zwischen der Produktionsplanungs- und -steuerungsebene nicht vornehmen lässt, da, wie bereits aufgezeigt, etwa im Rahmen der Programmplanung und Beschaffungsartenzuordnung bereits eine Eigenfertigungs-, eine Fremdbezugs- und eine Fremdvergabeplanung lang- und mittelfristig stattfinden müssen.[293]

Außerdem sei hier angemerkt, dass sich die Fremdbezugsplanung und -steuerung und die im Rahmen dieser Arbeit als Fremdvergabeplanung und -steuerung bezeichneten Aufgaben im Eigentlichen in die Bereiche Bestellrechnung, Angebotseinholung/-bewertung, Lieferantenauswahl, Bestellfreigabe und Bestellüberwachung gliedern.[294] Zumindest im Rahmen der hier konzeptualisierten kundenindividuellen Massenproduktion innerhalb der Supply Chain werden diese Aktivitäten größtenteils bereits im Rahmen der zwischenbetrieblichen Produktionsprozessentwicklung sowie der lang- und mittelfristigen Produktionsplanung durchgeführt.[295] Deshalb sind in der operativen Produktionsphase ausschließlich Teilaspekte der Bestellfreigabe und -überwachung von Relevanz.

Nachfolgend werden die Eigenfertigungs-, Fremdbezugs- und Fremdvergabeplanung und -steuerung kundenneutraler und -spezifischer Bestandteile des kundenindividuellen Massenprodukts, aufbauend auf den bisherigen Ergebnissen, konzeptualisiert und erläutert.

3.10.3.1 Produktionssteuerung kundenauftragsneutraler Produktkomponenten

Eigenfertigungsplanung und -steuerung

Die Eigenfertigungsplanung und -steuerung kundenneutraler Produktbestandteile und deren Varianten wurden bereits in Kapitel 3.7.2 konzeptualisiert. Neben den Planungs- und Steuerungsaufgaben wurde gleichermaßen das prozessuale Zusammenspiel zwischen den organisatorischen Bereichen „kundenauftragsneutraler und -spezifischer Fertigungsbereich", „Auftragsleitstelle" und der „zentralen, bereichsübergreifenden Produktionsplanung" dargestellt. Sie sind in Abb. 33 auf jeder Wertschöpfungsstufe wiederzufinden und basieren auf den In-

293 Vgl. Much, D/Nicolai, H./Schotten, M. (1998), S. 24.
294 Vgl. Franken, M. (2004), S. 21.
295 Vgl. Kapitel 3.6.1 sowie Kapitel 3.8.3.

halten in Abb. 21. Wiederum bildet hier der Teilefertiger die Ausnahme, da es bei ihm aufgrund der ausschließlichen Herstellung neutraler Einzelteile weder eines kundenauftragsspezifischen Fertigungsbereichs noch der Implementierung einer koordinierenden Auftragsleitstelle, die nur im Zusammenhang mit einer auftragsspezifischen Fertigung benötigt wird, bedarf.[296]

Mit Ausnahme des fokalen Akteurs, der seine Eigenfertigung exakt entsprechend der Konzeption in Kapitel 3.7 durchführt, stellen neben dem mittel- und kurzfristigen Produktionsprogramm, das in Wechselproduktion hergestellt wird, die Eingangsgrößen der Eigenfertigungsplanung und -steuerung für die kundenneutrale Fertigung der übrigen Supply Chain Akteure die durch die jeweils nachgelagerten Akteure übermittelten mittelfristigen Lieferabrufe dar. Bis auf den Teilefertiger außerdem die übermittelten mittelfristigen Fremdbedarfspläne, die die kundenneutralen Einzelteile, Unterbaugruppen und Baugruppen beinhalten, die entsprechend ihrer Erzeugnisstrukturebene jeweils in kundenauftragsspezifische Unterbaugruppen, Baugruppen und Module eingehen.

Auf dieser Basis findet bereits eine kundenneutrale Vorfertigung entsprechend der Konzeption in Kapitel 3.7 statt. Hierbei werden die gebildeten Eigenfertigungsaufträge dem Planungshorizont entsprechend sukzessiv in die Fertigung eingelastet. Diese Vorgehensweise begründet sich daraus, dass der Zeitraum, der dem jeweils vorgelagerten Akteur nach dem kurzfristigen Lieferabruf zur Verfügung steht, in der Regel zu knapp bemessen ist, um die Bereitstellungsmengen- und -termine einhalten zu können.[297] Durch einen akteursspezifischen Abgleich der bereits auf Basis der mittelfristigen Lieferabrufe/Fremdbedarfspläne produzierten Produktkomponenten mit den exakten kurzfristigen und für den vorgelagerten Akteur verbindlichen Lieferabrufdaten werden Verschiebungen ersichtlich, die zu einer kurzfristigen Reduzierung oder zu einer Erhöhung der momentanen bauteilspezifischen Produktion führen können. Um wirtschaftlich zu produzieren und gleichzeitig Fehlmengen zu vermeiden bzw. einen hohen Lieferservicegrad sicherzustellen, sollten die durch den Akteur gefertigten Losgrößen trotz potenziell steigender Lagerkosten höher festgelegt werden als die im Rahmen der mittelfristigen Lieferabrufe/Fremdbedarfspläne geforderten.[298]

Fremdvergabeplanung und -steuerung

Die Fremdvergabeplanung und -steuerung kundenneutraler Einzelteile in Abhängigkeit der bestehenden und sich im zeitlichen Ablauf dynamisch ändernden internen Kapazitätsrestriktionen bzgl. der in Art und Menge fremd zu vergebenden Fertigungsprozessfolgen/-ausschnitte und Arbeitsschritte wurden in Kapitel 3.8.4.2.1 und 3.8.4.2.2 konzeptualisiert. Sie betreffen dort die konzeptualisierten

296 Vgl. Eversheim, W./ Schuh, G. (1999), Kap.14 S. 65 ff.
297 Vgl. Schuh, G. (2006), S. 154 f.
298 Vgl. Schuh, G. (2006), S. 157.

Szenarien 1 und 2. Eingangsgrößen der Fremdvergabeplanung und -steuerung auf den jeweiligen Wertschöpfungsstufen sind im ersten Schritt ebenfalls das mittel- und kurzfristige Produktionsprogramm, das in Wechselproduktion hergestellt wird, sowie die mittelfristigen Lieferabrufe bzw. bis auf den Teilefertiger die in den mittelfristigen Fremdbedarfsplänen beinhalteten neutralen Sekundärbedarfe. Im zweiten Schritt die kurzfristigen neutralen und spezifischen Lieferabrufe, die entsprechend den Auswirkungen auf die Eigenfertigungsplanung und -steuerung zur einer kurzfristigen Reduzierung oder zu einer Erhöhung in Art und Menge der fremd vergebenen bauteilspezifischen Produktion führen können.

Da der fokale Akteur wiederum mit keinem nachgelagerten Akteur in Beziehung steht, agiert er, wie im Rahmen der Eigenfertigungsplanung und -steuerung, eigenständig und somit exakt entsprechend der Konzeptionen in Kapitel 3.8.4.2.1 und 3.8.4.2.2.

Fremdbezugsplanung- und -steuerung

Die Fremdbezugsplanung und -steuerung, die bis auf den Teilefertiger auf jeder Wertschöpfungsstufe durchzuführen sind, wird im Rahmen der Feinterminierung vorgenommen.[299]

Der fokale Akteur generiert hierbei durch einen Abgleich zwischen den neutralen mittelfristigen Lieferabrufen und den eingehenden Kundenaufträgen sowie unter Berücksichtigung der momentan internen Fertigungssituation im Rahmen der Feinterminierung die kurzfristigen Lieferabrufe.[300] Die Eingangsgrößen der kurzfristigen Fremdbezugssteuerung der vorgelagerten Akteure stellen einerseits die kurzfristigen Lieferabrufdaten, die den Akteuren durch die jeweils direkt nachgelagerte Wertschöpfungsstufe übermittelt werden, dar. Zudem stellt die momentane, intern vorherrschende Fertigungssituation eine weitere Eingangsgröße dar. Hieraus werden die für den jeweils vorgelagerten Akteur verbindlichen Bedarfsarten, -mengen und -termine zu kurzfristigen Lieferabrufen zusammengefasst und übermittelt. Die Vorgehensweise zur Einflechtung der kurzfristigen Lieferabrufe in die Eigenfertigungs-/Fremdvergabeplanung und -steuerung durch die jeweils vorgelagerten Wertschöpfungsstufen wurde bereits oben beschrieben.

3.10.3.2 Produktionssteuerung kundenauftragsspezifischer Produktkomponenten

Wie bereits erwähnt, leistet der Teilefertiger keinen Individualisierungsbeitrag und muss deshalb in die nachfolgenden Betrachtungen der Produktionssteuerung kundenauftragsspezifischer Produktkomponenten nicht mit einbezogen werden.

---

299 Vgl. Franken, M. (2004).

300 Vgl. Kapitel 3.7.2.

Eigenfertigungsplanung und -steuerung

Die Eigenfertigungsplanung und -steuerung kundenauftragsspezifischer Produktbestandteile wurden bereits in Kapitel 3.7.3 konzeptualisiert. Neben den Planungs- und Steuerungsaufgaben wurde gleichermaßen das prozessuale Zusammenspiel zwischen den organisatorischen Bereichen „kundenauftragsneutraler und -spezifischer Fertigungsbereich", „Auftragsleitstelle" und der „zentralen, bereichsübergreifenden Produktionsplanung" dargestellt.

Für das fokale Unternehmen kann diese Konzeption vollständig übertragen werden. Für die vorgelagerten Wertschöpfungsstufen muss hier noch hinzugefügt werden, dass diesen im Rahmen kurzfristiger Lieferabrufe durch die jeweils nachgelagerte Wertschöpfungsstufe die kundenauftragsspezifischen Individualisierungsinformationen bzgl. der ihnen verantwortlich zugeordneten Einzelteile, Unterbaugruppen, Baugruppen und Module einschließlich zugehöriger Bedarfsmengen und -termine übermittelt werden. Anschließend erfolgt auch auf diesen Wertschöpfungsstufen die Eigenfertigungsplanung und -steuerung entsprechend der Konzeption in Kapitel 3.7.3.

An dieser Stelle ist anzumerken, dass, wie bereits in Kapitel 3.10.3.1 dargestellt, die neutralen Produktkomponenten der kundenauftragsspezifischen Komponenten höherer Erzeugnisstrukturebene im Rahmen der kundenauftragsneutralen Eigenfertigungsplanung und -steuerung hergestellt bzw. vormontiert werden.

Fremdvergabeplanung und -steuerung

Die Fremdvergabeplanung und -steuerung kundenauftragsspezifischer Einzelteile in Abhängigkeit der bestehenden und sich im zeitlichen Ablauf dynamisch ändernden internen Kapazitätsrestriktionen bzgl. der in Art und Menge fremd zu vergebenden Fertigungsprozessfolgen/-ausschnitte und Arbeitsschritte wurden in Kapitel 3.8.4.2.3 und 3.8.4.2.4 konzeptualisiert. Sie betreffen dort die konzeptualisierten Szenarien 3 und 4.

Für das fokale Unternehmen können diese Konzeptionen ebenfalls vollständig übertragen werden. Für die vorgelagerten Wertschöpfungsstufen muss hier wiederum hinzugefügt werden, dass die Planung und Steuerung der Fremdvergabe nicht, wie beim fokalen Akteur, durch den Endkunden, sondern durch die kurzfristigen, auftragsspezifischen Lieferabrufe der jeweils nachgelagerten Wertschöpfungsstufe initiiert werden. Hieran schließen sich jeweils die Planungs- und Steuerungsaktivitäten entsprechend der konzeptualisierten Szenarien 3 und 4 an.

Die in den lang- und mittelfristigen Fremdbedarfsplänen beinhalteten neutralen Produktkomponenten werden, wie bereits in Kapitel 3.10.3.1 angesprochen, im Rahmen der Fremdvergabeplanung und -steuerung entsprechend der Szenarien 1 und 2 produziert.

Fremdbezugsplanung und -steuerung

Die Aufgabe der Fremdbezugsplanung und -steuerung als Teil der Fertigungssteuerung besteht im Auslösen und Überwachen kurzfristiger Lieferabrufe beim vorgelagerten Akteur. Das Auslösen der kurzfristigen Lieferabrufe beginnt beim fokalen Akteur. Wie bereits in Kapitel 3.7.3 dargestellt, schließen sich nach Eingang der Kundenaufträge bei ihm die zeitlich parallel und dem Planungsfortschritt entsprechend sukzessiv rückgekoppelten operativen Planungsaktivitäten Aktualisierung Sekundärbedarfsplanung, Termin- und Kapazitätsplanung, Arbeitsplanung/Arbeitsvorbereitung, auftragsspezifische Konstruktion und die Feinterminierung an. Hieraus lässt sich relativ frühzeitig einerseits der Individualisierungsgrad bzgl. der vom vorgelagerten Akteur zu beziehenden Module bestimmen und andererseits die exakt einzuhaltenden Vorlaufzeiten für den Fremdbezugsanteil.

Aus diesen Informationen werden die kurzfristigen Lieferabrufe generiert, die im Wesentlichen die modulspezifischen Individualisierungsinformationen sowie die zugehörigen Bedarfsmengen und -termine beinhalten.

Wie beim fokalen Akteur werden beim vorgelagerten Modullieferanten die kurzfristigen Lieferabrufe ebenfalls entsprechend der Konzeption in Kapitel 3.7.3 verarbeitet und die daraus resultierenden kurzfristigen Lieferabrufe dem Entwicklungspartner zugeführt. Diese Informationskette setzt sich bis zum Produktionsspezialisten fort.

Wie die Akteure die kurzfristigen Lieferabrufe im Rahmen ihrer Eigenfertigungs-/Fremdvergabeplanung und -steuerung verarbeiten, wurde oben bereits dargestellt.

Die jeweiligen Liefer- bzw. Durchlaufzeiten für kundenauftragsspezifische Einzelteile, Unterbaugruppe, Baugruppen und Module sollten bereits in den Rahmenkontrakten zwischen den jeweiligen Akteuren fest definiert werden. Nur so ist es dem fokalen Akteur möglich, dem Endkunden einen relativ genauen Liefertermin zu garantieren, Lieferterminverzögerungen zu vermeiden und nicht zuletzt die Wettbewerbsfähigkeit langfristig zu sichern bzw. auszubauen.

3.10.3.3 Materialflusssteuerung

Die Konzeption der Steuerung zwischenbetrieblicher Materialflüsse innerhalb der Supply Chain-Referenzstruktur und im Rahmen der alternierenden Fremdvergabe sowie die aus innerbetrieblicher Perspektive zwischen kundenauftragsspezifischem und -neutralem Fertigungsbereich sind in Abb. 33 anhand des gewählten Beispiels dargestellt.[301]

Sowohl die Konzeption der Materialflusssteuerung aus innerbetrieblicher und aus Perspektive der alternierenden Fremdvergabe wurden bereits in Kapitel 3.7.3

301 Zum gewählten Beispiel vgl. Kapitel 3.9.1.

und 3.8.4.2 begründet dargestellt, sodass an dieser Stelle auf diese Abschnitte verwiesen wird.

Zwischen den Supply Chain Akteuren ergeben sich zwangsläufig einseitig gerichtete Materialflüsse in Richtung der jeweils nachgelagerten Wertschöpfungsstufe. Obwohl generell die Lieferungen kundenneutraler und -spezifischer Produktkomponenten an den jeweils nachgelagerten Akteur entsprechend der geforderten Bedarfstermine und -mengen abgewickelt werden können, müssen, wie auch im Rahmen der alternierenden Fremdvergabe, optimierende Materialflussstrategien implementiert werden. Das Ziel aus Sicht der jeweils nachgelagerten Wertschöpfungsstufen ist wiederum die Reduzierung der Lagerbestände und somit der Lagerkosten und des Umlaufvermögens bzgl. kundeneutraler und -spezifischer Produktkomponenten. Dieses kann durch eine produktions- bzw. montagesynchrone Anlieferung der Produktkomponenten gewährleistet werden.

Hierzu liegt es nahe, ebenfalls die bereits begründeten Strategien der Materialflusssteuerung hinsichtlich der alternierenden Fremdvergabe auf die Supply Chain zu übertragen.

Bzgl. standardisierter Einzelteile, Unterbaugruppen und Baugruppen erfolgt danach zwar eine zentrale Disposition auf Basis von MRP II zwischen und innerhalb der Wertschöpfungsstufen. Die Abrufimpulse werden jedoch vom kundenneutralen und/oder kundenspezifischen Fertigungsbereich des nachgelagerten Akteurs dezentral, bestandsgeregelt initiiert, indem mittels zu implementierender Kanban-Regelkreise die standardisierten Komponenten produktions- bzw. montagesynchron aus dem Lager des neutralen Fertigungsbereichs des vorgelagerten Akteurs abgerufen werden.[302] Die Vorgehensweise zur Implementierung derartiger zwischenbetrieblicher Kanban-Regelkreise stellt etwa Lödding dar.[303]

Um Transportkosten zu reduzieren, lassen sich, wie in Abb. 33 gezeigt, die kundenauftragsspezifischen Einzelteile, Unterbaugruppen und Baugruppen entsprechend den Bereitstellungsmengen und -terminen mit den zwischenbetrieblichen Transporten, die sich auf Basis der Kanban-Regelkreise für die neutralen Produktbestandteile ergeben, integriert abwickeln.

Der Vollständigkeit halber ist an dieser Stelle zu betonen, dass sich selbstverständlich gleichzeitig entsprechende Kanban-Regelkreise zur Materialflusssteuerung zwischen dem nachgelagerten Akteur und dem Auftragnehmer der alternierenden Fremdvergabe des vorgelagerten Akteurs implementieren ließen. Dieser Aspekt wird hier aber nicht weitergehend betrachtet.

Wie Abb. 33 zu entnehmen, lassen sich die Kanban-Regelkreise, ausgehend vom Teilefertiger, über den Produktionsspezialisten und Entwicklungspartner bis hin zum Wertschöpfungspartner eingliedern. Da jedoch selbst kundenneutrale Mo-

302 Vgl. Piller, F. T. (1999), S. 324 f.
303 Vgl. Lödding, H. (2005).

dule aufgrund ihrer Komplexität und ihrer Baugröße einer Kanban-Steuerung zwischen dem Lager des Wertschöpfungspartners und dem kundenneutralen bzw. -spezifischen Fertigungsbereich des fokalen Unternehmens widersprechen, sind neutrale Module dem fokalen Akteur entsprechend der vorgegebenen Bedarfsmengen und -termine zu liefern.[304] Gleiches gilt somit auch für kundenauftragsspezifische Module.

Im Zusammenhang mit dem hier gewählten Beispiel werden somit durch den Produktionsspezialisten die kundenneutralen Einzelteile mittels dezentraler Kanban-Regelkreise vom Teilefertiger abgerufen. Der Entwicklungspartner wiederum fordert in gleicher Weise die neutralen Einzelteile/Unterbaugruppen vom Produktionsspezialisten an. Die individuellen Einzelteile/Unterbaugruppen der auftragsspezifischen Unterbaugruppen/Baugruppen des Moduls M_2, die durch den Produktionsspezialisten zu fertigen sind, werden dem Entwicklungspartner, integriert auf Basis der sich ergebenden Kanban-gesteuerten Transporte, geliefert. Zwischen dem Wertschöpfungspartner und dem Entwicklungspartner resultieren die gleichen Materialflussprozesse wie zwischen dem Entwicklungspartner und dem Produktionsspezialisten mit dem Unterschied, dass ausschließlich vollständig montierte kundenneutrale und/oder -spezifische Baugruppen des individuellen Moduls M_2 zu liefern sind. Die kundenauftragsspezifischen Module M_2 werden im Anschluss dem fokalen Unternehmen entsprechend der geforderten Bedarfstermine und -mengen durch den Wertschöpfungspartner geliefert. Gleiches gilt auch für den Fall, dass dem fokalen Akteur ein kundenneutrales Modul zu liefern ist, was im hier gewählten Beispiel dem Modul M_3 entspricht. Nach Montage der neutralen und individuellen Module M_1–M_n inkl. „bus“ wird das kundenindividuelle Massenprodukt durch den Vertrieb des fokalen Akteurs dem Endkunden übergeben.

3.11 Zwischenfazit

Das Ziel dieses Kapitels ist die Entwicklung der in Kapitel 2 formulierten Strategie zur Bewältigung überkapazitätsbedingter Unternehmenskrisen kleiner und mittlerer Maschinen- und Anlagenbauer im Sinne eines inner- und zwischenbetrieblichen integrierten Produktentwicklungs- und Produktionsplanungs- und -steuerungs-Konzeptes zur wertschöpfenden Nutzung innerbetrieblicher Überkapazitäten. Im Ergebnis ist hier insgesamt ein handlungsleitendes Prozessmodell strategiegeleiteter Maßnahmen konzeptualisiert worden, das es KMU der Maschinen- und Anlagenbaubranche ermöglicht, entsprechend ihrer jeweiligen Kompetenz und ihres möglichen Leistungsspektrums, als fokales Unternehmen, Wertschöpfungspartner, Entwicklungspartner, Produktionsspezialist oder Teilefertiger mit jeweils intern vorhandenen Überkapazitäten an einer kundenindivi-

304 Zu den Voraussetzungen der Implementierung von Kanban siehe Kapitel 3.6.3.4.1.

duellen Massenproduktion innerhalb von KMU-Produktionsnetzwerken mitzuwirken. Hierdurch kann, wie im Rahmen der Strategieformulierung nachgewiesen, die überkapazitätsbedingte Unternehmenskrise langfristig und nachhaltig bewältigt werden, indem eine wertschöpfende Umlenkung unternehmensinterner Kapazitätsüberhänge in die Entwicklung und Herstellung kundenindividueller Massenprodukte innerhalb eines Produktionsnetzwerks stattfindet.

In einem ersten Schritt wurde hierzu als konzeptionelle Grundlage für die weiteren Betrachtungen dieser Arbeit zunächst das modulare Baukastensystem als die leistungsfähigste Konzeption einer Mass Customization vorgestellt und die Erzeugnisstruktur dieser Konzeption analysiert, die sich entsprechend der betrachteten Erzeugnisstrukturebene aus kundenneutralen und/oder -individuellen Einzelteilen, Unterbaugruppen, Baugruppen und Modulen einschließlich des auch als „bus" bezeichneten Basisprodukts zusammensetzt.

Als Vertreter der Organisationstypen der Produktion, die für eine kundenindividuelle Massenproduktion notwendig sind, konnten für kundenauftragsneutrale Produktkomponenten starre und flexible Transferlinien sowie flexible Fertigungssysteme und für kundenauftragsspezifische flexible Fertigungssysteme und -zellen Bearbeitungszentren sowie die auftragsungebundene und ablaufgebundene Werkstattfertigung identifiziert werden.

Als Nächstes wurde eine potenzielle Struktur eines KMU-Produktionsnetzwerkes zur Entwicklung und Herstellung kundenindividueller Massenprodukte nach der Konzeption modularer Baukastensysteme skizziert und die hierin beteiligten Akteure auf den jeweiligen Wertschöpfungsstufen hinsichtlich ihres Wertschöpfungsbeitrags zur kundenindividuellen Massenproduktion untersucht. Auf dieser Grundlage fand mit dem Ziel der Reduzierung der Komplexität und der Vermeidung von Redundanz bei den nachfolgenden Ausführungen und Konzeptionen eine Systemabgrenzung statt, indem eine vertikale, lineare Supply Chain-Referenzstruktur als System des Supersystems Produktionsnetzwerk konfiguriert wurde, die die Akteure in Abhängigkeit ihres wertschöpfungsspezifischen Beitrags zu einer kundenindividuellen Massenproduktion einander zuordnete.

Da insbesondere die Konfiguration und Koordination innerbetrieblicher Überkapazitäten einen wesentlichen Bestandteil dieser Arbeit darstellen, wurde nachfolgend die Kapazität von Produktionssystemen, sowie daraus folgend, mögliche inner- und zwischenbetriebliche Kapazitätsanpassungsmaßnahmen im Fall einer Divergenz zwischen Kapazitätsangebot und –nachfrage analysiert. Demnach lassen sich durch Multiplikation der Größen Intensität (d), Einsatzzeit (t) und Kapazitätsquerschnitt (q) die quantitative Kapazität eines Produktionssystems elementarer und höherer Ordnung bestimmen und durch Variation der Bestimmungsgrößen im Rahmen der sog. (d,t,q)-Anpassungsmaßnahmen eine Kapazitätsanpassung auf inner- und zwischenbetrieblicher Ebene erzielen. Hinsichtlich der derzeitigen Konzeptionen einer kurzfristigen zwischenbetrieblichen Kapazitätsanpassung besteht insbesondere eine wesentliche Forschungslücke darin, dass insgesamt vernachlässigt wird, dass die Implementierung eines solchen Konzepts, was vor allem im Zusammenhang mit einer wertschöpfenden Nutzung von Überkapazitäten zwingende Voraussetzung ist, ein komplexes und langfristiges Planungsvorhaben darstellt. Neben der zwischenbetrieblichen Produktentwicklung muss eine entsprechende Konzeption zusätzlich die gemeinsame Produktionsprozessentwicklung sowie die Implementierung einer geeigneten inner- und zwischenbetrieblichen Produktionsplanung und -steuerung einschließlich der damit einhergehenden Konzeption der zwischenbetrieblichen Materialflusssteuerung beinhalten.

Im Rahmen der Konzeption des Produktentwicklungsprozesses kundenindividueller Massenprodukte nach der Strategie der „integrierten Produktentwicklung“ im Sinne eines Concurrent Engineerings auf der Basis von Überkapazitäten aus innerbetrieblicher Perspektive hat sich herausgestellt, dass zur Entwicklung der formulierten Krisenbewältigungsstrategie einerseits der Teilprozess Produktenwicklung/Konstruktion als Grundlage und andererseits die Analyse und Konzeption der Produktionsprozessentwicklung von besonderer Bedeutung sind. Somit fand hier in einem ersten Schritt die Darstellung der Vorgehensweise zur Produktentwicklung/Konstruktion kundenindividueller Massenprodukte nach dem Prinzip modularer Baukastensysteme nach DIN 2210E und DIN 2221 statt.

Impliziert durch die der Krisenbewältigungsstrategie beinhalteten Restriktion mussten drei wesentliche Planungsschnittstellen im Rahmen des Teilprozesses Produktionsprozessentwicklung beleuchtet und konzeptualisiert werden.

Einerseits war dies die Planungsschnittstelle zwischen der Produktionsprozessentwicklung und der Gestaltung/Detaillierung, deren wesentliches Ergebnis sich in konfigurierten kundenauftragsneutralen und groben kundenauftragsspezifischen Arbeits- und Montageplänen sowie, insbesondere vor dem Hintergrund des inflexiblen und dynamisch schwankenden Überkapazitätsangebots, deren Alternativen widerspiegelt, zugleich die auf dieser Informationsbasis konfigurierten Fertigungssysteme entsprechend der vorab analysierten Vertreter der Organisationstypen der Produktion zur Herstellung neutraler und spezifischer Produktkomponenten eines kundenindividuellen Massenprodukts.

Die zweite Schnittstelle beinhaltete die Konzeption der Planungsaufgaben zwischen der Produktionsprozessentwicklung und der Produktionsplanung des Eigenfertigungsanteils mit der Begründung, dass entsprechend der formulierten Strategie für die Produktsparte des kundenindividuellen Massenprodukts kein geschlossener Fertigungs- und Montagebereich zur Verfügung steht und damit eine Wechselproduktion vorliegt, bei der das generelle kundenneutrale und -spezifische Produktionsprogramm Fertigungspriorität hat. Hieraus resultiert insgesamt eine potenzielle Gefährdung des Outputs kundenindividueller Massenprodukte aufgrund der sich durch das begrenzte Überkapazitätsangebot ergebenden Kapazitätsengpässe. Somit wurde die Vorgehensweise der Produktionsplanung auftragsneutraler und -spezifischer Komponenten eines kundenindividuellen Massenprodukts unter besonderer Berücksichtigung des generellen Produktionsprogramms konzeptualisiert, wobei gleichermaßen die langfristige Programmplanung, die mittelfristige Materialbedarfsplanung sowie vor allem die mittelfristige Termin- und Kapazitätsplanung, die insbesondere notwendige (d,t,q)-Kapazitätsanpassungsmaßnahmen beinhaltet, zu betrachten waren.

Vor dem Hintergrund der Restriktionen der Strategieformulierung begründete sich die Planungsschnittstelle zwischen der Produktionsprozessentwicklung und der Fertigungssteuerung des Eigenfertigungsanteils. Hierbei wurde eine Analyse sowie eine begründete Festlegung der möglichen Fertigungssteuerungsarten innerhalb des kundenauftragsneutralen und -spezifischen Fertigungsbereichs vorgenommen.

Es zeigte sich, dass sich dezentrale Fertigungssteuerungskonzepte innerhalb des kundenauftragsneutralen Fertigungsbereichs nur eingeschränkt für die in dieser Arbeit verfolgte Strategie einer kundenindividuellen Massenproduktion auf der Basis von Überkapazitäten eignen. Dieses begründet sich daraus, dass die mit den hier definierten Restriktionen einhergehenden Auswirkungen auf das gesamte Produktionssystem in großen Teilen gegen die Voraussetzungen zur Implementierung dezentraler Steuerungskonzepte, wie etwa das Kanban-Prinzip, das Fortschrittskennzahlenkonzept und das ConWiP-Verfahren, verstoßen. Aus diesem Grund wurde für die weiteren Untersuchungen dieser Arbeit festgelegt, dass die Fertigungssteuerung zur operativen Fertigung und Montage der kundenauftragsneutralen Komponenten des kundenindividuellen Massenprodukts dem zentralen Shop Floor Control-Konzept nach MRP II folgt.

Die Fertigungssituation und die sich daraus ergebenden Aufgabeninhalte der Fertigungssteuerung im kundenauftragsspezifischen Fertigungsbereich schließen die Implementierung dezentraler Fertigungssteuerungskonzepte sogar aus. Wie auch für den kundenauftragsneutralen Fertigungsbereich begründet sich somit folglich auch hier die Implementierung der Planungs- und Steuerungslogik Shop Floor Control auf Basis von MRP II, wobei ebenfalls, wie im neu-tralen Fertigungsbereich, die spezialisierten Teilplanungsansätze OPT, BOA und/oder RT zur Komplexitätsreduzierung der zentralen Fertigungssteuerung ergänzend implementiert werden können.

Obwohl somit eine zentrale Disposition der auftragsspezifischen sowie der auftragsneutralen Fertigung erfolgt, können zur Optimierung der Materialflusssteuerung die kundenneutralen Komponenten eines kundenindividuellen Massenprodukts, die im kundenauftragsspezifischen Fertigungsbereich weiterbearbeitet bzw. montiert werden, mittels eines dezentralen Kanban-Regelkreises aus dem kundenauftragsneutralen Lager des auftragsneutralen Fertigungsbereichs dezentral abgerufen werden.

Aufbauend auf den vorangegangenen Ergebnissen hinsichtlich des integrierten Produktentwicklungsprozesses und insbesondere der Ergebnisse der innerbetrieblichen Produktionsprozessentwicklung wurde der Auftragsabwicklungsprozess bzgl. der Eigenfertigungsplanung und -steuerung einer kundenindividuellen Massenproduktion auf der Basis von Überkapazitäten aus innerbetrieblicher, aufbau- und ablauforganisatorischer Perspektive konfiguriert. Neben der Vorgehensweise und den Inhalten der Produktionsplanungs- und -Produktsteuerungsaufgaben nach dem zentralen MRP II-Konzept wurde gleichermaßen das prozessuale Zusammenspiel zwischen den organisatorischen Bereichen „kundenauftragsneutraler und -spezifischer Fertigungsbereich", „Auftragsleitstelle" und der „zentralen, bereichsübergreifenden Produktionsplanung" konzeptualisiert.

Aus dem inflexiblen und dynamisch schwankenden innerbetrieblichen Überkapazitätsangebot resultieren zwangsläufig permanente und temporäre Kapazitätsengpässe bei der Fertigung und Montage des Eigenfertigungsanteils kundenneutraler und -individueller Komponenten des kundenindividuellen Massenprodukts in Wechselproduktion. Sind die innerbetrieblichen (d,t,q)-Anpassungsmaßnahmen und die der hier nicht betrachteten Maßnahmen der Belastungsanpassung vollständig ausgeschöpft, kann die Beseitigung der Engpassproblematik ausschließlich durch eine zwischenbetriebliche Kapazitätsanpassung erfolgen, wobei hier von einer alternierenden Fremdvergabe gesprochen wird, da sowohl eine Eigenfertigung als auch eine Fremdvergabe grundsätzlich möglich sind. In diesem Zusammenhang und vor dem Hintergrund der Schließung der vorab herausgearbeiteten Forschungslücke bzgl. der zwischenbetrieblichen Kapazitätsanpassung wurde zunächst ein stückdeckungsbeitragsoptimierendes mathematisches Optimierungsverfahren qualitativ skizziert. Hierbei wurden u.a. die Eingangsgrößen des Rechenverfahrens bestimmt und insbesondere die Auswirkung einer kombinierten innerbetrieblichen intensitätsmäßigen, zeitlichen und quantitativen Kapazitätsanpassung auf die fremd zu vergebenden Fertigungsprozessfolgen/-ausschnitte und Arbeitsschritte und auch auf das jeweils zugehörige Fremdvergabevolumen analysiert. Darauf basierend wurde der Prozessablauf zur Festlegung des Fremdvergabeprogramms einschließlich der Lieferantenauswahl auf Basis unvollständiger Eingangsinformationen im Rahmen der Produktionsprozessentwicklung konzeptualisiert. Daran anschließend erfolgte die Implementierung der ausgewählten Fertigungsprozessfolgen/-ausschnitte und Arbeitsschritte beim Auftragnehmer und damit die zwischenbetriebliche Produktionsprozessentwicklung einer alternierenden Fremdvergabe. Im Zusammenhang mit der Produktionsplanung und -steuerung der alternierenden Fremdvergabe kundenneutraler und -spezifischer Fertigungsprozessfolgen/-ausschnitte und Arbeitsschritte resultieren 4 Szenarien, die jeweils unterschiedliche Anforderungen an die zwischenbetrieblichen PPS-Aufgaben stellen. Diese wurden abschließend konzeptualisiert. Hierbei hat sich gezeigt, dass die zwischenbetriebliche Fremdvergabeplanung und -steuerung der 4 Szenarien auf konzeptioneller Grundlage von MRP II als geeignet erscheint. Obwohl die Lieferabrufe bzw. die Bereitstellungstermine und -mengen für Fertigteile bzw. Halbzeuge durch den Auftraggeber zentral nach MRP II generiert werden, erscheint es vielversprechend, die zwischenbetriebliche Materialflusssteuerung kundenauftragsneutraler Halbzeuge und Fertigteile fertigungs- bzw. montagesynchron mit Hilfe dezentraler, einseitig gerichteter bzw. bidirektionaler Kanban-Regelkreise zwischen den kundenauftragsneutralen und -spezifischen Fertigungsbereichen des Auftraggebers und des Auftragnehmers zu realisieren. Zur Transportkostenreduzierung sollte eine integrierte Transportabwicklung kundenauftragsspezifischer Komponenten auf Basis der implementierten kundenneutralen Kanban-Regelkreise stattfinden.

Aufbauend auf den bisherigen Ergebnissen dieses Kapitels erfolgte als Nächstes die Konzeption der integrierten Produktentwicklung nach dem Prinzip des Concurrent Engineerings innerhalb der vorab konfigurierten Supply Chain-Referenzstruktur aus inner- und zwischenbetrieblicher Perspektive unter der Voraussetzung, dass die Akteure auf den verschiedenen Wertschöpfungsstufen jeweils auf der Basis ihrer intern vorhandenen Überkapazitäten an der Entwicklung und Herstellung eines individuellen Moduls eines kundenindividuellen Massenprodukts mitwirken. Hierzu wurde zunächst jedem Akteur sein maximal mögliches Leistungsspektrum am kundenindividuellen Modul, entsprechend der jeweils nachgewiesenen System- und Problemlösungskapazität und des Produktions- und Produkt-Know-hows, zugeordnet und die durchzuführenden Teilprozesse der integrierten Produktentwicklung und insbesondere ihr zeitlich qualitativer Zusammenhang, einerseits bezogen auf die innerbetriebliche Ebene der jeweiligen Akteure und andererseits auf ihr prozessuales Zusammenwirken auf Ebene der Supply Chain-Referenzstruktur, dargestellt.

Der Teilprozess Produktentwicklung/Konstruktion beinhaltete somit die akteursspezifische Analyse der Produktentwicklungsaufgaben und -ergebnisse aus innerbetrieblicher Perspektive sowie aus Perspektive der Akteure mit ihren jeweils direkt vor- und nachgelagerten Wertschöpfungsstufen.

Basierend auf den Inhalten der vorab bereits erarbeiteten Ergebnisse und Aufgaben der innerbetrieblichen Produktionsprozessentwicklung kundenindividueller Massenprodukte auf der Basis von Überkapazitäten, fand im Rahmen der Produktionsprozessentwicklung innerhalb der Supply Chain-Referenzstruktur zunächst eine Erweiterung hinsichtlich der akteursspezifischen Ergebnis- bzw. Aufgabenzuordnung statt. Im zweiten Schritt wurde die akteursspezifische innerbetriebliche Perspektive um die Perspektive der zwischenbetrieblichen Produktionsprozessentwicklung mit jeweils direkt vor- und nachgelagerten Akteuren innerhalb der konfigurierten Supply Chain und auch um die Perspektive der Produktionsprozessentwicklung mit den akteursspezifischen Auftragnehmern im Rahmen der alternierenden Fremdvergabe ergänzt. Die zwischenbetriebliche Perspektive betrifft insbesondere die Aufgaben der Beschaffungsartenzuordnung als Teil der akteursspezifischen mittelfristigen Produktionsplanung, die Fremdbezugsplanung und -steuerung mit dem jeweils direkt vorgelagerten Wertschöpfungspartner, Entwicklungspartner, Produktionsspezialist oder Teilefertiger, die bereits konzeptualisierte Fremdvergabeplanung und -steuerung der alternierenden kapazitativen Fremdvergabe auf den jeweiligen Wertschöpfungsstufen sowie die Materialflusssteuerung innerhalb der Supply Chain. Wie auch bei der alternierenden Fremdvergabe begründet sich bis auf die Materialflusssteuerung zwischen Wertschöpfungspartner und fokalem Unternehmen die Implementierung dezentraler Kanban-Systeme zwischen den direkt vor- und nachgelagerten Wertschöpfungsstufen zur Materialflusssteuerung kundenneutraler Einzelteile, Unterbaugruppen und Baugruppen sowie die integrierte Transportabwicklung kundenspezifischer Komponenten auf der Basis dieser implementierten Regelkreise.

Als abschließende Aufgabe im Rahmen der Strategieentwicklung entsprechend der formulierten Krisenbewältigungsstrategie erfolgte auf der Grundlage einer Zusammenfassung der begründet entwickelten Ergebnisse bzw. Konzepte dieses Kapitels die Konzeption des zwischenbetrieblichen Auftragsabwicklungsprozesses entlang der Supply Chain-Referenzstruktur im Rahmen der Herstellung kundenindividueller Module eines kundenindividuellen Massenprodukts auf der Basis des bei den Akteuren auf den jeweiligen Wertschöpfungsstufen dynamisch schwankenden Überkapazitätsangebots. Sowohl aufbau- als auch ablauforganisatorisch wurden hierbei die resultierenden Planungs- und Steuerungsaufgaben Produktionsprogramm-, Materialbedarfs-, Termin- und Kapazitätsplanung sowie die Eigenfertigungs-, Fremdbezugs- und Fremdvergabeplanung und -steuerung einschließlich der Materialflusssteuerung aus inner- und zwischenbetrieblicher Perspektive zu einem Gesamtkonzept konfiguriert.

Zusammengefasst resultiert aus der Strategieentwicklung ein handlungsleitendes Prozessmodell strategiegeleiteter Maßnahmen zur Umsetzung der in Kapitel 2 formulierten Krisenbewältigungsstrategie für KMU des Maschinen- und Anlagenbaus, die von überkapazitätsbedingten Unternehmenskrisen betroffen sind. Insbesondere ist es einem KMU hierdurch zum einen möglich, sich überhaupt entsprechend seiner System- und Problemlösungskapazität sowie seines Produktions- und Produkt-Know-hows als Akteur innerhalb eines Produktionsnetzwerks zur Entwicklung und Herstellung kundenindividueller Massenprodukte einzuordnen. Zum anderen wurde aus inner- und zwischenbetrieblicher Perspektive aufgezeigt, welche Planungsaufgaben bzw. -ergebnisse ein KMU im Rahmen der integrierten Produktentwicklung und Auftragsabwicklung durchführen bzw. generieren muss, um auf der Grundlage seines dynamisch schwankenden und begrenzten Überkapazitätsangebots als wertschöpfender Akteur innerhalb derartiger Produktionsnetzwerkstrukturen agieren zu können. Mit Ausnahme bzgl. eines fokalen Akteurs bzw. eines Teilefertigers, der ausschließlich kundenneutrale Fertigungsteile herstellt, muss ein KMU, das innerhalb eines Produktionsnetzwerks Wertschöpfungs-, Entwicklungspartner oder Produktionsspezialist darstellt, nicht zwangläufig beide Fertigungsbereiche abdecken. Es kann im Rahmen einer individuellen Massenproduktion sowohl ausschließlich für die Entwicklung und Herstellung kundenneutraler als auch -spezifischer Produktbestandteile verantwortlich beauftragt werden.

Zur Überprüfung der Relevanz, des Potenzials und der Anwendbarkeit der in Kapitel 2 formulierten und in Kapitel 3 konzeptionell entwickelten Strategie zur Bewältigung überkapazitätsbedingter Unternehmenskrisen kleiner und mittlerer Maschinen- und Anlagenbauer erfolgt in Kapitel 4 die Strategieimplementierung anhand eines ausgewählten praktischen Anwendungsbeispiels.

4. Strategieimplementierung anhand eines Anwendungsbeispiels

Dieses Kapitel beinhaltet die Implementierung der in Kapitel 2 formulierten und in Kapitel 3 konzeptionell entwickelten Strategie zur Bewältigung überkapazitätsbedingter Unternehmenskrisen kleiner und mittlerer Maschinen- und Anlagenbauer anhand eines Anwendungsbeispiels, das auf den Projektergebnissen des Verfassers dieser Arbeit basiert.[1]

Das Ziel besteht hierbei im Nachweis der Praxisrelevanz und des Potenzials der bearbeiteten Thematik und gleichermaßen in einer Überprüfung der theoretischen Konzeptionen und Erkenntnisse auf praktische Anwendbarkeit. Dieses beinhaltet zum einen den Nachweis, dass durch eine kundenindividuelle Massenproduktion als Diversifikationsstrategie des Krisenmanagements kleiner und mittlerer Maschinen- und Anlagenbauer in Produktionsnetzwerken Überkapazitäten wertschöpfend genutzt und damit überkapazitätsbedingte Unternehmenskrisen bewältigt werden können. Dies beinhaltet zum anderen die Identifikation eines entsprechenden innovativen kundenindividuellen Massenprodukts und dessen Entwicklung, Fertigung und Montage entsprechend des in dieser Arbeit konzeptualisierten integrierten zwischenbetrieblichen Produktentwicklungsprozesses und der sich daran anschließenden konzeptualisierten Auftragsabwicklung auf der Basis von Überkapazitäten.

In einem Zwischenfazit werden die wesentlichen Ergebnisse dieses Kapitels zusammengefasst.

4.1 Betrachtete Unternehmen

Unternehmen 1 (fokales Unternehmen)

Beim ersten Unternehmen, das nachfolgend den fokalen Akteur innerhalb des Produktionsnetzwerkes bzw. der betrachteten Supply Chain dargestellt, handelt es sich um ein mittleres Unternehmen des Maschinen- und Anlagenbaus.

Es entwickelt und montiert in enger Zusammenarbeit mit seinen Zulieferern Montagestraßen für alle Aggregate des Antriebsstranges von Fahrzeugen. Das Lieferspektrum beinhaltet nicht nur Einzellösungen, sondern auch komplexe und vollautomatisierte Fertigungslinien zur Montage von Motoren, Zylinderköpfen, Getrieben, Achsen und Lenkungen. Das Produktspektrum beinhaltet somit Sonderanfertigungen bzw. Lösungen, die auf standardisierten Varianten basieren, die kundenindividuell angepasst werden. Die Montage dieser Systeme erfolgt in Abhängigkeit des Raumvolumens, das die Systeme einnehmen, entweder im eigenen Werk oder in den Fabrikationshallen der Kunden.

---

1 Vgl. Haasis, H.-D./Plöger, M./Wildebrand, H. (erscheint 2008): SUCULOG.

Das Unternehmen versteht sich als Manager in der Bündelung der Kernkompetenzen seiner Zulieferer. Deshalb ist seine eigene Fertigungstiefe sehr gering und beschränkt sich im Wesentlichen auf die Endmontage der Gesamtsysteme. Neben einer Werkstatt, die kleinere Reparaturen durchführen kann, existiert somit kein Fertigungsbereich. Sämtliche Stationen und Transportsysteme der Fertigungslinien werden von Wertschöpfungs- oder zumindest von Entwicklungspartnern in enger Rückkopplung mit dem fokalen Unternehmen konstruiert, gefertigt und montiert.

Einen dieser Wertschöpfungspartner stellt das zweite hier betrachtete Unternehmen dar, das nachfolgend vorgestellt wird.

Unternehmen 2 (Wertschöpfungspartner)

Der in regionaler Nähe zum fokalen Akteur ansässige Wertschöpfungspartner, der ebenfalls ein mittleres Unternehmen des Maschinen- und Anlagenbaus darstellt, ist Lieferant für Unternehmen der Luftfahrt- und Automobilzulieferindustrie. Das Unternehmen konstruiert, fertigt und montiert spezielle technische Lösungen, wie etwa die bereits angesprochenen Stationen als Teil einer Montagelinie nach Auftrag, was teilweise Sonderanfertigungen, aber auch kundenindividuelle Anpassungen standardisierter Varianten beinhaltet. Des Weiteren werden auch Produkte in Serien konstruiert, gefertigt und montiert. Hier ist etwa als Beispiel die Herstellung von Trolleys zum Transport, zur Montage und Demontage von Flugzeugtriebwerken aller gängigen Standardklassen anzuführen. Das Unternehmen arbeitet in allen Geschäftsfeldern wiederum mit Entwicklungspartnern, Produktionsspezialisten und Teilefertigern zusammen, die entsprechend ihrer Kompetenzspektren neutrale/individuelle Einzelteile, Unterbaugruppen und Baugruppen entwickeln, fertigen und montieren.

4.2 Praktische Relevanz der Strategieformulierung

Die Auftragslage des Unternehmens 1 (fokales Unternehmen) ist von starken Schwankungen gekennzeichnet, womit in mehreren Teilperioden innerhalb eines Geschäftsjahres erhebliche Überkapazitäten an Personal vor allem im Bereich des Engineerings und in der Montage verbunden sind. Da die Kapazitäten im Engineering und in der Montage nicht reduziert werden dürfen, um die Entwicklungs-, Koordinations- und Montagekapazitäten und damit die Betriebsbereitschaft für eingehende Aufträge aufrecht erhalten zu können, konnten in vorangegangenen Geschäftsjahren in den meisten Fällen aufgrund der damit verbundenen hohen Fixkosten keine Gewinne erwirtschaftet werden. Teilweise wurden sogar Verluste eingefahren. Ein weiterer Grund für die schlechte Gewinnsituation liegt zusätzlich in den hohen Individualisierungskosten der kundenspezifischen Lösungen.

Eingeordnet in das Phasenschema der Krisenarten befindet sich dieses Unternehmen bereits eindeutig nicht nur in einer Strategie-, sondern zusätzlich auch in einer Erfolgskrise. Somit ist die Identifikation und Implementierung einer geeigneten Krisenbewältigungsstrategie zur nachhaltigen Aufrechterhaltung der Geschäftstätigkeit dieses Unternehmens eine Notwendigkeit.

Hier bietet ausschließlich eine Strategie, die als Diversifikationsstrategie des Krisenmanagements eingeordnet werden kann, die Potenziale, die bestehenden Personalkapazitäten zur Betriebsbereitschaft langfristig aufrecht erhalten zu können, zum anderen die Option, die bestehenden Kapazitätsüberhänge durch Umlenkung in neue lukrative Produkte und Märkte wertschöpfend zu nutzen.

Entsprechend kann die für den Maschinen- und Anlagebau in dieser Arbeit begründet nachgewiesene Strategie Mass Customization als Diversifikationsstrategie überkapazitätsbedingter Unternehmenskrisen auf das hier betrachtete Unternehmen übertragen werden. Hiermit verbindet sich für das Unternehmen zum einen die Option zur wertschöpfenden Nutzung der Überkapazitäten bzgl. Engineering und Montage kundenindividueller Massenprodukte. Andererseits kann der „Individualisierungsfalle" entgangen, die Gewinnsituation des Unternehmens verbessert und auch der Absatzmarkt langfristig ausgeweitet werden.

Die schwankende Auftragslage des fokalen Akteurs wirkt sich zwangsläufig direkt auf den hier betrachteten Wertschöpfungspartner (Unternehmen 2) aus. Das Unternehmen bearbeitet auch Aufträge ähnlicher Produktspektren mit weiteren vertikal nachgelagerten Akteuren innerhalb der Bundesrepublik Deutschland. Hierbei ergeben sich ebenfalls erhebliche Auftragsschwankungen entsprechend der jeweils momentan vorherrschenden Konjunktursituation. Zudem können auch u.a. die bestehenden Entwicklungs-, Fertigungs- und Montagekapazitäten der in Serie hergestellten Flugzeugtriebwerk-Trolleys aufgrund mangelnder Auftragslage nicht vollständig wertschöpfend genutzt werden. Für den Wertschöpfungspartner resultieren somit ebenfalls erhebliche Überkapazitäten im Engineering, in der Fertigung und in der Montage, die insgesamt einen dynamisch schwankenden Charakter aufweisen.

Auch unter Berücksichtigung seiner Umsätze in den letzten Geschäftsjahren befindet sich dieses Unternehmen deshalb ebenfalls eindeutig in einer Strategie- und Erfolgskrise. Somit erscheint aus denselben Gründen wie beim fokalen Akteur die Implementierung der Strategie Mass Customization zur Bewältigung der vorherrschenden Unternehmenskrise als geeignet.

Unternehmen 1 kann im Rahmen der Umsetzung der Strategie Mass Customization seine Überkapazitäten im Engineering-, Auftragskoordinations-, Montage-, Vertriebs- und Servicebereich einbringen. Aufgrund des fehlenden Fertigungsbereichs ist es dem Unternehmen jedoch nicht möglich, das Produkt oder dessen einzelne Komponenten im Werk herzustellen. Zwangsläufig bedarf es hierzu der Einbeziehung verschiedener Wertschöpfungspartner. Diese werden entsprechend ihrer Kernkompetenzen und qualitativen/quantitativen Produktionskapazitäten mit der Entwicklung, Fertigung und Montage jeweils standardisierter und/oder individueller Module des kundenindividuellen Massenprodukts in enger Zusammenarbeit mit dem Unternehmen 1 beauftragt. Das Unternehmen 1 stellt damit nachfolgend das fokale Unternehmen des sich so konfigurierenden Produktionsnetzwerks bzw. der betrachteten Supply Chain dar.

Unternehmen 2 ist aufgrund fehlender qualitativer und quantitativer Engineering-, Auftragskoordinations-, Fertigungs-, Montage-, Vertriebs- und Servicekapazitäten nicht in der Lage, ein kundenindividuelles Massenprodukt insgesamt eigenständig zu entwickeln, herzustellen und auf einem Massenmarkt zu vertreiben. Trotzdem ist es ihm als Wertschöpfungspartner der nachfolgend betrachteten Supply Chain innerhalb des Produktionsnetzwerkes möglich, kundenneutrale und -individuelle Module eines kundenindividuellen Massenprodukts verantwortlich zu entwickeln, zu fertigen und zu montieren. Unter Berücksichtigung der dazu notwendigen Kernkompetenzen sowie der seinem begrenzten, dynamisch schwankenden Überkapazitätsangebot entsprechenden Produktionskapazitäten ist ein langfristiger Fremdbezug sowie die Implementierung der alternierenden Fremdvergabe hierbei einzubeziehen.

4.3 Das kundenindividuelle Massenprodukt CubeSorter

Das in Abb. 34 gezeigte kundenindividuelle Massenprodukt stellt ein neuartiges Logistiksystem dar. Technischer Kern der multifunktionalen Logistikeinheit ist eine patentierte Sortiermaschine (PCT/EP Patentanmeldung Nr. 03/01231 Sortiermaschine). Aufgrund neuartiger Konstruktionsprinzipien weist sie eine bionisch konzeptionierte Zellenstruktur auf und geht über den derzeitigen Stand der Technik bezüglich bekannter Sortier- und Kommissioniersysteme hinaus.

Ihre besondere Qualität liegt darin, dass sie auf engstem Raum die Funktionen Annehmen/Abgeben von (Roh-)Waren in Behältern, Transportieren, Sortieren, (De-)Kommissionieren, manuelle Pick-Entnahme (nach Ware-zum-Mann-Prinzip) und Pufferlager vereint und zwar ohne Fahrgassen. Das System lässt sich aufgrund seiner modularen Bauweise durch Verkettung mehrerer Sortierzellen in alle drei Raumachsen beliebig erweitern. Auch resultieren aufgrund des weitgehenden Verzichts auf sich wiederholende Fördertechnik (wie Motoren, Mechanik, Sensoren, Hardware-Elektronik und entsprechende Software an Ein- und Abgabestationen) in der Sortierzelle und auf allen Ebenen günstigere Investitionskosten und ein geringerer Ressourcenverbrauch als bei der bislang bekannten Technik, sodass eine Low-Cost-Automatisierung erfolgen kann (vgl. Veröffentlichungsnummer WO 03/068641 A1 mit internationalem Recherchebericht). Abbildung. 34 zeigt das Prinzip des Logistiksystems.

Entsprechend dem Prinzip modularer Baukastensysteme als Konzeption der Mass Customization besteht das Logistiksystem aus den Grundmodulen Hubstation, Längsbahn, Querbahn und Bahnumsetzer, die beliebig miteinander kombiniert werden können. Den „bus“, also das Basisprodukt, bildet das Kragarmregal, an das die Module gekoppelt werden.

Abb. 34: Das Prinzip des kundenindividuellen Massenprodukts CubeSorter

Prinzip der Sortierzelle

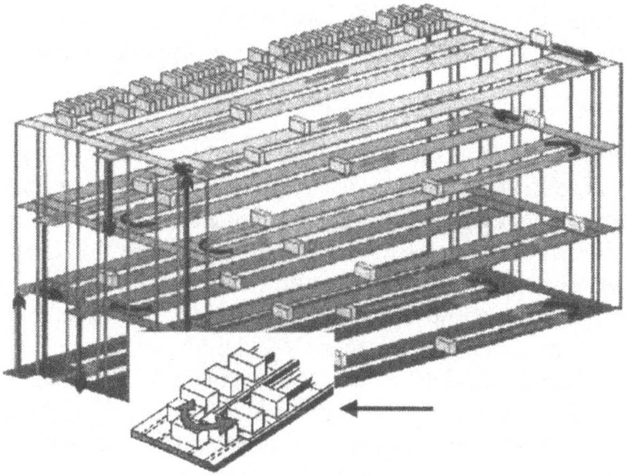

Beispiel Pick-Entnahme Arbeitsplatz

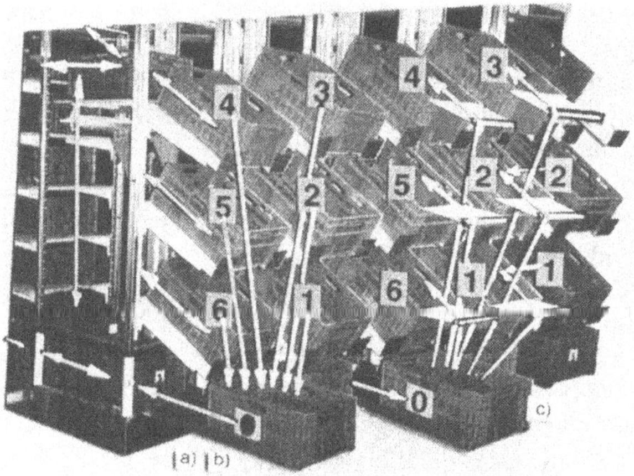

(Quelle: Haasis, H.-D./Plöger, M./Trauten, K./Wildebrand, H. (erscheint 2008):SUCULOG)

Weitere Bestandteile des Systems, die nachfolgend nicht weiter betrachtet werden, sind standardisierte Elektromotoren und Getriebe sowie die EMSR-Technik (Elektro-, Mess-, Steuerungs- und Regelungstechnik).

Standardisierungspotenzial des Logistiksystems

Die Low-Cost-Sortiermaschine soll für Kleinbehälter mit den Abmaßen 600x 400x300mm und mittlere Lasten zukünftig als Standard festgelegt werden. Diese Abmaße gelten für automatische Lager- bzw. Kommissioniersysteme weitgehend als Norm in der Industrie. Auf dieser Festlegung erfolgt somit eine standardisierte Dimensionierung und die Auslegung der Statik und Mechanik der einzelnen Module sowie des Grundprodukts des Logistiksystems.

Individualisierungspotenzial des Logistiksystems

Das standardisierte Logistiksystem lässt sich dahingehend variieren, dass einerseits eine beliebige Erweiterbarkeit des Systems in alle drei Raumachsen erfolgen kann, außerdem hinsichtlich einer individuellen Zusammenstellung der einzelnen Module bzgl. ihres kombinatorischen Zusammenwirkens und der jeweiligen Modulanzahl sowie der sie beinhaltenden neutralen und individuellen Baugruppen in Abhängigkeit der kundenindividuellen Anforderungen. Zusätzlich etwa auch kundenindividuelle Lackierungen oder Verkleidungen des Systems mit unterschiedlichen Materialien. Nicht zuletzt, was aber nachfolgend nicht tiefergehend betrachtet wird, die Anpassung der standardisierten Steuerungslogik an die kundenindividuell vorherrschenden Sortierszenarien und Leistungskennzahlen.

Um einen möglichst breites Kundenspektrum anzusprechen, besteht auch die Absicht, das System nicht nur für die o.g. Abmaße der Normbehälter auszulegen, sondern auch für Behälter-Standardgrößen geringerer Dimensionierung. Hierbei verändern sich jedoch nicht das mechanische Grundprinzip der einzelnen Module und des Basisprodukts, sondern lediglich deren dimensionale und statische Auslegung. Nicht zuletzt soll das System an die speziellen Bedingungen, die sich etwa im Rahmen seines Einsatzes innerhalb verschiedener Branchen, wie etwa der Pharma- oder Lebensmittelindustrie, ergeben, anpassbar sein.

Zusammengefasst handelt es sich bei diesem Logistiksystem, das nachfolgend auch als CubeSorter bezeichnet wird, aufgrund seiner modularen Bauweise sowie seines Standardisierungs- und Individualisierungspotenzials somit um ein innovatives, kundenindividuelles Massenprodukt. Aufgrund seines vielversprechenden Marktpotenzials und der zur Entwicklung, Fertigung und Montage des Systems notwendigen Kernkompetenzen kann es für die beiden hier betrachteten Unternehmen als Diversifikationsstrategie entsprechend der in dieser Arbeit formulierten Krisenbewältigungsstrategie eruiert werden.

Nachfolgend werden ausschließlich die Entwicklung, Fertigung und Montage des CubeSorters für die o.g. Standardbehältergröße 600x400x300mm innerhalb der Supply Chain zwischen Unternehmen 1 (fokales Unternehmen) und Unternehmen 2 (Wertschöpfungspartner) sowie eines noch nicht bestimmten Entwicklungspartners, der dem Wertschöpfungspartner direkt vorgelagert ist, konzeptionell auf der Grundlage der Ergebnisse dieser Arbeit dargestellt.

4.4 Konfiguration des Produktionsnetzwerks zur Entwicklung, Fertigung und Montage des CubeSorters und Systemabgrenzung der betrachteten Supply Chain

Entsprechend der Berücksichtigung der Kompetenzspektren und der qualitativen/quantitativen Überkapazitäten bei den betrachteten Unternehmen sowie der Anforderungen an die Produktentwicklung, Fertigung und Montage des CubeSorters lässt sich der in Abb. 35 dargestellte Ausschnitt der hierzu erforderlichen Struktur des Produktionsnetzwerks konfigurieren. Die Ergebnisse und Aufgaben der integrierten Produktionsprozessentwicklung bzgl. des Anwendungsbeispiels aus inner- und zwischenbetrieblicher Perspektive basieren vollständig auf den Inhalten in Abb. 31 und 32 und sind mit den akteursspezifischen Aufgabenspektren, die nachfolgend dargestellt werden, abzugleichen.

Das fokale Unternehmen 1 ist für das Engineering im Sinne einer begleitenden Produktentwicklung der Module des CubeSorters und deren Konfiguration zum Gesamtprodukt verantwortlich. Zum anderen für die zwischenbetriebliche Auftragskoordination mit den vorgelagerten Wertschöpfungspartnern, für die Endmontage der durch die verschiedenen Wertschöpfungspartner gelieferten Module zum kundenindividuellen CubeSorter und auch für den Vertrieb und den After-Sales-Service.

Die dem fokalen Unternehmen vorgelagerten Wertschöpfungspartner sind jeweils für die Entwicklung und Fertigung der kundenindividuell gestaltbaren Module Längsbahn, Querbahn, Bahnumsetzer, Hubstation sowie des Grundprodukts (Kragarmregal) einschließlich der Montage der Module inkl. standardisierter Zukaufteile wie Antriebssysteme und EMSR-Technik verantwortlich. Da sie wiederum Einzelteile, Unterbaugruppen und Baugruppen der jeweiligen Module durch Entwicklungspartner, Produktionsspezialisten und Teilefertiger entwickeln, fertigen und montieren lassen, müssen sie neben der inner- auch eine zwischenbetriebliche Auftragskoordination sowohl mit dem fokalen Unternehmen als auch mit den vorgelagerten Akteuren durchführen.

Entsprechend der Kompetenzen sowie der qualitativen und quantitativen Überkapazitäten kann das hier betrachtete Unternehmen 2 (Wertschöpfungspartner) für die Entwicklung, Fertigung und Montage des individuellen Moduls Hubstation verantwortlich eingesetzt werden. Die Hubstationen dienen einerseits der Beförderung der Behälter zwischen den Ebenen des CubeSorters. Außerdem sind in ihnen u.a. die Ein- und Ausgabestationen implementiert, die als Baugruppe dieses Moduls der Ein- und Auslagerung der Behälter dienen.

Für die weiteren Überlegungen wird festgelegt, dass der Eigenfertigungsanteil des hier betrachteten Wertschöpfungspartners neben der Montage der kundenindividuellen Hubstationen ausschließlich in der Fertigung der kundenindividuellen Rahmengestelle als eine wesentliche Baugruppe der Hubstationen besteht. Sämtliche verbleibenden standardisierten und individuellen Einzelteile, Unterbaugruppen und Baugruppen werden an vorgelagerte Entwicklungspartner, Produktionsspezialisten und Teilefertiger ausgelagert.

Abb. 35: Konfiguration des Produktionsnetzwerks zur Entwicklung, Fertigung und Montage des kundenindividuellen Massenprodukts CubeSorter

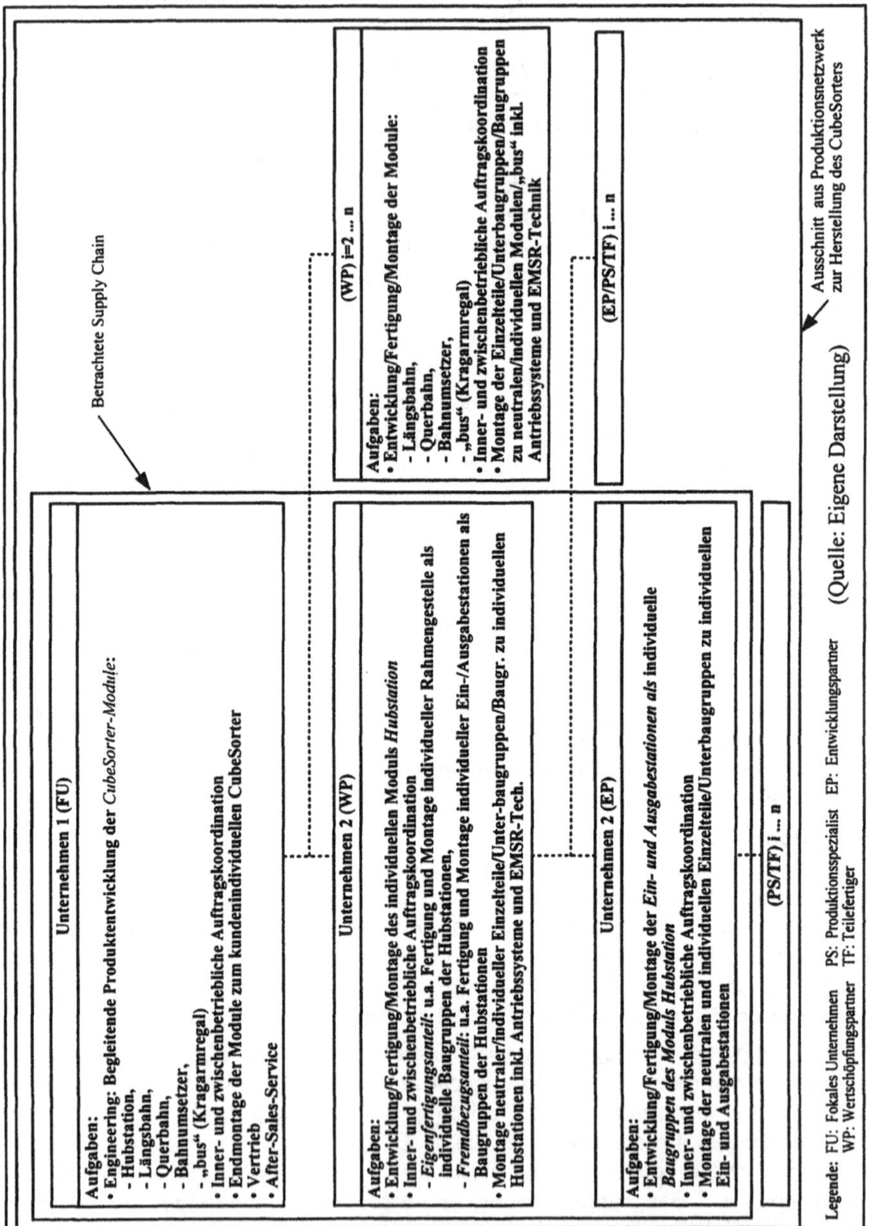

(Quelle: Eigene Darstellung)

Als Referenzbaugruppe, die durch einen bisher noch nicht identifizierten und dem Unternehmen 2 direkt vorzulagernden Entwicklungspartner zu entwickeln, zu fertigen und zu montieren sein wird, werden nachfolgend die individuellen Ein- und Ausgabestationen festgelegt. Die vorgelagerten Wertschöpfungsstufen des Entwicklungspartners sowie seine potenziell mögliche alternierende Fremdvergabe werden hier nicht weitergehend betrachtet.

Die sich hier anschließende Darstellung des inner- und zwischenbetrieblichen Auftragsabwicklungsprozesses entsprechend der Konzeption dieser Arbeit erfolgt beispielhaft anhand der herzustellenden individuellen Hubstationen des CubeSorters innerhalb der resultierenden linearen Supply Chain zwischen fokalem Unternehmen, Wertschöpfungs- und Entwicklungspartner. Die entsprechende Systemabgrenzung vom übrigen Produktionsnetzwerk zeigt Abb. 35.

4.5 Inner- und zwischenbetriebliche Auftragsabwicklung innerhalb der betrachteten Supply Chain

Abb. 36 zeigt den konzeptualisierten Auftragsabwicklungsprozess zur Fertigung und Montage individueller Hubstationen aus aufbau- und ablauforganisatorischer Perspektive für die in Kapitel 4.4 konfigurierte Supply Chain. Wie zu ersehen, basiert diese Konfiguration auf einer Übertragung der in dieser Arbeit begründeten Konzeption des zwischenbetrieblichen Auftragsabwicklungsprozesses innerhalb der Supply Chain-Referenzstruktur auf die realen Gegebenheiten, die sich im Rahmen des hier betrachteten Anwendungsbeispiels ergeben.[2]

Nachfolgend steht nicht die inner- und zwischenbetriebliche Produktionsplanung und -steuerung im Mittelpunkt der Betrachtung. Diese wurde ausführlich im vorangegangenen Kapitel 3.10 behandelt und kann vollständig auf die Akteure des Anwendungsbeispiels übertragen werden. Vielmehr soll aus produktspezifischer Perspektive des Anwendungsbeispiels der inner- und zwischenbetriebliche Auftragsabwicklungsprozess, bezogen auf das in Kapitel 4.4. festgelegte Modul Hubstation und die zwei es beinhaltenden Baugruppen Rahmengestell und Ein- bzw. Ausgabestation, kurz aufgezeigt werden.

---

2 Vgl. Kapitel 3.10.

Abb. 36: Konzeption des Auftragsabwicklungsprozesses zur Herstellung individueller Hubstationen des CubeSorters innerhalb der betrachteten Supply Chain

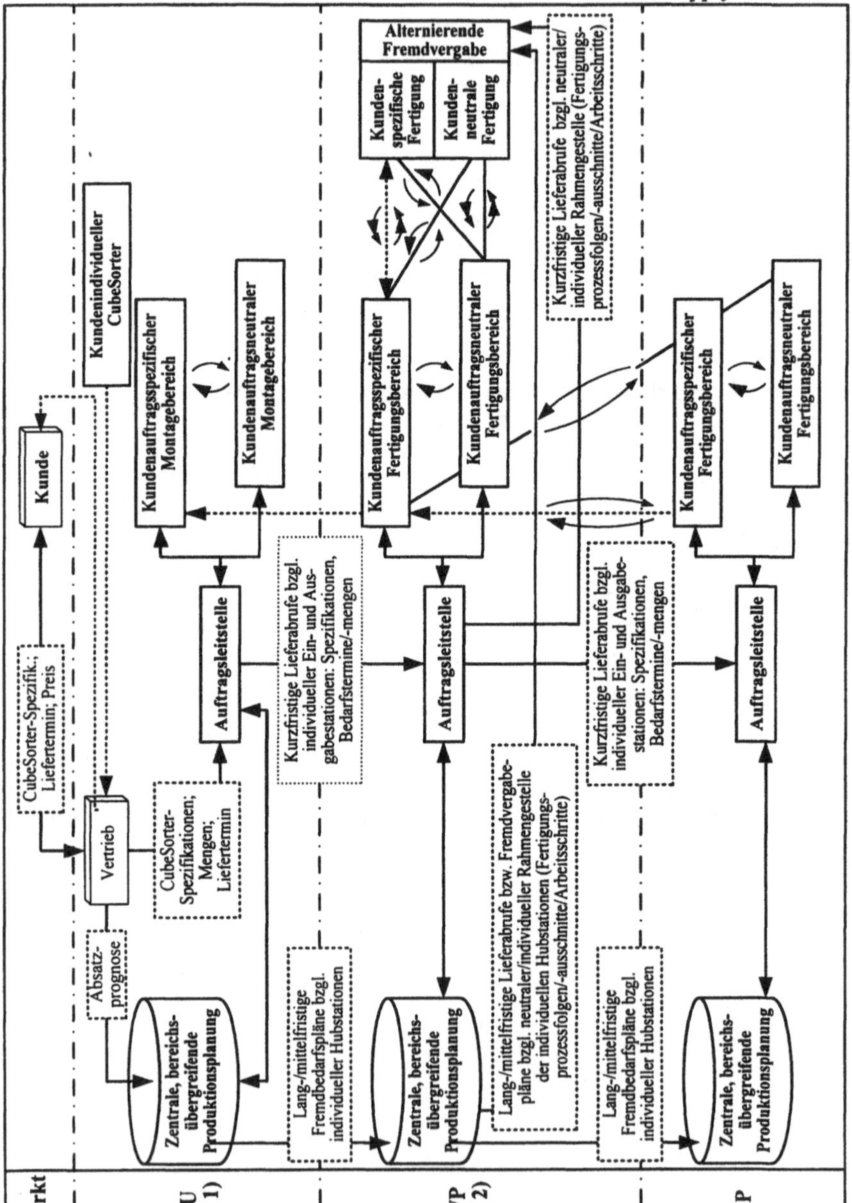

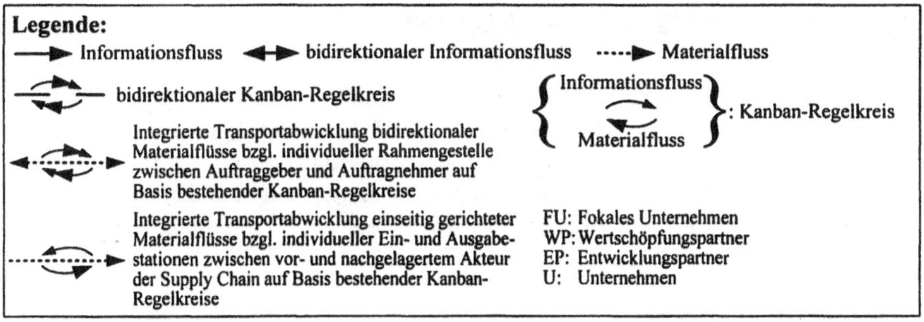

Quelle: Eigene Darstellung

Produktionsprogrammplanung/Mengenplanung/Termin- und Kapazitätsplanung (produktbezogen)

Ausgehend von den Absatzprognosen des CubeSorters ist das wesentliche Ziel der Produktionsprogramm-, Mengen- bzw. Materialbedarfs- sowie der Termin- und Kapazitätsplanung beim fokalen Akteur zum einen die Festlegung des Fremdbezugsanteils und der daraus resultierenden lang- und mittelfristigen Fremdbedarfspläne. Entsprechend der hier betrachteten linearen Supply Chain beziehen sich diese nachfolgend ausschließlich auf die individuellen Hubstationen, wobei für die Bedarfsauflösung in kundenneutrale und spezifische Anteile der Wertschöpfungspartner verantwortlich ist. Zum anderen besteht das Ziel in der Bestimmung des lang- und mittelfristigen Kapazitätsbedarfs an Personal zur Montage der verschiedenen Module einschließlich des Grundprodukts zzgl. weiterer Baugruppen wie etwa EMSR-Technik und Antriebssysteme zum kundenindividuellen CubeSorter.

Auf Basis der übermittelten Fremdbedarfspläne bestimmt der Wertschöpfungspartner den lang- bzw. mittelfristigen Eigenfertigungs-, Fremdbezugs- und Fremdvergabeanteil unter Berücksichtigung des Produktionsprogramms, das in Wechselproduktion hergestellt werden muss. Daraus resultiert einerseits ein neutrales und spezifisches Eigenfertigungsprogramm, das im Wesentlichen die Durchführung neutraler und individueller Fertigungs- und Montageprozesse zur Erstellung der Rahmengestelle beinhaltet. Außerdem lang- bzw. mittelfristige Lieferabrufe und Fremdvergabepläne bzgl. neutraler und spezifischer Fertigungsprozessfolgen/-ausschnitte und Arbeitsschritte, welche die Herstellung der Rahmengestelle betreffen. Außerdem die lang– bzw. mittelfristigen Fremdbedarfspläne für den Entwicklungspartner, welche die prognostizierten Bedarfsmengen, -arten und -termine bzgl. individueller Ein- und Ausgabestationen beinhalten.

Der Entwicklungspartner verarbeitet diese Eingangsinformationen entsprechend dem Wertschöpfungspartner, wobei nachfolgend nur seine Eigenfertigungsplanung und -steuerung berücksichtigt wird.

Eigenfertigungsplanung und -steuerung (produktbezogen)
Fokales Unternehmen

Da, wie bereits erwähnt, Unternehmen 1 ausschließlich die Montage der neutralen und/oder individuellen Module Hubstation, Längsbahn, Querbahn, Bahnumsetzer einschließlich des Grundprodukts Kragarmregal sowie weiterer Baugruppen, wie etwa EMSR-Technik und Antriebssysteme, zum kundenindividuellen CubeSorter übernimmt, existiert bei diesem Akteur weder eine neutrale noch individuelle Eigenfertigungsplanung und -steuerung.

Wertschöpfungspartner

Zunächst ist zu analysieren, welches die neutralen und individuellen Eigenschaften der Rahmengestelle sind.

Für die hier betrachtete Standardbehältergröße bestehen die kundenneutralen Eigenschaften der Rahmengestelle dahingehend, dass sie aus standardisierten Aluminiumprofilen bestehen, die miteinander horizontal und vertikal verschweißt und verlötet werden. Neben einer identischen mechanischen und statischen Auslegung weisen sie auch eine identische Dimensionierung in der Breite sowie in der Tiefe auf.

Kundenspezifische Eigenschaften sind einerseits die Bauhöhe (Hubhöhe) der Rahmengestelle in Abhängigkeit der vom Kunden gewünschten Ebenen (Stockwerke), die der CubeSorter aufweisen soll. Hierbei ist jedoch davon auszugehen, dass eine Hubstation mit hoher Wahrscheinlichkeit in jedem Fall mindestens 4 übereinander liegende Ebenen besitzt. Weitere Individualisierungseigenschaften sind etwa kundenindividuelle Lackierungen.

Die kundenneutrale Vorfertigung auf Basis der mittelfristigen Fremdbedarfspläne beinhaltet damit die Herstellung der Rahmengestelle nach dem Baukastenprinzip. Hierzu wird zunächst beabsichtigt, einerseits kundenneutrale Rahmengestelle mit einer Bauhöhe von 4 Ebenen herzustellen und auf Fußplatten zu schweißen. Anderseits werden Gestelle als Unterbaugruppen mit einer Bauhöhe zwischen einer und drei Ebenen kundenneutral vorgefertigt.

Im kundenauftragsspezifischen Fertigungsbereich sind im Anschluss die kundenneutral vorproduzierten Rahmengestelle auf Basis der kurzfristigen Lieferabrufdaten individuell entsprechend der geforderten Anzahl der Ebenen miteinander zu verlöten und mittels Aussteifungstraversen zu stabilisieren. Es schließt sich die kundenindividuelle Lackierung der Rahmengestelle an. Sofern eine Montage neutraler Produktkomponenten nicht kundenauftragsneutral erfolgen kann, werden die durch die vorgelagerten Akteure verbleibenden neu-tralen/ individuellen Einzelteile, Unterbaugruppen und Baugruppen, wie etwa Tablare zur Behälterförderung, Führungsschienensysteme, Antriebssysteme, EMSR-Technik sowie die individuellen Ein- und Ausgabestationen an die Rahmengestelle montiert. Nach Abschluss der Montageprozesse resultieren die dem fokalen Akteur lieferbaren kundenindividuellen Hubstationen.

Entwicklungspartner

Ebenfalls ist hier zu analysieren, welches die kundenneutralen und -individuellen Eigenschaften der individuellen Ein- und Ausgabestationen sind. Ein- und Ausgabestationen unterscheiden sich funktional nicht voneinander und beinhalten mehrere neutrale und/oder individuelle Einzelteile und Unterbaugruppen.

Grundsätzlich sind zwei standardisierbare Varianten zu unterscheiden. Einerseits horizontale Ein- und Ausgabestationen und andererseits vertikal abklappbare, sodass hierbei eine schräge Pick-Entnahme durch vertikal verstellbare Auslagerbahnen resultiert (vgl. Abb. 34). Diese Grundvarianten bestehen praktisch ausschließlich aus standardisierten Röllchen-Auslagerbahnen mit integriertem Endanschlag, Führungsprofilen und -schienensystemen, wobei die Röllchenbahnen bei der vertikal abklappbaren Variante zusätzlich Gelenke beinhalten.

Sämtliche Individualisierungsvarianten setzen auf die o.g. Standardvarianten auf. Hier wären etwa Abschlussklappen mit integriertem Sicht- und/oder Zugriffsschutz oder eine automatisierte Ein- und Ausgabe mittels integrierter Mitnehmerschienen zu nennen. Weitere Individualisierungspotenziale wären etwa die spezifische Länge der Auslagerbahnen sowie die individuelle Schnittstellenkonfiguration zur automatischen Behälterübergabe zwischen Ein- bzw. Ausgabestationen und angrenzenden Logistiksystemen des Kunden. Nicht zuletzt kundenindividuelle Lackierungen sowie die Kennzeichnung der Stationen entsprechend den Kundenanforderungen.

Die kundenneutrale Vorfertigung auf Basis der mittelfristigen Fremdbedarfspläne beinhaltet damit die Herstellung der o.g. standardisierten Komponenten beider Grundvarianten und deren Vormontage entsprechend der prognostizierten Bedarfsmengen. Da sie funktionstauglich sind, können sie als Standardvariante in die Hubstation integriert werden und somit bereits durch den Wertschöpfungspartner aus dem auftragsneutralem Fertigungsbereich abgerufen werden. Auch die Einzelteile, Unterbaugruppen und Baugruppen, wie etwa die o.g. Abschlussklappen sowie die im kundenauftragsspezifischen Fertigungsbereich in ihrer Länge anpassbaren Mitnehmerschienen und Auslagerbahnen werden im kundenauftragsneutralen Fertigungsbereich vorgefertigt.

Im kundenauftragsspezifischen Fertigungsbereich sind im Anschluss die kundenneutral vorproduzierten Einzelteile, Unterbaugruppen und Baugruppen entsprechend der kurzfristigen Lieferabrufdaten wie auch beim Wertschöpfungspartner mit Hilfe des dezentralen Kanban-Regelkreises zwischen kundenneutralem Zwischenlager und spezifischem Fertigungsbereich abzurufen, kundenindividuell zu montieren, zu kennzeichnen und zu lackieren bzw. individuell weiterzubearbeiten. Ggf. werden auch Neu-, Varianten- und/oder Anpasskonstruktionen einzelner Einzelteile und Unterbaugruppen notwendig. Nach Abschluss der Montageprozesse resultieren die dem Wertschöpfungspartner lieferbaren kundenindividuellen Ein- und Ausgabestationen.

Inwiefern durch den Entwicklungspartner im Rahmen der neutralen und individuellen Fertigung und Montage weitere Zulieferer einbezogen werden, kann an dieser Stelle vorab nicht beurteilt werden.

Fremdvergabeplanung und -steuerung (produktbezogen)

Wie Abb. 35 und 36 zu entnehmen ist, ist hier bzgl. des Anwendungsbeispiels noch zu betonen, dass das fokale Unternehmen 1 keine alternierende Fremdvergabe durchführt, da es, wie bereits angemerkt, keinen Eigenfertigungsanteil zu erbringen hat.

Im Fall nicht genügender Montagekapazitäten aufgrund eines höher als das Kapazitätsangebot liegenden -bedarfs können neben der zeitlichen Anpassung des Montagepersonals auch Leiharbeitskräfte zur quantitativen Kapazitätsanpassung hinzugezogen werden. Auch für die vorgelagerten Wertschöpfungsstufen und insbesondere für das Unternehmen 2 (Wertschöpfungspartner) sind derartige Kapazitätsanpassungen im Montagebereich potenziell in Betracht zu ziehen. Bereits in der Vergangenheit haben beide Unternehmen auf diese Kapazitätsanpassungsmaßnahmen erfolgreich zurückgegriffen.

Das hier betrachtete kundenindividuelle Massenprodukt „CubeSorter" bietet zudem auch für sämtliche vorgelagerten Wertschöpfungsstufen den Vorteil, dass im Rahmen der integrierten Produktentwicklung des Gesamtprodukts auch die kundenindividuellen Produktbestandteile überwiegend relativ präzise gestaltet und detailliert werden können. Zwangsläufig können auch vorab die kundenindividuell induzierten Aufgaben und Ergebnisse der Produktionsprozessentwicklung größtenteils abgeschlossen werden. Bezogen auf die Personalkapazitäten in den Bereichen Engineering, Produktionsprozessplanung und Arbeitsplanung/ Arbeitsvorbereitung, wird somit auch bei Kapazitätsnachfragen, die oberhalb der Vollauslastungsgrenze liegen, nur noch ein geringer Kapazitätsbedarf zur Produkt- und Produktionsprozessentwicklung notwendig. Das kurzfristige Kapazitätsdefizit in den o.g. Bereichen kann ggf. bereits durch eine zeitliche Anpassung der Personalkapazitäten ausgeglichen werden.

Da eine mögliche alternierende Fremdvergabe des Entwicklungspartners nicht beurteilt werden kann, erfolgt die Betrachtung dieser nachfolgend ausschließlich für den Wertschöpfungspartner.

Wertschöpfungspartner

Der Prozessablauf zur Auswahl der potenziell alternierend fremd zu vergebenden Fertigungsprozessfolgen/-ausschnitte und Arbeitsschritte sowie die sich anschließende zwischenbetriebliche Produktionsprozessentwicklung erfolgen beim

Wertschöpfungspartner entsprechend der Konzeptionen in Kapitel 3.8.3 und 3.8.4. Die zwischenbetriebliche Fremdvergabeplanung und -steuerung in Abhängigkeit der bestehenden und sich im zeitlichen Ablauf dynamisch ändernden internen Kapazitätssituation bzgl. der in Art und Menge fremd zu vergebenden Fertigungsprozessfolgen/-ausschnitte und Arbeitsschritte erfolgt aufbauend auf Kapitel 3.8.4.2 entsprechend Kapitel 3.10.

Wie bereits dargestellt, beinhaltet voraussichtlich das Eigenfertigungsspektrum des Wertschöpfungspartners weitestgehend die Erstellung kundenindividueller Rahmengestelle der Hubstationen. Somit bezieht sich die alternierende Fremdvergabe im Wesentlichen auf die Auslagerung von Fertigungsprozessfolgen/-ausschnitte und Arbeitschritten bzgl. der neutralen und individuellen Herstellungsprozesse der Rahmengestelle. Die alternierende Fremdvergabe beinhaltet hier gleichermaßen die Bearbeitung von Einzelteilen, Unterbaugruppen und Baugruppen.

Die durch den Auftragnehmer durchzuführenden kundenneutralen Fertigungsprozessfolgen/-ausschnitte und Arbeitschritte sind etwa das Zuschneiden der Rahmenprofile und die sich anschließenden Schweiß- und Lötprozesse zur Erstellung der kundenneutralen Rahmengestelle entsprechend dem o.g. Baukastenprinzip auf Basis der durch den Wertschöpfungspartner übermittelten mittel- und kurzfristigen Lieferabrufe.

Kundenauftragsspezifische Fertigungsprozessfolgen/-ausschnitte und Arbeitsschritte beinhalten das Verlöten kundenneutral vorproduzierter Rahmengestelle auf Basis der kurzfristigen Lieferabrufdaten, entsprechend der individuell geforderten Anzahl der Hubebenen, sowie das Anbringen der Aussteifungstraversen zur Stabilisierung der Gestelle. Auch das Setzen von Bohrungen zur Montage der Einzelteile, Unterbaugruppen und Baugruppen und die sich anschließende Lackierung der Rahmengestelle könnten potenziell fremd zu vergebende Fertigungsprozesse darstellen.

Fremdbezugsplanung und -steuerung (produktbezogen)

Die Aufgabeninhalte und die damit verbundenen Prozesse der Fremdbezugsplanung und -steuerung innerhalb und zwischen den Akteuren der Supply Chain Referenzstruktur wurden ausführlich in Kapitel 3.10.3.1 und 3.10.3.2 untersucht und können entsprechend auf die Akteure der Supply Chain des Anwendungsbeispiels übertragen werden. Wie die kurzfristigen Lieferabrufe im Rahmen der Eigenfertigungsplanung und -steuerung beim Wertschöpfungs- und beim Entwicklungspartner sowie im Rahmen der alternierenden Fremdvergabe beim Wertschöpfungspartner zur Erstellung der individuellen Rahmengestelle bzw. der individuellen Ein- und Ausgabestationen einbezogen werden, wurde ebenfalls bereits im Rahmen des Anwendungsbeispiels aufgezeigt.

Materialflusssteuerung (produktbezogen)

Abb. 36 zeigt einerseits die Materialflüsse zwischen den Akteuren der Supply Chain sowie zwischen dem Wertschöpfungspartner und seinem Auftragnehmer bzgl. der alternierenden Fremdvergabe.

Ausgehend von den Materialflüssen zwischen Unternehmen 2 und dem Entwicklungspartner, werden durch den kundenauftragsspezifischen Fertigungsbereich des Wertschöpfungspartners die beiden standardisierten Grundvarianten der Ein- und Ausgabestationen mittels eines integrierten Kanban-Regelkreises aus dem kundenauftragsneutralen Zwischenlager des Entwicklungspartners dezentral montagesynchron abgerufen. Sofern eine zeitlich überlagerte Bedarfsanforderung neutraler und spezifischer Baugruppen besteht, können mit dem Ziel der Reduzierung der Transportkosten die Lieferungen der kundenauftragsspezifischen Ein- und Ausgabestationen auf Basis der bestehenden Kanban-Regelkreise integriert abgewickelt werden, was ebenfalls aus Abb. 36 hervorgeht.

Nach den bereits oben beschriebenen Montageprozessen der verschiedenen neutralen und spezifischen Einzelteile, Unterbaugruppen und Baugruppen sowie weiterer o.g. Individualisierungsmaßnahmen werden die individuellen Hubstationen entsprechend der Bedarfsmengen und -termine dem kundenauftragsspezifischen Montagebereich des fokalen Unternehmens durch den Wertschöpfungspartner geliefert.

Das fokale Unternehmen montiert die durch die verschiedenen Wertschöpfungspartner und weiteren Zulieferer gelieferten standardisierten/individuellen Einzelteile, Unterbaugruppen, Baugruppen und Module einschließlich der Kragarmregale zum kundenindividuellen CubeSorter und liefert diesen zum Kunden.

Falls der CubeSorter aufgrund seines auftragsspezifischen Raumvolumens nicht vollständig montiert zum Endkunden geliefert werden kann, müssen in diesen Fällen die Montageprozesse vor Ort beim Kunden stattfinden. Deshalb ist es auch denkbar, dass der Wertschöpfungspartner in einigen Fällen die individuellen Hubstationen nicht zum fokalen Unternehmen, sondern direkt zum Kunden liefert. Unter Berücksichtigung der maximalen LKW-Ladefläche und der individuellen Bauhöhe der Hubstationen müssen ebenfalls eine erste Vormontage der Stationen und deren Endmontage beim Endkunden teilweise in Erwägung gezogen werden.

Bzgl. der alternierenden Fremdvergabe durch den Wertschöpfungspartner resultiert jeweils einerseits ein zwischenbetrieblicher bidirektionaler Kanban-Regelkreis zwischen kundenneutralen Lägern und kundenneutralen Fertigungsbereichen. Durch den Auftragnehmer werden entsprechend der fremd vergebenen Fertigungsprozesse hier etwa die standardisierten Aluminiumprofile und/oder neutral weiterzuberarbeitenden Einzelteile und Unterbaugruppen der Rahmengestelle dezentral produktionssynchron abgerufen. Der neutrale Fertigungsbereich des Auftraggebers fordert gleichermaßen die durch den Auftragnehmer kundenneutral bearbeiteten Komponenten dezentral an. Auch ist ein Kanban-Regelkreis zwischen der kundenauftragsspezifischen Fertigung/Montage des Auftragnehmers und dem neutralen Lager des Auftraggebers zu implementieren. Die Transportabwicklung der bidirektionalen Materialflüsse bzgl. der zu individualisierenden Rahmengestelle wird auf Basis der bestehenden Kanban-Regelkreise integriert abgewickelt, sofern eine zeitliche Überlagerung der Bedarfsanforderungen besteht.

4.6 Zwischenfazit

Das Ziel dieses Kapitels besteht im Nachweis der Praxisrelevanz und des Potenzials der formulierten Krisenbewältigungsstrategie und gleichermaßen in einer Überprüfung der theoretischen Konzeptionen und Erkenntnisse der Strategieentwicklung auf Anwendbarkeit.

Aufbauend auf Projektergebnissen des Verfassers dieser Arbeit, wurden hierzu zunächst zwei KMU der Maschinen- und Anlagenbaubranche vorgestellt, die bereits seit mehreren Jahren miteinander kooperieren, wobei Unternehmen 1 den fokalen Akteur und Unternehmen 2 den Wertschöpfungspartner darstellen.

Nach Analyse der Kompetenzen und Leistungsspektren beider Unternehmen konnte nachgewiesen werden, dass beim fokalen Unternehmen erhebliche dynamisch schwankende Überkapazitäten in den Bereichen Engineering, Montage und beim Wertschöpfungspartner in den Bereichen Engineering, Fertigung und Montage vorhanden sind. Sowohl das fokale Unternehmen als auch der Wertschöpfungspartner befinden sich aufgrund ihrer innerbetrieblichen Überkapazitäten momentan nicht nur in einer strategischen, sondern bereits auch in einer parallel vorliegenden überkapazitätsbedingten Erfolgskrise.

Da die Überkapazitäten beider Unternehmen nicht abgebaut werden dürfen, um die Betriebsbereitschaft für zukünftig eingehende Aufträge aufrecht zu erhalten, konnte nachgewiesen werden, dass eine Mass Customization als Diversifikationsstrategie des Krisenmanagements innerhalb eines zu konfigurierenden KMU-Produktionsnetzwerks beiden Unternehmen neben dem Potenzial einer langfristigen Aufrechterhaltung der Betriebsbereitschaft insbesondere die Option bietet, die Kapazitätsüberhänge durch Umlenkung in ein neues lukratives kundenindividuelles Massenprodukt für einen Massenmarkt wertschöpfend zu nutzen.

Hierzu wurde zunächst ein entsprechendes kundenindividuelles Massenprodukt identifiziert. Es handelt sich hierbei um ein neuartiges, patentiertes Logistiksystem, auch CubeSorter genannt, das aufgrund seiner modularen Bauweise sowie seines Standardisierungs- und Individualisierungspotenzials ein kundenindividuelles Massenprodukt darstellt. Aufgrund seines Marktpotenzials und der zur Entwicklung, Fertigung und Montage des Systems notwendigen Kernkompetenzen konnte es für die hier betrachteten Unternehmen als Diversifikationsstrategie entsprechend der in dieser Arbeit formulierten Krisenbewältigungsstrategie eruiert werden.

Unter Berücksichtigung der Kompetenzspektren und der quantitativen Überkapazitäten in ihrer qualitativen Ausprägung bei den betrachteten Unternehmen sowie der Anforderungen an die Produktentwicklung, Fertigung und Montage des CubeSorters wurde die hierzu erforderliche Struktur des KMU-Produktionsnetzwerkes nach der Konzeption modularer Baukastensysteme konfiguriert und eine lineare Supply Chain Struktur vom Produktionsnetzwerk abgegrenzt. Diese besteht aus dem fokalen Unternehmen (Unternehmen 1), dem Wertschöpfungspartner (Unternehmen 2) sowie einem noch nicht identifizierten und dem Wertschöpfungspartner direkt vorgelagerten Entwicklungspartner.

Anschließend erfolgte eine Übertragung der in Kapitel 3 konzeptualisierten Ergebnisse und Aufgaben der inner- und zwischenbetrieblichen Produktionsprozessentwicklung und insbesondere die Festlegung des Eigenfertigungs-, Fremdvergabe- und Fremdbezugsanteils auf den jeweiligen Wertschöpfungsstufen der Supply Chain im Rahmen der Herstellung kundenindividueller Hubstationen als ein wesentliches Modul des CubeSorters.

Abschließend wurde die Auftragsabwicklung innerhalb der konfigurierten Supply Chain gemäß des in Kapitel 3 konzeptualisierten Auftragsabwicklungsprozesses einer kundenindividuellen Massenproduktion auf der Basis akteursspezifischer Überkapazitäten aus inner- und zwischenbetrieblicher Perspektive produktbezogen analysiert und beschrieben. Insbesondere wurden dabei die Aspekte der Produktionsprogramm-, Materialbedarfs-, Termin- und Kapazitätsplanung sowie die Eigenfertigungs-, Fremdbezugs- und Fremdvergabeplanung und -steuerung sowie die Materialflusssteuerung innerhalb und zwischen den Wertschöpfungsstufen beleuchtet.

Zusammengefasst konnte im Rahmen der Strategieimplementierung anhand des Anwendungsbeispiels einerseits die Praxisrelevanz und das Erfolgspotenzial der formulierten Krisenbewältigungsstrategie hinsichtlich einer kundenindividuellen Massenproduktion innerhalb von KMU-Produktionsnetzwerken als Diversifikationsstrategie zur Bewältigung überkapazitätsbedingter Unternehmenskrisen kleiner und mittlerer Maschinen- und Anlagenbauer nachgewiesen werden. Zum anderen wurde ein innovatives, kundenindividuelles Massenprodukt identifiziert und dessen Entwicklung, Fertigung und Montage entsprechend des in dieser Arbeit konzeptualisierten integrierten inner- und zwischenbetrieblichen Produktentwicklungsprozesses und des sich daran anschließenden konzeptualisierten Auftragsabwicklungsprozesses auf der Basis von Überkapazitäten aufgezeigt. Hierdurch konnte die theoretische Konzeption der Strategieentwicklung hinsichtlich ihrer praktischen Anwendbarkeit insgesamt überprüft und für das auf den KMU-geprägten Maschinen- und Anlagenbau übertragbare Anwendungsbeispiel bestätigt werden.

5. Zusammenfassung und Schlussfolgerungen

Die aktuell hohe Anzahl überkapazitätsbedingter KMU-Insolvenzen im deutschen Maschinen- und Anlagenbau und die daraus resultierenden individuellen und mikroökonomischen Bedrohungen als auch die erheblichen volkswirtschaftlichen Einbußen, die sich insbesondere in hohen Arbeitslosenzahlen und in der Schwächung des Wirtschaftswachstums der Bundesrepublik Deutschland niederschlagen, begründen die Formulierung und Entwicklung konkreter Krisenbewältigungsstrategien sowie deren Implementierung in die betriebswirtschaftlichen Systeme mit dem Ziel, überkapazitätsbedingte Unternehmenskrisen nachhaltig zu bewältigen.

Vor dem Hintergrund der thematischen Relevanz besteht das Ziel dieser Arbeit zunächst im Nachweis, dass die Wettbewerbsstrategie „Mass Customization" in Produktionsnetzwerken als Diversifikationsstrategie des Krisenmanagements zur nachhaltigen Bewältigung überkapazitätsbedingter Unternehmenskrisen bei KMU der deutschen Maschinen- und Anlagenbaubranche geeignet ist, und in der Formulierung der hieraus resultierenden Krisenbewältigungsstrategie. Fortfolgend ist die formulierte Krisenbewältigungsstrategie im Sinne eines inner- und zwischenbetrieblichen integrierten Produktentwicklungs- und Produktionsplanungs- und steuerungs-Konzeptes zur wertschöpfenden Nutzung innerbetrieblicher Kapazitätsüberhänge zu entwickeln. Die Relevanz und das Potenzial der formulierten Krisenbewältigungsstrategie sowie die Anwendbarkeit der konzeptualisierten Strategieentwicklung werden als abschließendes Ziel dieser Arbeit anhand eines praktischen Anwendungsbeispiels überprüft.

Hierzu wurden in *Kapitel 1* zunächst die Relevanz des Themas dargelegt, die Zielsetzung definiert und darauf aufbauend der methodische Lösungsweg vorgestellt.

In *Kapitel 2*, das den Nachweis und die Formulierung der Krisenbewältigungsstrategie zum Inhalt hatte, wurden dann der Begriff KMU abgegrenzt und der Wirtschaftszweig sowie die Branchenstruktur des deutschen Maschinen- und Anlagenbaus analysiert. Anschließend wurde die Thematik Unternehmenskrisen und hier insbesondere die unterschiedlichen Krisenphasen und auch die bedeutendsten Krisenursachen bei kleinen und mittleren Unternehmen behandelt. Aufbauend auf den erarbeiteten Grundlagen erfolgte eine qualitative und quantitative Untersuchung bzgl. betrieblicher Überkapazitäten hinsichtlich ihrer Relevanz als Krisenursache bei KMU des deutschen Maschinen- und Anlagenbaus. Nach Übertragung der Studie von Hauschildt konnte hierbei gezeigt werden, dass etwa 21% der KMU-Insolvenzen dieser Branche direkt auf einer mangelnden Kapazitätsauslastung und damit auf Überkapazitäten basieren. Von den jährlich etwa 8% der KMU des deutschen Maschinen- und Anlagenbaus, die Insolvenz anmelden, lassen sich für das Jahr 2003 mindestens 103 und in 2004 mindestens 91 KMU-Unternehmensinsolvenzen auf diese Krisenursache direkt zurückführen. Im Kontext des vorliegenden Kapazitätsauslastungsgrades und einer potenziell damit verbundenen überkapazitätsbedingten Unternehmenskrise ist festzustellen, dass KMU des Maschinen- und Anlagenbaus im Durchschnitt betriebliche Überkapazitäten von mindestens 13% aufweisen und somit Kapazitätsüberhänge in dieser Branche generell in erheblichem Maße vorhanden sind. Die Unternehmen, deren Insolvenz auf Überkapazitäten zurückzuführen ist, lassen in den meisten Fällen einen noch geringeren Kapazitätsauslastungsgrad vermuten, sodass erhebliche Freiheitsgrade zur Kapazitätsumstrukturierung innerhalb dieser Branche vorhanden sind.

Insgesamt konnte durch die vorangegangenen Untersuchungen der Bedarf an geeigneten Strategien zur Bewältigung überkapazitätsbedingter Unternehmenskrisen bei KMU des Maschinen- und Anlagenbaus abgeleitet werden.

Im Rahmen der Auswahl einer geeigneten Strategie zur Bewältigung überkapazitätsbedingter Unternehmenskrisen wurde die Diversifikationsstrategie identifiziert, da auf ihrer Grundlage, etwa entgegen der Aufgabe- oder Konsolidierungsstrategie, die mit dem partiellen Abbau betrieblicher Ressourcen verbunden sind, bestehende Überkapazitäten durch veränderte Verwendung beibehalten und somit eine Schrumpfung des Unternehmens verhindert werden kann. Damit wird die Implementierung einer Strategie, die in das Diversifikationsstrategiespektrum eingeordnet werden kann, zur Option, bestehende Kapazitätsüberhänge wertschöpfend zu nutzen und damit den Abbau personeller und maschineller Ressourcen im Fall betrieblicher Überkapazitäten als Krisenursache eines Unternehmens bzw. einzelner Geschäftsbereiche zu verhindern, die Betriebsbereitschaft aufrecht zu erhalten sowie den Wissensverlust aufgrund nicht notwendiger Entlassungen qualifizierter Mitarbeiter zu vermeiden.

Nach der inhaltlichen und wissenschaftlichen Einordnung der Wettbewerbsstrategie Mass Customization erfolgte nunmehr der Nachweis, dass die kundenindividuelle Massenproduktion aufgrund ihrer Merkmale und Wettbewerbspotenziale eindeutig als Diversifikationsstrategie des Krisenmanagements einzuordnen ist und sich insbesondere für die Maschinen- und Anlagenbaubranche eignet. Sie stellt damit als Diversifikationsstrategie eine Krisenbewältigungsstrategie bei überkapazitätsbedingten Unternehmenskrisen für KMU des Maschinen- und Anlagenbaus dar, indem durch Umlenkung betrieblicher Überkapazitäten in die Entwicklung und Herstellung kundenindividueller Massenprodukte diese wertschöpfend genutzt und langfristig aufrecht erhalten werden können.

Nachfolgend konnte gezeigt werden, dass, bedingt durch die erforderliche Optimalkombination an Produktionsfaktoren für eine Mass Customization sowie aufgrund des inflexiblen und dynamisch schwankenden betriebsinternen Überkapazitätsangebots, ausschließlich das Kooperieren kleiner und mittlerer Unternehmen des Maschinen- und Anlagenbaus zu Produktionsnetzwerken die Möglichkeit bietet, eine kundenindividuelle Massenproduktion auf Basis von Überkapazitäten realisieren zu können. Die KMU-spezifischen quantitativen Überkapazitäten werden hierbei in ihrer qualitativen Ausprägung zwischenbetrieblich zusammengeschaltet, um die erforderlichen Entwicklungs-, Beschaffungs-, Produktions-, Vertriebs- und Servicekapazitäten sicherzustellen. Somit können mit Hilfe einer geeigneten, den jeweiligen Produktanforderungen angepassten Konstellation der Akteure eines Produktionsnetzwerkes und der damit erhöhten Flexibilität die erforderliche Optimalkombination an Leistungsfaktoren sowie deren Kapazitätsangebot der sich ändernden Kapazitätsnachfrage entsprechend dynamisch angepasst werden. Außerdem wird durch die Kombination zwischenbetrieblicher, sich ergänzender Kernkompetenzen ein dem Produktleistungsspektrum angepasstes Kompetenzportfolio für eine kundenindividuelle Massenproduktion konfiguriert.

Insgesamt konnte in Kapitel 2 somit der Nachweis erbracht werden, dass die innovative Wettbewerbsstrategie „Mass Customization“ in Produktionsnetzwerken als Diversifikationsstrategie des Krisenmanagements zur nachhaltigen Bewältigung überkapazitätsbedingter Unternehmenskrisen bei KMU der deutschen Maschinen- und Anlagenbaubranche geeignet ist, was abschließend zu einer entsprechenden Strategieformulierung als Grundlage für die weiteren Betrachtungen dieser Arbeit verdichtet wurde.

Das Ziel des *dritten Kapitels* bestand in der Entwicklung der in Kapitel 2 formulierten Strategie zur Bewältigung überkapazitätsbedingter Unternehmenskrisen kleiner und mittlerer Maschinen- und Anlagenbauer im Sinne eines inner- und zwischenbetrieblichen, integrierten Produktentwicklungs- und Produktionsplanungs- und -steuerungskonzeptes zur wertschöpfenden Nutzung innerbetrieblicher Überkapazitäten.

Hierzu wurden als konzeptionelle Grundlage zunächst das modulare Baukastensystem als die leistungsfähigste Konzeption einer Mass Customization vorgestellt sowie im nächsten Schritt die Vertreter der Organisationstypen der Produktion für eine kundenindividuelle Massenproduktion im kundenneutralen und spezifischen Fertigungsbereich analysiert.

Ausgehend von einer skizzierten potenziellen Struktur eines KMU-Produktionsnetzwerkes zur Entwicklung und Herstellung kundenindividueller Massenprodukte fand mit dem Ziel der Reduzierung der Komplexität und der Vermeidung von Redundanz bei den nachfolgenden Ausführungen und Konzeptionen eine Systemabgrenzung statt, indem eine vertikal, lineare Supply Chain-Referenzstruktur als System des Supersystems Produktionsnetzwerk konfiguriert wurde, welche die Akteure in Abhängigkeit ihres wertschöpfungsspezifischen Beitrags an einer kundenindividuellen Massenproduktion einander zuordnete.

Anschließend wurden die Kapazität von Produktionssystemen und die Ansätze möglicher inner- und zwischenbetrieblicher Kapazitätsanpassungsmaßnahmen analysiert, was insbesondere zur Konfiguration und Koordination innerbetrieblicher Überkapazitäten notwendig ist und damit u.a. einen wesentlichen Bestandteil dieser Arbeit darstellte. Hierbei hat sich gezeigt, dass vor allem die derzeitigen diskutierten Konzeptionen bzgl. kurzfristiger zwischenbetrieblicher Kapazitätsanpassungsmaßnahmen wesentliche Forschungsdefizite aufweisen, da insgesamt vernachlässigt wird, dass die Implementierung derartiger Konzepte, die vor allem im Zusammenhang mit einer wertschöpfenden Nutzung von Überkapazitäten zwingende Voraussetzung sind, ein komplexes und langfristiges Planungsvorhaben darstellen. Neben der zwischenbetrieblichen Produktentwicklung muss eine entsprechende Konzeption zusätzlich die gemeinsame Produktionsprozessentwicklung sowie die Implementierung einer geeigneten inner- und zwischenbetrieblichen Produktionsplanung und -steuerung einschließlich der damit einhergehenden Konzeption der zwischenbetrieblichen Materialflussteuerung beinhalten.

Im Zusammenhang mit der Konzeption des Produktentwicklungsprozesses kundenindividueller Massenprodukte nach der Strategie der „integrierten Produktentwicklung" im Sinne eines Concurrent Engineerings auf der Basis von Überkapazitäten aus innerbetrieblicher Perspektive hat sich herausgestellt, dass zur Entwicklung der formulierten Krisenbewältigungsstrategie einerseits der Teilprozess Produktenwicklung/Konstruktion als Grundlage und andererseits die Analyse und Konzeption der Produktionsprozessentwicklung von besonderer Bedeutung sind.

Nach Darstellung der Vorgehensweise zur Produktentwicklung/Konstruktion kundenindividueller Massenprodukte nach dem modularen Baukastensystem nach DIN 2210E und DIN 2221 mussten hierzu, bedingt durch die der Krisenbewältigungsstrategie beinhalteten Restriktion, im Rahmen des Teilprozesses Produktionsprozessentwicklung drei wesentliche Planungsschnittstellen beleuchtet und konzeptualisiert werden.

Zum einen handelt es sich hierbei um die Planungsschnittstelle zwischen der Produktionsprozessentwicklung und der Gestaltung/Detaillierung, deren wesentliches Ergebnis sich in konfigurierten kundenauftragsneutralen und groben kundenauftragsspezifischen Arbeits- und Montageplänen sowie, insbesondere vor dem Hintergrund des inflexiblen und dynamisch schwankenden Überkapazitätsangebots, deren Alternativen widerspiegelt. Ein weiteres Ergebnis sind zusätzlich die auf dieser Informationsbasis konfigurierten Fertigungssysteme, entsprechend der vorab analysierten Vertreter der Organisationstypen der Produktion.

Die zweite Schnittstelle beinhaltete die Konzeption der Planungsaufgaben zwischen der Produktionsprozessentwicklung und der Produktionsplanung des Eigenfertigungsanteils mit der Begründung, dass entsprechend der formulierten Strategie für die Produktsparte des kundenindividuellen Massenprodukts kein geschlossener Fertigungs- und Montagebereich zur Verfügung steht und damit zwangläufig eine Wechselproduktion vorliegt. Da entsprechend der Strategierestriktionen das generelle kundenneutrale und -spezifische Produktionsprogramm Fertigungspriorität hat, resultiert insgesamt eine potenzielle Gefährdung des Outputs kundenindividueller Massenprodukte aufgrund der sich durch das begrenzte Überkapazitätsangebot ergebenden Kapazitätsengpässe. Somit wurde die Vorgehensweise der Produktionsplanung neutraler und -spezifischer Komponenten eines kundenindividuellen Massenprodukts unter besonderer Berücksichtigung des generellen Produktionsprogramms konzeptualisiert. Gleichermaßen erfolgte hierbei die Betrachtung der langfristigen Programmplanung, der mittelfristigen Materialbedarfsplanung sowie vor allem der mittelfristigen Termin- und Kapazitätsplanung, die insbesondere notwendige (d,t,q)-Kapazitätsanpassungsmaßnahmen beinhaltet.

Insbesondere begründete sich die Planungsschnittstelle zwischen der Produktionsprozessentwicklung und der innerbetrieblichen Fertigungssteuerung des Eigenfertigungsanteils, welche die Analyse sowie die begründete Festlegung der möglichen Fertigungssteuerungsarten beinhaltete. Hierbei hat sich gezeigt, dass dezentrale Fertigungssteuerungskonzepte innerhalb des kundenauftragsneutralen Fertigungsbereichs nur eingeschränkt für die in dieser Arbeit verfolgte Strategie einer kundenindividuellen Massenproduktion auf der Basis von Überkapazitäten geeignet sind. Dieses begründet sich daraus, dass die mit den hier definierten Restriktionen einhergehenden Auswirkungen auf das gesamte Produktionssystem in großen Teilen gegen die Voraussetzungen zur Implementierung dezentraler Steuerungskonzepte, wie etwa das Kanban-Prinzip, das Fortschrittskennzahlenkonzept und das ConWiP-Verfahren, verstoßen. Die Fertigungssituation und die sich daraus ergebenden Aufgabeninhalte der Fertigungssteuerung im kundenauftragsspezifischen Fertigungsbereich schließen die Implementierung dezentraler Fertigungssteuerungskonzepte sogar aus. Ebenso wie im kundenauftragsneutralen Fertigungsbereich begründet sich somit auch hier die Implementierung der Planungs- und Steuerungslogik Shop Floor Control auf Basis von MRP II. Wie im neutralen, so können auch im spezifischen Fertigungsbereich spezialisierte Teilplanungsansätze, wie etwa OPT, BOA und/oder RT, zur Komplexitätsreduzierung der zentralen Fertigungssteuerung ergänzend implementiert werden. Obwohl eine zentrale Disposition der auftragsspezifischen sowie der auftragsneutralen Fertigung erfolgt, lassen sich zur Optimierung der Materialflusssteuerung die kundenneutralen Komponenten eines kundenindividuellen Massenprodukts, die im kundenauftragsspezifischen Fertigungsbereich weiterbearbeitet bzw. montiert werden, mittels eines dezentralen Kanban-Regelkreises aus dem kundenauftragsneutralen Lager des auftragsneutralen Fertigungsbereichs dezentral abrufen.

Aufbauend auf den Ergebnissen des innerbetrieblichen, integrierten Produktentwicklungsprozesses, erfolgte die Konfiguration des Auftragsabwicklungsprozesses bzgl. der Eigenfertigungsplanung und -steuerung einer kundenindividuellen Massenproduktion auf der Basis von Überkapazitäten aus innerbetrieblicher, aufbau- und ablauforganisatorischer Perspektive. Neben der Vorgehensweise und den Inhalten der Produktionsplanungs- und -steuerungsaufgaben nach dem zentralen MRP II-Konzept wurde hier insbesondere das prozessuale Zusammenspiel zwischen den organisatorischen Bereichen „kundenauftragsneutraler und -spezifischer Fertigungsbereich", „Auftragsleitstelle" und der „zentralen, bereichsübergreifenden Produktionsplanung" konzeptualisiert.

Das inflexible und dynamisch schwankende innerbetriebliche Überkapazitätsangebot induziert zwangsläufig permanente und temporäre Kapazitätsengpässe bei der Fertigung und Montage des Eigenfertigungsanteils kundenneutraler und -individueller Komponenten des kundenindividuellen Massenprodukts. Sind die innerbetrieblichen (d,t,q)-Anpassungsmaßnahmen ausgeschöpft, kann die Beseitigung der Engpassproblematik ausschließlich durch eine zwischenbetriebliche Kapazitätsanpassung erfolgen, die als alternierende Fremdvergabe bezeichnet wird, da sowohl eine Eigenfertigung als auch eine Fremdvergabe grundsätzlich möglich sind. In diesem Zusammenhang und vor dem Hintergrund der Schließung der vorab herausgearbeiteten Forschungslücke bzgl. der zwischenbetrieblichen Kapazitätsanpassung wurde zunächst ein stückdeckungsbeitragsoptimierendes mathematisches Optimierungsverfahren qualitativ skizziert. Hierbei wurden u.a. die Eingangsgrößen des Rechenverfahrens bestimmt und insbesondere die Auswirkung einer kombinierten innerbetrieblichen intensitätsmäßigen, zeitlichen und quantitativen Kapazitätsanpassung auf die fremd zu vergebenden Fertigungsprozessfolgen/-ausschnitte und Arbeitsschritte und auch auf das jeweils zugehörige Fremdvergabevolumen analysiert. Darauf basierend wurde der Prozessablauf zur Festlegung des Fremdvergabeprogramms einschließlich der Lieferantenauswahl auf Basis unvollständiger Eingangsinformationen im Rahmen der Produktionsprozessentwicklung konzeptualisiert. Daran anschließend erfolgte die Implementierung der ausgewählten Fertigungsprozessfolgen/-ausschnitte und Arbeitsschritte beim Auftragnehmer und damit die zwischenbetriebliche Produktionsprozessentwicklung einer alternierenden Fremdvergabe. Im Zusammenhang mit der Produktionsplanung und -steuerung der alternierenden Fremdvergabe kundenneutraler und -spezifischer Fertigungsprozessfolgen/-ausschnitte und Arbeitschritte resultieren 4 Szenarien, die jeweils unterschiedliche Anforderungen an die zwischenbetrieblichen PPS-Aufgaben stellen. Diese wurden abschließend konzeptualisiert. Hierbei zeigte sich, dass die zwischenbetriebliche Fremdvergabeplanung und -steuerung der 4 Szenarien auf konzeptioneller Grundlage von MRP II als geeignet erscheint. Obwohl die Lieferabrufe bzw. die Bereitstellungstermine und -mengen für Fertigteile bzw. Halbzeuge durch den Auftraggeber zentral nach MRP II generiert werden, erscheint es vielversprechend, die zwischenbetriebliche Materialflusssteuerung kundenauftragsneutraler Halbzeuge und Fertigteile fertigungs- bzw. montagesynchron mit Hilfe dezentraler, einseitig gerichteter bzw. bidirektionaler Kanban-Regelkreise zwischen den kundenauftragsneutralen und -spezifischen Fertigungsbereichen des Auftraggebers und des Auftragnehmers zu realisieren. Zur Transportkostenreduzierung sollte eine integrierte Transportabwicklung kundenauftragsspezifischer Komponenten auf Basis der implementierten kundenneutralen Kanban-Regelkreise stattfinden.

Aufbauend auf den bisherigen Ergebnissen dieses Kapitels, erfolgte als Nächstes die Konzeption der integrierten Produktentwicklung nach dem Prinzip des Concurrent Engineerings innerhalb der vorab konfigurierten Supply Chain-Referenzstruktur aus inner- und zwischenbetrieblicher Perspektive unter der Voraussetzung, dass die Akteure auf den verschiedenen Wertschöpfungsstufen jeweils auf der Basis ihrer intern vorhandenen Überkapazitäten an der Entwicklung und Herstellung eines individuellen Moduls eines kundenindividuellen Massenprodukts mitwirken. Hierzu wurde zunächst jedem Akteur sein maximal mögliches Leistungsspektrum am kundenindividuellen Modul entsprechend der jeweils nachgewiesenen System- und Problemlösungskapazität und des Produktions- und Produkt-Know-hows zugeordnet und die durchzuführenden Teilprozesse der integrierten Produktentwicklung und insbesondere ihr zeitlich qualitativer Zusammenhang, einerseits bezogen auf die innerbetriebliche Ebene der jeweiligen Akteure und andererseits auf ihr prozessuales Zusammenwirken auf Ebene der Supply Chain-Referenzstruktur, dargestellt.

Der Teilprozess Produktentwicklung/Konstruktion beinhaltete somit die akteursspezifische Analyse der Produktentwicklungsaufgaben und -ergebnisse aus innerbetrieblicher Perspektive sowie aus Perspektive der Akteure mit ihren jeweils direkt vor- und nachgelagerten Wertschöpfungsstufen.

Basierend auf den Inhalten der vorab bereits erarbeiteten Ergebnisse und Aufgaben der innerbetrieblichen Produktionsprozessentwicklung kundenindividueller Massenprodukte auf der Basis von Überkapazitäten, fand im Rahmen der Produktionsprozessentwicklung innerhalb der Supply Chain-Referenzstruktur zunächst eine Erweiterung hinsichtlich der akteursspezifischen Ergebnis- bzw. Aufgabenzuordnung statt. Im zweiten Schritt wurde die akteursspezifische innerbetriebliche Perspektive um die Perspektive der zwischenbetrieblichen Produktionsprozessentwicklung mit jeweils direkt vor- und nachgelagerten Akteuren innerhalb der konfigurierten Supply Chain und auch um die Perspektive der Produktionsprozessentwicklung mit den akteursspezifischen Auftragnehmern im Rahmen der alternierenden Fremdvergabe ergänzt. Die zwischenbetriebliche Perspektive betrifft insbesondere die Aufgaben der Beschaffungsartenzuordnung als Teil der akteursspezifischen mittelfristigen Produktionsplanung sowie die der Fremdbezugsplanung und -steuerung mit dem jeweils direkt vorgelagerten Wertschöpfungspartner, Entwicklungspartner, Produktionsspezialist oder Teilefertiger. Außerdem betrifft die zwischenbetriebliche Perspektive die bereits konzeptualisierte Fremdvergabeplanung und -steuerung der alternierenden kapazitativen Fremdvergabe auf den jeweiligen Wertschöpfungsstufen sowie die Materialflusssteuerung innerhalb der Supply Chain. Wie auch bei der alternierenden Fremdvergabe begründet sich, bis auf die Materialflusssteuerung zwischen Wertschöpfungspartner und fokalem Unternehmen, die Implementierung dezentraler

Kanban-Systeme zwischen den direkt vor- und nachgelagerten Wertschöpfungsstufen zur Materialflusssteuerung kundenneutraler Einzelteile, Unterbaugruppen und Baugruppen sowie die integrierte Transportabwicklung kundenspezifischer Komponenten auf Basis dieser implementierten Regelkreise.

Abschließend erfolgte auf der Grundlage einer Zusammenfassung der begründet entwickelten Ergebnisse bzw. Konzepte dieses Kapitels die Konzeption des zwischenbetrieblichen Auftragsabwicklungsprozesses entlang der Supply Chain-Referenzstruktur im Rahmen der Herstellung kundenindividueller Module eines kundenindividuellen Massenprodukts auf der Basis des bei den Akteuren auf den jeweiligen Wertschöpfungsstufen dynamisch schwankenden Überkapazitätsangebots. Sowohl aufbau- als auch ablauforganisatorisch wurden hier die resultierenden Planungs- und Steuerungsaufgaben, Produktionsprogramm-, Materialbedarfs-, Termin- und Kapazitätsplanung sowie die Eigenfertigungs-, Fremdbezugs- und Fremdvergabeplanung und -steuerung einschließlich der Materialflusssteuerung aus inner- und zwischenbetrieblicher Perspektive zu einem Gesamtkonzept konfiguriert.

Insgesamt resultiert aus der Strategieentwicklung ein handlungsleitendes Prozessmodell strategiegeleiteter Maßnahmen zur praktischen Umsetzung der in Kapitel 2 formulierten Krisenbewältigungsstrategie für KMU des Maschinen- und Anlagenbaus, die von überkapazitätsbedingten Unternehmenskrisen betroffen sind. Insbesondere ist es einem KMU hierdurch zum einen möglich, sich überhaupt entsprechend seiner System- und Problemlösungskapazität sowie seines Produktions- und Produkt-Know-hows als Akteur innerhalb eines Produktionsnetzwerks zur Entwicklung und Herstellung kundenindividueller Massenprodukte einzuordnen. Zum anderen wurde aus inner- und zwischenbetrieblicher Perspektive aufgezeigt, welche Planungsaufgaben bzw. -ergebnisse ein KMU im Rahmen der integrierten Produktentwicklung und Auftragsabwicklung durchführen bzw. generieren muss, um auf der Grundlage seines dynamisch schwankenden und begrenzten Überkapazitätsangebots als wertschöpfender Akteur innerhalb derartiger Produktionsnetzwerkstrukturen agieren zu können.

Das *vierte Kapitel* umfasste die Implementierung der in Kapitel 2 formulierten und in Kapitel 3 entwickelten Strategie anhand eines Anwendungsbeispiels, das auf den Projektergebnissen des Verfassers dieser Arbeit basiert. Hierdurch wurde der Nachweis der Praxisrelevanz und des Potenzials der bearbeiteten Thematik sowie gleichermaßen die Überprüfung der theoretischen Konzeptionen und Erkenntnisse der Strategieentwicklung auf praktische Anwendbarkeit ermöglicht.

Zunächst wurden zwei KMU der Maschinen- und Anlagenbaubranche vorgestellt, wobei Unternehmen 1 bereits seit mehreren Jahren den fokalen Akteur und Unternehmen 2 den Wertschöpfungspartner darstellt. Es konnte nachgewiesen werden, dass beide Unternehmen erhebliche dynamisch schwankende Überkapazitäten in mehreren Unternehmensbereichen aufweisen und sich derzeit nicht nur in einer strategischen, sondern bereits auch in einer parallel vorliegenden überkapazitätsbedingten Erfolgskrise befinden.

Da die Überkapazitäten beider Unternehmen nicht abgebaut werden dürfen, da die Betriebsbereitschaft für zukünftig eingehende Aufträge aufrecht erhalten werden muss, konnte zudem nachgewiesen werden, dass eine Mass Customization als Diversifikationsstrategie des Krisenmanagements innerhalb eines zu konfigurierenden KMU-Produktionsnetzwerks beiden Unternehmen neben dem Potenzial einer langfristigen Aufrechterhaltung der Betriebsbereitschaft insbesondere die Option bietet, die Kapazitätsüberhänge durch Umlenkung in ein neues lukratives, kundenindividuelles Massenprodukt wertschöpfend zu nutzen.

Nach der Identifikation eines kundenindividuellen Massenprodukts in Form eines neuartigen, patentierten Logistiksystems, auch CubeSorter genannt, erfolgte unter Berücksichtigung der Kompetenzspektren und der quantitativen Überkapazitäten in ihrer qualitativen Ausprägung bei den betrachteten Unternehmen die Konfiguration eines KMU-Produktionsnetzwerkes und im zweiten Schritt die Systemabgrenzung einer linearen Supply Chain Struktur. Diese besteht aus dem fokalen Unternehmen (Unternehmen 1), dem Wertschöpfungspartner (Unternehmen 2) sowie einem noch nicht identifizierten und dem Wertschöpfungspartner direkt vorgelagerten Entwicklungspartner.

Im Anschluss erfolgten die Übertragung der in Kapitel 3 konzeptualisierten Ergebnisse und Aufgaben der inner- und zwischenbetrieblichen Produktionsprozessentwicklung und insbesondere die Festlegung des Eigenfertigungs-, Fremdvergabe und Fremdbezugsanteils auf den jeweiligen Wertschöpfungsstufen im Rahmen der Herstellung kundenindividueller Hubstationen als ein wesentliches Modul des CubeSorters.

Abschließend wurde die Auftragsabwicklung innerhalb der konfigurierten Supply Chain gemäß des in Kapitel 3 konzeptualisierten Auftragsabwicklungsprozesses einer kundenindividuellen Massenproduktion auf der Basis akteursspezifischer Überkapazitäten aus inner- und zwischenbetrieblicher Perspektive produktbezogen analysiert und beschrieben. Insbesondere wurden hierbei die Aspekte der Produktionsprogramm-, Materialbedarfs-, Termin- und Kapazitätsplanung sowie die Eigenfertigungs-, Fremdbezugs- und Fremdvergabeplanung und -steuerung sowie die Materialflusssteuerung innerhalb und zwischen den Wertschöpfungsstufen beleuchtet.

Insgesamt konnten im Rahmen der Strategieimplementierung die Praxisrelevanz und das Erfolgspotenzial der formulierten Krisenbewältigungsstrategie im Sinne einer kundenindividuellen Massenproduktion innerhalb von KMU-Produktionsnetzwerken als Diversifikationsstrategie zur Bewältigung überkapazitätsbedingter Unternehmenskrisen bei KMU des Maschinen- und Anlagenbaus der Bundesrepublik Deutschland nachgewiesen werden. Gleichermaßen wurden ein innovatives, kundenindividuelles Massenprodukt identifiziert und dessen Entwicklung, Fertigung und Montage entsprechend des in dieser Arbeit konzeptualisierten integrierten inner- und zwischenbetrieblichen Produktentwicklungs- und Produktionsplanungs- und -steuerungs-Konzeptes auf der Basis von Überkapazitäten aufgezeigt. Die theoretische Konzeption der Strategieentwicklung konnte somit hinsichtlich ihrer praktischen Anwendbarkeit insgesamt überprüft und bestätigt werden.

Ausgehend von der integrativen Betrachtung der drei Themenbereiche Mass Customization, inner- und zwischenbetriebliche PPS und Krisenmanagement konnte aus wissenschaftlicher Perspektive mit dieser Arbeit ein Modell entwickelt werden, das durch die inner- und zwischenbetriebliche Konzeptualisierung einer integrierten Produktentwicklung und Produktionsplanung und -steuerung das Verständnis bzgl. Gestaltung, Betrieb und Entscheidungsverhalten innerhalb KMU-geprägter Produktions- und Logistiknetzwerke erweitert. Dieses betrifft u.a. insbesondere die hier entwickelten Produktionsplanungs- und -steuerungs-Ansätze auf Netzwerkebene unter besonderer Berücksichtigung von Kapazitätsengpass-Restriktionen und die hieraus resultierende Erweiterung von Ansätzen der (d,t,q)-Anpassung auf Produktionsnetzwerke.

Weiterführende Forschungsarbeiten sollten insbesondere folgende Anknüpfungspunkte berücksichtigen: Im Rahmen dieser Arbeit wurden ausschließlich die strategiegeleiteten Maßnahmen konzeptualisiert, die der eigentlichen mittel- bis langfristigen Umsetzung der auf Langfristigkeit ausgelegten Strategie zur Bewältigung überkapazitätsbedingter Unternehmenskrisen bei KMU des Maschinen- und Anlagenbaus dienen. Da in vielen praktischen Anwendungsfällen davon auszugehen ist, dass neben einer strategischen Krise ebenfalls zeitlich parallel bereits eine überkapazitätsbedingte Erfolgs- und/oder Liquiditätskrise vorliegt, müssen hier insbesondere entsprechende operative, also leistungs- und finanzwirtschaftliche Maßnahmenkombinationen für die konzeptualisierte Unternehmensstrategie entwickelt und bewertet werden. Das hieraus resultierende umfassende Unternehmenssanierungskonzept ermöglicht damit, in der ersten Umsetzungsphase im Rahmen der Implementierung operativer Maßnahmen die akute Bedrohung der Existenz der KMU kurzfristig zu bewältigen. Damit werden der kriseninduzierte Zeit- und Entscheidungsdruck reduziert, sodass dann die hier entwickelten strategiegeleiteten Maßnahmen zeitlich parallel bzw. nachgelagert implementiert werden und langfristig wirken können.

Mit der Umsetzung einer kundenindividuellen Massenproduktion in Produktionsnetzwerken auf der Basis von Überkapazitäten resultieren aufgrund komplexer zwischenbetrieblicher Informations-, Finanz- und Materialflüsse aus innerbetrieblicher Perspektive enorme Transaktionskosten ex ante und ex post. Es müssen deshalb im Rahmen weiterer Forschungsarbeiten Instrumentarien entwickelt werden, die bereits vor der Strategieimplementierung unternehmensspezifische Bewertungen dahingehend ermöglichen, in welchem Maße aus der hier entwickelten Krisenbewältigungsstrategie unter Berücksichtigung resultierender Transaktionskosten eine Wertschöpfung hervorgeht.

Literaturverzeichnis

Adam, D.: Produktions-Management, 7., vollst. überarb. und erw. Aufl., Wiesbaden: Gabler, 1993.

– 9., überarb. Aufl., Wiesbaden: Gabler, 2001.

Argenti, J.: Corporate collapse: the causes and symptoms, London [u.a.]: McGraw-Hill, 1976.

Balling, R.: Kooperationen: strategische Allianzen, Joint-Ventures und andere Organisationsformen zwischenbetrieblicher Zusammenarbeit in Theorie und Praxis, Frankfurt am Main [u.a.]: Lang, 1997.

Bauer, A.: Erfolgreiches Krisenmanagement in der Unternehmung: eine empirische Analyse, (Duisburger Betriebswirtschaftliche Schriften; Bd. 23), Berlin: Erich Schmidt, 2001.

Baur, W.: Sanierungen: Wege aus Unternehmenskrisen, Wiesbaden: Gabler, 1978.

Becker, H.: Unternehmenskrise und Krisenmanagement, in: Zeitschrift für Betriebswirtschaft, 48. Jg., 1978, Nr. 8, S. 672-685.

Beitz, W./Grote, K.-H. (Hrsg.): Dubbel – Taschenbuch für den Maschinenbau, 21., völlig neubearb. Aufl., Berlin [u.a.]: Springer, 2005.

Bellmann, K.: Produktion im Netzwerkverbund: Strategischer Faktor im globalen Wettbewerb, in: Nagel, K./Erben, R. F./Piller, F. T. (Hrsg.): Produktionswirtschaft 2000, Wiesbaden: Gabler, 1999, 195-216.

– Flexibilisierung der Produktion durch Dienstleistungen, in: Kaluza, B. (Hrsg.): Erfolgsfaktor Flexibilität: Strategien und Konzepte für wandlungsfähige Unternehmen, Berlin: Schmidt, 2005, S. 153-174.

Bellmann, K./Hippe, A.: Kernthesen zur Konfiguration von Produktionsnetzwerken, in: Bellmann, K./Hippe, A. (Hrsg.): Management von Unternehmensnetzwerken: interorganisationale Konzepte und praktische Umsetzung, Wiesbaden: Gabler, 1996, S. 55-86.

Beltz, C.: Leistungssysteme für technische Produkte und Investitionsgüter, Schriften aus dem Forschungsinstitut für Absatz und Handel, Universität St. Gallen, 1992.

Bergauer, A.: Erfolgreiches Krisenmanagement in der Unternehmung: eine empirische Analyse, Berlin: Erich Schmidt, 2001.

– Führen aus der Unternehmenskrise: Leitfaden zur erfolgreichen Sanierung, Berlin, E. Schmidt, 2003.

Blecker, T.: Unternehmung ohne Grenzen: Konzepte, Strategien und Gestaltungsempfehlungen für das Strategische Management, Wiesbaden: Gabler, 1999.

BMWi: www.bmwi.de, Zugriff 14.11.2205 (Offizielle Homepage des Bundesministeriums für Wirtschaft und Technologie).

Böckenförde, B.: Unternehmenssanierung, Stuttgart: Schäfer, Verlag für Wirtschaft und Steuern, 1991.

Brecher, C./Klocke, F./Weck, M./Meidlinger, R./Wegner, H.: Bewertung von Fertigungsfolgen, in: Eversheim, W./Schuh, G. (Hrsg.): Integrierte Produkt- und Prozessgestaltung: Ergebnisse des Sonderforschungsbereiches (SFB) 361 der Deutschen Forschungsgemeinschaft (DFG) an der RWTH Aachen, Berlin [u.a.]: Springer, 2005, S. 208-225.

Brühl, V./Göpfert, B (Hrsg.): Unternehmensrestrukturierung: Strategien und Konzepte, Stuttgart: Schäffer-Poeschel, 2004.

Bullinger, H.-J./Gerlach, S./Rally, P. J.: Dezentrale Verantwortungsbereiche in Produktionsnetzwerken, in: Kaluza, B./Blecker, T. (Hrsg.): Produktions- und Logistikmanagement in Virtuellen Unternehmen und Unternehmensnetzwerken, Berlin [u.a.]: Springer, 2000, S. 347-366.

Busch, U.: Entwicklung eines PPS-Systems: praktische Anleitung für Auswahl und Realisation von Produktions-Planungs- und -steuerungssystemen, Berlin: Schmidt, 1987.

Busse von Colbe, W.: Die Planung der Betriebsgröße, Wiesbaden: Gabler, 1964.

Clasen, J. P.: Turnaround Management für mittelständische Unternehmen, Wiesbaden: Gabler, 1992.

Claus, T.: Simultane Produktionsplanung und Geschäftsprozessmodellierung, Frankfurt am Main [u.a.]: Lang, 2006.

Corsten, H.: Produktionswirtschaft: Einführung in das industrielle Produktionsmanagement, 10., vollst. überarb. Aufl., München [u.a.]: Oldenbourg, 2004.

Corsten, H./Gössinger, R.: Produktionsplanung und -steuerung in virtuellen Produktionsnetzwerken, in: Kaluza, B./Blecker, T. (Hrsg.): Produktions- und Logistikmanagement in Virtuellen Unternehmen und Unternehmensnetzwerken, Berlin [u.a.]: Springer, 2000, S. 249-294.

– Das Unterstützungspotenzial von E-Business im Rahmen der Koordination in Produktionsnetzwerken, Kaiserslautern: Lehrstuhl für Produktionswirtschaft, Univ., 2001a.

– Einführung in das Supply Chain Mangement, München [u.a.]: Oldenbourg, 2001b.

– Advanced Planning Systems – Anspruch und Wirklichkeit, in: PPS-Management, 6. Jg. (2001c), H. 2, S. 32-38.

Corsten, H./Will, T.: Wettbewerbsvorteile durch strategiegerechte Produktionsorganisation: Von der Alternativ- zur Simultaneitätshypothese, in Corsten, H. (Hrsg.): Produktion als Wettbewerbsfaktor, Beiträge zur Wettbewerbs- und Produktionsstrategie, Wiesbaden: Gabler, 1995, S. 1-13.

D'Amours, S. et al.: An Agent-Based Perspective to Design Networked Manufacturing Information Systems, in: J. C. Fransoo/W. G. M. M. Rutten (Hrsg.): Proceedings of the Second International Conference on Computer Integrated Manufacturing in the Process Industries, Eindhoven, 1996, S. 18-32.

Daschmann, H.-A.: Erfolgsfaktoren mittelständischer Unternehmen: ein Beitrag zur Erfolgsfaktorenforschung, Stuttgart: Schäffer-Poeschel, 1994.

David, S.: Externes Krisenmanagement aus Sicht der Banken, Lohmar; Köln: Eul, 2001.

Davis, S. M.: Vorgriff auf die Zukunft, Freiburg: Haufe, 1988.

Domschke, W./Scholl, A./Voß, S.: Produktionsplanung: ablauforganisatorische Aspekte, Berlin [u.a.]: Springer, 1993.

Dreher, C.: Rechnergestützte Technik im Maschinenbau und in der Investitionsgüterindustrie – Ein Vergleich, in: Widmaier, U. (Hrsg.): Der deutsche Maschinenbau in den neunziger Jahren, Frankfurt/Main: Campus Verlag GmbH, 2000, S. 113-127.

Ehrlenspiel, K.: Integrierte Produktentwicklung: Methoden für Prozessorganisation, Produkterstellung und Konstruktion, München [u.a.]: Hanser, 1995.

Ehrmann, H.: Logistik, Ludwigshafen (Rhein): Kiehl, 1997.

Eickhoff, N.: Ansätze zur Theorie und Bekämpfung von Strukturkrisen, Tübingen: J. C. B. Mohr (Paul Siebeck) Verlag, 1976.

Engberding, A.: Unternehmenskrisen, Sanierung und Industriepolitik: einzelwirtschaftliche und strukturpolitische Handlungsspielräume beim Wandel von Unternehmen in der Krise, Berlin: Duncker und Humblot, 1998.

Erfmann, M.: Wettbewerbsstrategien in reifen Märkten, Frankfurt am Main [u.a.]: Lang, 1988.

Eversheim, W./Klocke, F./Schuh, G./Knoche, K./Willms, H.: Einsatzplanung von Fertigungstechnologien, in: Eversheim, W./Schuh, G. (Hrsg.): Integrierte Produkt- und Prozessgestaltung: Ergebnisse des Sonderforschungsbereiches (SFB) 361 der Deutschen Forschungsgemeinschaft (DFG) an der RWTH Aachen, Berlin [u.a.]: Springer, 2005, S. 170-189.

Eversheim, W./Schuh, G. (Hrsg.): Produktion und Management 4: Betrieb von Produktionssystemen, Berlin [u.a.]: Springer, 1999.

Eversheim, W./Schuh, G./Assmus, D.: Integrierte Produkt- und Prozessgestaltung, in: Eversheim, W./Schuh, G. (Hrsg.): Integrierte Produkt- und Prozessgestaltung: Ergebnisse des Sonderforschungsbereiches (SFB) 361 der Deutschen Forschungsgemeinschaft (DFG) an der RWTH Aachen, Berlin [u.a.]: Springer, 2005, S. 5-20.

Fitzek, D.: Anlaufmanagement in Netzwerken: Grundlagen, Erfolgsfaktoren und Gestaltungsempfehlungen für die Automobilindustrie, Bern [u.a.]: Haupt, 2006.

Fleck, A.: Hybride Wettbewerbsstrategien: zur Synthese von Kosten und Differenzierungsvorteilen, Wiesbaden: Dt. Univ.-Verl., 1995.

Fleischmann, B./Meyr, H./Wagner, M.: Advanced Planning, in: Stadtler, H./Kilger, C. (Hrsg.): Supply Chain Management and Advanced Planning, Berlin [u.a.]: Springer, 2000, S. 57-71.

Franke, S./Tuma, A./Haasis, H.-D.: Organisationsmodell einer umweltschutzintegrierten Produktionsplanung und -steuerung, in: Haasis, H.-D. (Hrsg.): Produktion & Umwelt (P&U), 2. Jg. (1999), Nr. 1, Bremen: Univ., Lehrstuhl für Allgemeine Betriebswirtschaftslehre, Produktionswirtschaft und Industriebetriebslehre, 1999.

Franken, M.: Produktionsplanung und -steuerung in strategischen Netzen – ein logistikorientierter Ansatz, in: Corsten, H./Reiß, M./Steinle. C./Zelewski, S. (Hrsg.): Information – Organisation – Produktion, Wiesbaden: Dt. Universitätsverl./GWV Fachverlage GmbH, 2004.

Gaugler, E.: Personal als Kapazitätsbestimmender Faktor, in: Corsten, H./Köhler. R./Müller-Merbach, H./Schröder, H.-H. (Hrsg.): Kapazitätsmessung, Kapazitätsgestaltung, Kapazitätsoptimierung – eine betriebswirtschaftliche Kernfrage, Festschrift für Professor Dr. Werner Kern, Stuttgart: Schäfer-Poeschel, 1992, S. 3-14.

Gausemeier, J./Ebbesmeyer, P./Kallmeyer, F.: Produktinnovation: strategische Planung und Entwicklung der Produkte von morgen, München [u.a.]: Hanser, 2001.

Gehr, F./Hellingrath, B. (Hrsg.): Logistik in der Automobilindustrie: innovatives Supply Chain Management für wettbewerbsfähige Zulieferstrukturen, Berlin [u.a.]: Springer, 2007.

Gilbert, D. U.: Vertrauen in strategischen Unternehmensnetzwerken: ein strukturationstheoretischer Ansatz, Wiesbaden: Dt. Univ.-Verl., 2003.

Glaser, H./Geiger, W./Rohde, V.: PPS – Produktionsplanung und -steuerung: Grundlagen, Konzepte, Anwendungen, 2., überarb. Aufl., Wiesbaden: Gabler, 1992.

Gless, S.-E.: Unternehmenssanierung: Grundlagen-Strategien-Maßnahmen, Wiesbaden: Gabler, 1995.

Gräßler, I.: Kundenindividuelle Massenproduktion: Entwicklung, Vorbereitung der Herstellung, Veränderungsmanagement, Berlin [u.a.]: Springer, 2004.

Green, T. J. et al.: Scheduling Techniques, in: Green, T. J. et al. (Hrsg.): Production and Inventory Control Handbook, 3. Aufl., New York [u.a.], 1997, S. 13.1-13.51.

Grochla, E.: Grundlagen der Materialwirtschaft: das materialwirtschaftliche Optimum im Betrieb, 3. Aufl., Wiesbaden: Gabler, 1978.

Gruber, M.: Erfolgsfaktoren des Wirtschaftens von KMU im Zeitablauf dargestellt an Beispielen aus der deutschen Nahrungs- und Genussmittelindustrie, Wiesbaden: Dt. Univ.-Verl., 2000.

Günter, H.-O./Tempelmeier, H.: Produktion und Logistik, Berlin [u.a.], Springer, 1994.

Gutenberg, E.: Grundlagen der Betriebswirtschaftslehre: Band 1, Die Produktion, 24., unveränd. Aufl., Berlin [u.a.]: Springer, 1983.

Haasis, H.-D.: Integrierte Umweltschutz- und Produktionsstrategien, in: Umweltwirtschaftsforum, Heft 8, Dezember 1994, S. 21-27.

– Betriebliche Umweltökonomie: bewerten – optimieren – entscheiden, Berlin [u.a.]: Springer, 1996.

Haasis, H.-D./Kriwald, T. (Hrsg.): Wissensmanagement in Produktion und Umweltschutz, Berlin [u.a.]: Springer, 2001.

Hahn, D.: Problemfelder des Supply Chain Management, in: Wildemann, H. (Hrsg.): Supply Chain Management, München: TCW Transfer-Centrum-Verl., 2000, S. 9-20.

Hahn, D./Lassmann, G. (Hrsg.): Produktionswirtschaft – Controlling industrieller Produktion, Band 2, Heidelberg: Physica-Verl., 1989.

– Produktionswirtschaft – Controlling industrieller Produktion, 2. Aufl., Heidelberg: Physica-Verl., 1990.

Hansmann, K.-W.: Produktionssteuerung eines flexiblen Fertigungssystems mit Akzeptanzalgorithmen, in: Wildemann, H. (Hrsg.): Produktions- und Zulieferernetzwerke, München: TCW Transfer-Centrum Verlag, 1996, S. 293-313.

Hauschildt, J.: Aus Schaden klug, in: manager-magazin, 13. Jahrgang, 1983, Nr. 10, S. 142-152.

Hauschildt, J./Leker, J. (Hrsg.): Krisendiagnose durch Bilanzanalyse, 2., neu bearb. und erw. Aufl. – Köln: O. Schmidt, 2000.

Hering, E.: Taschenbuch für Wirtschaftsingenieure, München [u.a.]: Fachbuchverl. Leipzig im Carl-Hanser-Verl., 1999.

Hinterhuber, H. H./Friedrich, S. A./Handlbauer, G./Stuhec, U.: Die Unternehmung als kognitives System von Kernkompetenzen und strategischen Geschäftseinheiten, in: Wildemann, H. (Hrsg.): Produktions- und Zulieferernetzwerke, München: TCW Transfer-Centrum Verlag, 1996, S. 67-104.

Höck, M.: Produktionsplanung und -steuerung einer flexiblen Fertigung: ein prozessorientierter Ansatz, Wiesbaden: Gabler, 1998.

Holzkämper, C.: Grobkonzept zur Initiierung eines virtuellen Unternehmens am Beispiel eines Maschinenbauunternehmens, in: Haasis, H.-D. (Hrsg.): Produktion & Umwelt (P&U), 5. Jg. (2002), Nr. 1, Bremen: Univ., Lehrstuhl für Allgemeine Betriebswirtschaftslehre, Produktionswirtschaft und Industriebetriebslehre, 2002.

– Gestaltung kundenindividueller Supply Chains: Entwicklung eines Gestaltungsmodells von kundenindividuellen Supply Chains auf der Grundlage einer Analyse von logistischen Planungsaufgaben in Abhängigkeit des Kundenauftragsentkopplungspunktes (KAEP), Frankfurt am Main [u.a.]: Lang, 2006.

Horst, M. von der: Bewältigung von Unternehmenskrisen, Berlin: Logos-Verl., 2000.

Horváth, P/Mayer, R.: Produktionswirtschaftliche Flexibilität, in: WiSt, Heft 2, 1986, S. 69-76.

Hülsenberg, F./Gallenmüller, O.: Planung und Analyse der Kapazität im Betrieb, Berlin: Verl. Die Wirtschaft, 1978.

Hülsmann, M.: Ad-hoc-Krise – eine begriffliche Annäherung, in: Burmann, Ch./Freiling, J./Hülsmann, M. (Hrsg.): Management von Ad-hoc-Krisen: Grundlagen, Strategien, Erfolgsfaktoren, Wiesbaden: Gabler, 2005, S. 33-57.

Institut für Mittelstandsforschung Bonn: www.ifm-bonn.org, Zugriff am 14.11.2005 (Offizielle Homepage des Instituts für Mittelstandsforschung Bonn).

Jacob, H.: Die Planung des Produktions- und Absatzprogramms, in: Jacob, H. (Hrsg.): Industriebetriebslehre, Handbuch für Studium und Prüfung, 4. Auflage, Wiesbaden 1990, S. 401 ff.

Jünemann, R/Beyer, A.: Steuerung von Materialfluss- und Logistiksystemen: Informations- und Steuerungssysteme, Automatisierungstechnik, 2. Aufl., Berlin [u.a.], 1998.

Kaluza, B.: Flexibilität der Produktionsvorbereitung industrieller Unternehmen, in: Kortzfleisch, G. v./Kaluza, B. (Hrsg.): Internationale und nationale Problemfelder der Betriebswirtschaftslehre: Festgabe für Heinz Bergner zum 60. Geburtstag, Berlin: Duncker & Humblot, 1984, S. 287-334.

– Dynamische Produktdifferenzierungsstrategie und moderne Produktionssysteme, in: Wildemann, H. (Hrsg.): Produktions- und Zuliefernetzwerke, München: TCW Transfer-Centrum Verlag, 1996, S. 191-234.

Kaluza, B./Blecker, T.: Dynamische Produktdifferenzierungsstrategie und Produktionsnetzwerke, in: Nagel, K./Erben, R. F./Piller, F. T. (Hrsg.): Produktionswirtschaft 2000, Wiesbaden: Gabler, 1999, 261-284.

Kemmner, G.-A./Gillessen, A.: Virtuelle Unternehmen: ein Leitfaden zum Aufbau und zur Organisation einer mittelständischen Unternehmenskooperation, Heidelberg: Physica-Verl., 2000.

Kern, W.: Kapazität und Beschäftigung, in: Grochla, E./Wittmann, W. (Hrsg.): Enzyklopädie der Betriebswirtschaftslehre, Bd. 1 Handwörterbuch der Betriebswirtschaft, 4. Auflage, Stuttgart: Schäfer-Poeschel, 1975, Sp. 2048.

– Die Messung industrieller Fertigungskapazitäten und ihrer Ausnutzung: Grundlagen und Verfahren, Köln [u.a.]: Westdt. Verl., 1962.

Kernler, H.: PPS der 3. Generation: Grundlagen, Methoden, Anregungen, 2., überarb. Aufl., Heidelberg: Hüthig, 1994.

Kersten, W./Kopenhagen, F.: Systematische Ableitung modularer Produktarchitekturen, in: PPS-Management, 7. Jg. (2002), H. 1, S. 9-12.

Kleinaltenkamp, M.: Der deutsche Maschinenbau im Spannungsfeld zwischen Standardisierung und Individualisierung, in: Widmaier, U. (Hrsg.): Der deutsche Maschinenbau in den neunziger Jahren, Frankfurt/Main: Campus Verlag GmbH, 2000, S. 409-434.

Knopp, E.: Ein beschreibendes Vorgehensmodell zur nachhaltigen Neupositionierung und Umstrukturierung eines KMU: vom Standardsoftware-Produzenten zum Informationstechnologie-Dienstleistungsunternehmen, Hamburg: Kovac, 2004.

Koller, R.: Konstruktionslehre für den Maschinenbau: Grundlagen des methodischen Konstruierens, 2., völlig neubearb. und erw. Aufl., Berlin [u.a.]: Springer, 1985.

Kotzab, H.: Zum Wesen von Supply Chain Management vor dem Hintergrund der betriebswirtschaftlichen Logistikkonzeption – erweiterte Überlegungen, in: Wildemann, H. (Hrsg.): Supply Chain Management, München: TCW Transfer-Centrum-Verlag, 2000, S. 21-47.

Krummenacher, A.: ein systemorientierter Ansatz zur Bewältigung von Unternehmenskrisen, Zürich: Verl. Industrielle Organisation, 1981.

Krystek, U.: Unternehmenskrisen: Beschreibung, Vermeidung und Bewältigung überlebenskritischer Prozesse in Unternehmungen, Wiesbaden: Gabler, 1987.

Kurbel, K.: Produktionsplanung und -steuerung im Enterprise Resource Planning und Supply Chain Management, 6., völlig überarb. Aufl., München [u.a.]: Oldenbourg, 2005.

– Produktionsplanung und -steuerung: methodische Grundlagen von PPS-Systemen und Erweiterungen, 4., vollst. überarb. und erw. Aufl., München [u.a.]: Oldenbourg, 1999

– Produktionsplanung und -steuerung: methodische Grundlagen von PPS-Systemen und Erweiterungen, 2. aktualisierte Aufl., München [u.a.]: Oldenbourg, 1995.

Layer, M.: Optimale Kapazitätsausnutzung und Kapazitätsbereitstellung: sequentielle Produktions- und Investitionsplanung mit Hilfe der Dynamischen Programmierung, Würzburg [u.a.]: Physica-Verl., 1975.

Legenhausen, C.: Controllinginstrumente für den Mittestand, Wiesbaden: Dt. Univ.Verl. [u.a.], 1998.

Levering, V.: Mass Customization: ein Konzept für das Komplexitätsmanagement von Investitionsgütern, St. Gallen, Univ., Diss, 2002.

Lödding, H.: Verfahren der Fertigungssteuerung: Grundlagen, Beschreibung, Konfiguration, Berlin [u.a.], Springer, 2005.

Löhneysen, G. v.: Die rechtzeitige Erkennung von Unternehmenskrisen mit Hilfe von Frühwarnsystemen als Voraussetzung für ein wirksames Krisenmanagement, Göttingen, Univ., Diss., 1982.

Love, D./Barekat, M.: Decentralized, Distributed MRP: Solving Control Problems in Cellular Manufacturing, in: Production an Inventory Management, 3rd Quarter, 1989, S. 78-84.

Lucà, H. M.: Prozessorientierte Neuausrichtung der mittel- und langfristigen Investitionsfinanzierung bei Großbanken gemäß den Erfordernissen des Investitionsprozesses von KMU des verarbeitenden Gewerbes: eine Studie zur Schaffung von Interessenkonvergenz zwischen KMU und Kreditinstituten im Bereich des Corporate Banking, Cottbus, Brandenburgische Tech. Univ., Diss, 2005, http://deposit.ddb.de/cgi-bin/dokserv?idn=973695943, Zugriff am 05.01.2006.

Luczack, H./Heiderich, T.: Leistungsstand aktueller Standard-PPS-Systeme bei der Unterstützung wandelbarer Produktionsnetze, in: Industrie Management, 13 (1997), Heft 4, S. 9-12.

Lutz, S./Wiendahl, H.-P.: Kooperation in der Produktion, in: Zentes, J./Swoboda, B./Morschett, D.: Kooperationen, Allianzen und Netzwerke: Grundlagen, Ansätze, Perspektiven, Wiesbaden: Gabler, 2003, S. 683-705.

Männel, W.: Produktionsanlagen, Eignung von, in: Kern, W. (Hrsg.): Handbuch der Produktionswirtschaft, Stuttgart, Schäffer-Poeschel, 1979, Sp. 1465- 1481.

Meffert, H.: Marketing-Management: Analyse, Strategie, Implementierung, Wiesbaden: Gabler, 1994.

Mellewigt, T.: Management von strategischen Kooperationen: eine ressourcenorientierte Untersuchung in der Telekommunikationsbranche, Wiesbaden: Dt. Univ.-Verl., 2003.

Mertens, P/Griese, J./Ehrenberg, D. (Hrsg.): Virtuelle Unternehmen und Informationsverarbeitung, Berlin [u.a.]: Springer, 1998.

Meyer, H./Steven, M.: Kommunikation und Koordination in virtuellen Fabriken, in: PPS-Management, 5. Jg. (2000a), H. 4, S. 29-34.

– Produktionsplanung und -steuerung in virtuellen Fabriken, in: PPS-Management, 5. Jg. (2000b), H. 3, S. 16-21.

Meyr, H./Rohde J./Stadtler, H./Sürie, C.: Supply Chain Analysis, in: Stadtler, H./Kilger, C. (Hrsg.): Supply Chain Management and Advanced Planning, Berlin [u.a.]: Springer, 2000, S. 29-56.

Miklis, M.: Coopetitive Unternehmensnetzwerke: problemorientierte Erklärungs- und Gestaltungsansätze zu Netzwerkbeziehungen zwischen Wettbewerbern, Marburg: Metropolis-Verl., 2004.

Much, D./Nicolai, H.: PPS Lexikon, 1. Aufl., Berlin: Cornelsen, 1995.

Much, D/Nicolai, H./Schotten, M.: Aachener PPS-Modell – Das Aufgabenmodell, 6. Aufl., Aachen: Sonderdruck FIR Aachen 6/94, 1998.

Mugler, J.: Betriebswirtschaftslehre der Klein- und Mittelbetriebe, Wien [u.a.]: Springer, 1998.

Müller, R.: Krisenmanagement in der Unternehmung: Ein Beitrag zur organisatorischen Gestaltung des Prozesses der Krisenbewältigung, Frankfurt am Main; Bern: Peter Lang 1982.

– Krisenmanagement in der Unternehmung: Vorgehen, Maßnahmen und Organisation, 2., überarbeitete und erweiterte Aufl., (Kölner Schriften zur Betriebswirtschaft und Organisation, Band 5), Frankfurt am Main; Bern: Peter Lang, 1986.

Müller-Merbach, H.: Frühwarnsysteme zur betrieblichen Krisenerkennung und Modelle zur Beurteilung von Krisenabwehrmaßnahmen, in: Plötzeneder, H. D. (Hrsg.): Computergestützte Unternehmensplanung, Band 1, Stuttgart [u.a.]: Science Research Assoc., 1977, S. 419-438.

Oppenländer, K. H./Poser, G., Ifo-Institut für Wirtschaftsforschung: Handbuch der Ifo-Umfragen, 40 Jahre Unternehmensbefragungen des Ifo-Instituts für Wirtschaftsforschung, Berlin; München: Duncker u. Humblot, 1989.

PCT/EP Patentanmeldung Nr. 03/01231 Sortiermaschine mit internationalem Recherchebericht (Veröffentlichungsnummer: WO03068641 vom 11.8.2003).

Pfohl, H.-Chr.: Logistiksysteme: betriebswirtschaftliche Grundlagen, Berlin [u.a.]: Springer, 2004.

– (Hrsg.): Betriebswirtschaftslehre der Mittel- und Kleinbetriebe: größenspezifische Probleme und Möglichkeiten zu ihrer Lösung, 3. neubearb. Aufl., Berlin: E. Schmidt, 1997.

Piller, F. T.: Kundenindividuelle Massenproduktion: die Wettbewerbsstrategie der Zukunft, München; Wien: Hanser, 1998.

– Kundenindividuelle Massenproduktion (Mass Customization) als wettbewerbsstrategisches Modell industrieller Wertschöpfung in der Informationsgesellschaft, Würzburg, Univ., Diss., 1999.

Pine, B. J. II: Mass Customization, Boston, 1993.

– Strategic Horizons LLP, in: Piller, F. T.: Kundenindividuelle Massenproduktion: die Wettbewerbsstrategie der Zukunft, München; Wien: Hanser, 1998, S. 1-20.

Pohl, H.: Krisen in Organisationen: eine explorative Untersuchung mit Hilfe empirischer Fallstudien, Mannheim, Univ., Diss., 1977.

Porter, M.E.: Wettbewerbsvorteile: Spitzenleistungen erreichen und behaupten, Frankfurt am Main [u.a.]: Campus-Verl., 1986.

– Wettbewerbsstrategie: Methoden zur Analyse von Branchen und Konkurrenten, Frankfurt am Main [u.a.]: Campus-Verl., 1988.

– Wettbewerbsvorteile: Spitzenleistungen erreichen und behaupten, Frankfurt/Main [u.a.]: Campus-Verl., 1992.
– Wettbewerbsstrategie: Methoden zur Analyse von Branchen und Konkurrenten, Franfurt/Main [u.a.]: Campus-Verl., 1995.

REFA – Verband für Arbeitsstudien und Betriebsorganisation e.V.: Methodenlehre der Betriebsorganisation: Planung und Steuerung Teil 2, München: Hanser, 1991.
– Teil 3, München: Hanser, 1991.
– Teil 6, München: Hanser, 1991.
Reichwald, R./Piller, F. T.: Produktionsnetzwerke für Mass Customization – Potenziale, Arten und Implementation, in: Kaluza, B./Blecker, T. (Hrsg.): Produktions- und Logistikmanagement in Virtuellen Unternehmen und Unternehmensnetzwerken, Berlin [u.a.]: Springer, 2000, S. 599-628.
Rohde, J.: Coordination and Interation, in: Stadtler, H./Kilger, C. (Hrsg.): Supply Chain Management and Advanced Planning, Berlin [u.a.]: Springer, 2000, S. 183-194.
Roloff, H./Matek, W.: Maschinenelemente: Normung, Berechnung, Gestaltung, Braunschweig [u.a.]: Vieweg, 1994.

Schäppi, B./Andreasen, M.M./Kirchgeorg, M./Radermacher, F.-J.: Handbuch Produktentwicklung, München [u.a.]: Hanser, 2005.
Scheer, A.-W. (Hrsg.): Fertigungssteuerung: Expertenwissen für die Praxis, München [u.a.]: Oldenbourg, 1991.
– (Hrsg.): Wirtschaftsinformatik: Referenzmodelle für industrielle Geschäftsprozesse, 5., durchges. Aufl., Berlin [u.a.]: Springer, 1994.
– Wirtschaftsinformatik – Referenzmodelle für industrielle Geschäftsprozesse, 2. Aufl., Berlin: Springer, 1998.
Schimke, E.: Entwicklung und Umsetzung von Sanierungsstrategien, in: Schimke, E./Töpfer, A.: Krisenmanagement und Sanierungsstrategien, Landsberg am Lech, 1985, S. 28-34.
Schmelzer, H.J./Sesselmann, W.: Geschäftsprozessmanagement in der Praxis: Kunden zufrieden stellen –Produktivität steigern – Wert erhöhen, 2., vollst. überarb. Aufl., München [u.a.]: Hanser, 2002.
Schmidt, R.: Kapazitätsplanung in stochastischen Produktionssystemen, Bonn, Rechts- u. Staatswissensch. Fak., Diss., 1967.
Schmitt, R.: Unternehmensübergreifender engineering workflow: verteilte Produktentwicklung auf der Grundlage eines parameterbasierten Daten- und Prozessmanagements, Clausthal-Zellerfeld: Papierflieger, 2001.
Schneider, H. (Hrsg.): Produktionsmanagement in kleinen und mittleren Unternehmen, Stuttgart: Schäffer-Poeschel, 2000.

Schönsleben, P.: Integrales Logistikmanagement: Planung und Steuerung von umfassenden Geschäftsprozessen, 2., überarb. und erw. Aufl., Berlin [u.a.]: Springer, 2000.

Schräder, A.: Management virtueller Unternehmen: organisatorische Konzeption und informationstechnische Unterstützung flexibler Allianzen, Frankfurt/Main [u.a.]: Campus-Verl., 1996.

Schröder, J.: Bechmarking von Entwicklungsbereichen im Maschinenbau, Aachen, Techn. Hochsch., Diss, 2003: http://deposit.ddb.de/cgi-bin/dokserv?idn =969681143, Zugriff am 10.1.2006.

Schuh, G. (Hrsg.): Produktionsplanung und -steuerung: Grundlagen, Gestaltung und Konzepte, 3., völlig neu überarb. Aufl., Berlin [u.a.], Springer, 2006.

Schulten, M.F.: Krisenmanagement, Berlin: Verl. Für Wissenschaft und Forschung, 1995.

Schwinn, R.: Betriebswirtschaftslehre, München [u.a.]: Oldenbourg, 1993.

Smith, P.G./Reinertsen, D.G.: Developing products in half the time, New York: van Nostrand Reinhold, c1991.

Spearman, M.L./Woodruff, D.L./Hopp, W.J.: ConWIP, A pull alternative to kanban, in International Journal of Production Research, 28 Jg., Heft 5, 1990, S. 879-894.

Stahlmann, V.: Umweltorientierte Materialwirtschaft: das Optimierungskonzept für Ressourcen, Recycling, Rendite, Wiesbaden: Gabler, 1988.

Statistisches Bundesamt Deutschland: Fachserie 4/Reihe 4.2.1 (2003) Produzierendes Gewerbe, unter www.destatis.de/d_home.htm, Zugriff am 14.11.2005.

– www.destatis.de/d_home.htm, Zugriff am 14.11.2005 (Offizielle Homepage des Statistischen Bundesamtes Deutschland).

– Insolvenzverfahren Fachserie 2/Reihe 4.1 (2005), unter www.destatis.de, Zugriff am 30.11.2005.

Stützle, G.: Langfristige Kapazitätsplanung unter Berücksichtigung der betrieblichen Kapazität, München: Florenz, 1987.

Sucky, E.: Eine spieltheoretische Analyse von Zulieferer-Abnehmer-Beziehungen in Supply Chains, in: Sebastian, H.-J./Grünert, T. (Hrsg.): Logistik Management, Supply Chain Management und e-Business (2001), S. 13-30.

Sydow, J.: Management von Netzwerkorganisationen – Zum Stand der Forschung, in: Sysdow, J. (Hrsg.): Management von Netzwerkorganisationen: Beiträge aus der „Managementforschung", Wiesbaden: Gabler [u.a.], 2003, S. 293-354.

Tempelmeier, H.: Material-Logistik: Grundlagen der Bedarfs- und Losgrößenplanung in PPS-Systemen, 3., vollst. überarb. und erw. Aufl., Berlin [u.a.]: Springer, 1995.

– Advanced Planning Systems, in: Industrie Management, 15. Jg. (1999), H. 5; S. 69-72.

Thoben, K.-D.: A practical approach to concurrent engineering, in: proceedings of European Workshop in Bremen, Germany, 16. September 1996, 1. Aufl., Aachen: Mainz, 1996.

Tiemeyer, E.: Supply Chain Management – ein neues Managementinstrument zur Unterstützung von Planungs- und Entscheidungsaufgaben, in: FB-IE, Zeitschrift für Unternehmensentwicklung und industrial engineering, 48. Jg. (1999), H. 3, S. 100-107.

Töpfer, A.: Analyse von Insolvenzursachen, in: Schimke, E./Töpfer, A.: Krisenmanagement und Sanierungsstrategien, 2. durchges. Aufl., Landsberg am Lech, 1986, S. 158-171.

Türke, D.: KANBAN mit Lieferanten richtig verwirklichen: montagesynchrone Beschaffung von Fertigteilen nach dem Hol-Prinzip, 2. Aufl., Nürnberg: VWP-Verl. Wissen + Praxis, 1998.

Turnheim, G.: Sanierungsstrategien: Mit strategischer Planung aus der Unternehmenskrise, Wien: Mainz, 1988.

Ulrich, K.: The role of product architecture in the manufacturing firm, in: Research Policy 24 (1995), S. 419-440.

Vahrenkamp, R.: Produktionsmanagement, 3., neu bearb, Aufl., München [u.a.]: Oldenbourg, 1998.

VDI 2210E: VDI-Richtlinie Entwurf: Datenverarbeitung in der Konstruktion, Analyse des Konstruktionsprozesses im Hinblick auf den EDV-Einsatz, VDI, Düsseldorf, 1975.

VDI 2221: VDI-Richtlinie 2221: Methodik zum Entwickeln und Konstruieren technischer Systeme und Produkte. VDI, Düsseldorf, 1993.

VDI 2222: VDI-Richtlinie 2222, Blatt 1: Konstruktionsmethodik, Methodisches Entwickeln von Lösungsprinzipien, VDI, Düsseldorf, 1997.

Verband Deutscher Maschinen- und Anlagenbau (VDMA) e.V. (Hrsg.): Statistisches Handbuch für den Maschinenbau, Frankfurt am Main: Maschinenbau-Verl., 2005.

Wagner, S. M.: Strategisches Lieferantenmanagement in Industrieunternehmen: eine empirische Untersuchung, Frankfurt am Main [u.a.]: Lang, 2001.

Weber, P.: Krisenmanagement. Ablauf, Organisation und Hilfsmittel der Führung in Krisenlagen, (Europäische Hochschulschriften, Reihe 5, Volks- und Betriebswirtschaft, Band 261), Bern [u.a.]: Peter Lang, 1980.

Weiss, S.: Management von Zuliefernetzwerken: ein multilaterales Kooperationskonzept am Beispiel der Automobilindustrie, Zürich, Univ. Diss., 1999.

Westkämper, E.: Auf dem Weg zum virtuellen Unternehmen, in: Kaluza, B./Blecker, T. (Hrsg.): Produktions- und Logistikmanagement in Virtuellen Unternehmen und Unternehmensnetzwerken, Berlin [u.a.]: Springer, 2000, S. 629-651.

– Einführung in die Organisation der Produktion, Berlin [u.a.]: Springer, 2006.

Wiechers, R.: Maschinenbaukonjunktur 2004: In den Startlöchern: Die Erwartungen der Industrie für 2004; Zeitgespräch, in: Zeitschrift für Wirtschaftspolitik (2003) 12, S. 765-767 f.

Wiendahl, H.-P.: Belastungsorientierte Fertigungssteuerung: Grundlagen, Verfahrensaufbau, Realisierung, München [u.a.]: Hanser, 1987.

Wiendahl, H.-P./Helms, K./Lutz, F.: Supply Net – Die systemgestützte klassische und werksübergreifende Fremdvergabe, in: PPS-Management, 4. Jg. (1999), H. 1, S. 39-43.

Wildebrand, H.: Produktionsplanungs- und -steuerungs-Systeme für virtuelle KMU-Produktionsnetzwerke: Forschungslücke, Anforderungen und Lösungsansatz, in: Haasis, H.-D. (Hrsg.): Wertschöpfungsmanagement, Bd. 1, Nachhaltige Innovation in Produktion und Logistik, Frankfurt am Main [u.a.]: Peter Lang, 2007, S. 43-62.

Wildemann, H.: Das Just-in-Time-Konzept: Produktion und Zulieferung auf Abruf, 2., neubearb. Aufl., München: gfmt, 1990.

– Entwicklungsstrategien für Zulieferunternehmen, 2. Aufl., München: Transfer-Centrum-Verl., 1994.

– Kooperation über die Wertschöpfungskette, in: Corsten, H.(Hrsg.): Handbuch Unternehmensführung: Konzepte – Instrumente – Schnittstellen, Wiesbaden: Gabler, 1995, S. 743-756.

– Entwicklungsstrategien für Zulieferunternehmen, 3. neubearb. Aufl., München: Transfer-Centrum-Verl., 1996.

– Management von Produktions- und Zuliefernetzwerken, in: Wildemann, H. (Hrsg.): Produktions- und Zuliefernetzwerke, München: TCW Transfer-Centrum Verlag, 1996, S. 13-46.

– Die modulare Fabrik: kundennahe Produktion durch Fertigungssegmentierung, 5., überarb. und erg. Aufl., München: TCW-Transfer-Centrum, 1998.

Windeler, A.: Unternehmensnetzwerke: Konstitution und Struktuation, Wiesbaden: Westdt. Verl., 2001.

Windt, K.: Engpassorientierte Fremdvergabe in Produktionsnetzen, in: Fortschritt-Berichte VDI: Reihe 2, Fertigungstechnik, 579, zugl.: Hannover, Univ., Diss., 2001.

Wöhe, G./Döring, U.: Einführung in die Allgemeine Betriebswirtschaftslehre, 22., neubearb. Aufl., München: Vahlen, 2005.

Woll, A. (Hrsg.): Wirtschaftslexikon, 9., völlig überarb. und erweiterte Aufl., München [u.a.]: Oldenbourg, 2000.

Zahn, E./Schmid, U.: Produktionswirtschaft I: Grundlagen und operatives Produktionsmanagement, Stuttgart: Lucius & Lucius, 1996.

Zäpfel, G.: Grundzüge des Produktions- und Logistikmanagements, Berlin [u.a.]: de Gruyter, 1996.

Zäpfel, G./Piekarz, B.: Regelkreisbasiertes Supply Chain Controlling, in: Wildemann, H. (Hrsg.): Innovation in der Produktionswirtschaft – Produkte, Prozesse, Planung und Steuerung, München: TCW-Transfer-Centrum-Verlag, 1998, S. 45-96.

Zimmermann, F.: Vertrauen in virtuellen Unternehmen, 1. Aufl., Lohmar: Eul, 2003.

Zundel, P.: Management von Produktions-Netzwerken: eine Konzeption auf Basis des Netzwerk-Prinzips, Wiesbaden: Dt. Univ.-Verl. [u.a.], 1999.

Sonstige Quellen

www.blien.de/ralf/cad/db/var_konst.htm, Zugriff am 23.2.2007.

http://boersenlexikon.faz.net/insolven.htm, Zugriff am 30.11.2005.

www.bmwa.bund.de/Navigation/Wirtschaft/Branchenfokus/Industrie/maschinen-und-anlagenbau.html, Zugriff am 22.11.2005.

www.engineering-controlling.de/ie/Engineering-Controlling.pdf, Zugriff am 23.2.2007.

www.foerderland.de/154+M58245ea8b41.0.html, Zugriff am 30.11.2005.

www.groups.uni-paderborn.de/fsmb/aktivitaeten_taetigkeiten/, Zugriff am 22.11.2005.

www.ifm.uni-mannheim.de/unter/faq/kmu_definition.htm, Zugriff am 9.11.2005.

www.irc-deutschland.de, Zugriff 9.11.2005.

www.kfw.de/DE/Service/OnlineBibl48/Volkswirts64/KfW_VW-Beitrag_Nr_005.pdf, Zugriff am 30.11.2005.

www.rechtswoerterbuch.de/rw/definition.asp?Modus=haeufig&id=602&Begriff=Insolvenz, Zugriff am 30.11.2005.

Wertschöpfungsmanagement

Herausgegeben von Hans-Dietrich Haasis

Band 1 Hans-Dietrich Haasis (Hrsg.): Nachhaltige Innovation in Produktion und Logistik. 2007.

Band 2 Sebastian Gabriel: Prozessorientiertes Supply Chain Risikomanagement. Eine Untersuchung am Beispiel der Construction Supply Chain für Offshore-Wind-Energie-Anlagen. 2007.

Band 3 Christian Geßner: Unternehmerische Nachhaltigkeitsstrategien. Konzeption und Evaluation. 2008.

Band 4 Hendrik Wildebrand: Kundenindividuelle Massenproduktion zur Bewältigung überkapazitätsbedingter Unternehmenskrisen. 2009.

www.peterlang.de

Peter Lang · Internationaler Verlag der Wissenschaften

Karsten Grimmel

Wettbewerbsvorteilsmanagement durch kundenindividuelle Massenproduktion

Frankfurt am Main, Berlin, Bern, Bruxelles, New York, Oxford, Wien, 2007.
145 S., 23 Abb.,10 Tab.
Markt-Management. Herausgegeben von Axel Eggert, Wolfgang Müller, Konrad Zerr. Bd. 6
ISBN 978-3-631-56258-1 · br. € 29.60*

In dieser Arbeit wird gezeigt, dass die gleichzeitige Verfolgung der beiden Marktstrategien Kostenführerschaft und Differenzierung nicht nur möglich ist, sondern auch ein erfolgversprechender Weg zum Aufbau eines dauerhaften Wettbewerbsvorteils ist. In nahezu allen Bereichen der Wirtschaft bestehen Potenziale für kundenindividuelle Produkte und Dienstleistungen. Anhand von vielen Praxisbeispielen zeigt diese Arbeit den Entwicklungsprozess von der Strategiefindung bis hin zur Vermarktung der Konzeption. Die Entwicklung und Umsetzung der kundenindividuellen Massenproduktion steckt noch in den Anfängen, es spricht aber vieles dafür, dass sich dieses Konzept innerhalb der nächsten Jahre zu einer dominierenden Form der Leistungserstellung hervorheben wird. Nur Unternehmen, die sich künftig mit der Herausforderung der Individualisierung beschäftigen, wird es möglich sein, nachhaltig Wettbewerbsvorteile für sich zu erschließen.

Aus dem Inhalt: Kundenindividuelle Massenproduktion · Mass Customization · Wettbewerbsstrategie · One to One Marketing · Kundenbindung · Individuelle Preisbildung

Frankfurt am Main · Berlin · Bern · Bruxelles · New York · Oxford · Wien
Auslieferung: Verlag Peter Lang AG
Moosstr. 1, CH-2542 Pieterlen
Telefax 0041(0)32/3761727

*inklusive der in Deutschland gültigen Mehrwertsteuer
Preisänderungen vorbehalten

Homepage http://www.peterlang.de

FSC
www.fsc.org
MIX
Papier | Fördert
gute Waldnutzung
FSC® C083411

Kolibri 360 GmbH
Ferdinand-Jühlke-Straße 7
99095 Erfurt, Deutschland
produktsicherheit@kolibri360.de

Druck:
CPI Druckdienstleistungen GmbH
im Auftrag der
Kolibri 360 GmbH
Ferdinand-Jühlke-Str. 7
99095 Erfurt